GREAT WHISKIES

SUNTORY
SINGLE MALT
WHISKY
AGED 12 YEARS
THE YAMAZAKI SINGLE MALT WHISKY
STRAIGHT
Rye
WHISKY
100
IMPORTED
C.C.
20
YEARS
MALT

위대한
위스키
506

위스키도감

GREAT WHISKIES

편집장 찰스 머클레인 신준수 옮김 | 이용철 감수

한뼘책방

Original Title:
Great Whiskies:
500 of the Best from Around the World

www.dk.com

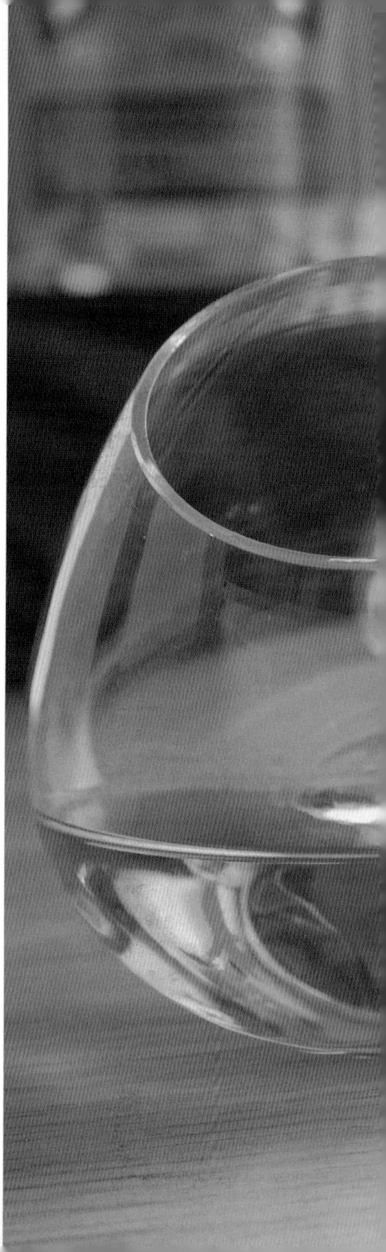

일러두기

- 본문 중 고딕체로 표기한 풀이는 옮긴이주입니다.
- 이 책의 한국어판은 카발란, 김창수위스키, 기원을 추가로 소개하고 있습니다. 206-7, 213-5, 384-6쪽의 원고는 이용철이 집필하였고, 사진은 각각 골든블루, 기원 위스키 증류소, 김창수위스키로부터 제공받았습니다. 협력해 주신 분들께 깊은 감사를 드립니다.

차례

머리말

스코틀랜드에는 오래된 속담이 하나 있다. "나쁜 위스키는 없다. 좋은 위스키와 더 좋은 위스키가 있을 뿐." 이 책은 세계 여러 나라에서 생산되는 위스키들을 소개하고 있다. 알다시피 오늘날 좋은 위스키는 '명성이 확고한' 생산국인 스코틀랜드, 아일랜드, 미국, 캐나다, 일본뿐만이 아니라 남아시아, 호주, 그리고 유럽에서도 만들어지고 있다.

위스키는 지구상에서 가장 복합적인 특성을 지닌 스피릿으로 인정받고 있다. 곡물, 물, 효모와 같이 아주 단순하면서 가장 천연의 재료로 만드는데, 제조 과정에서 발휘되는 솜씨와 전통이 엄청난 향과 맛의 스펙트럼을 빚어냄으로써 '고귀한 스피릿'의 반열에 오르게 되었다. 사람들이 각자의 개성을 지니듯 위스키도 저마다 다르다. 목소리 큰 사람, 뱃심 좋은 사람, 거친 사람이 있는가 하면 섬세한 사람, 우아한 사람, 수줍음 많은 사람이 있다. 쉽게 친해지지 않던 사람이 나중에는 좋은 친구가 되기도 한다. 위스키도 그렇다. 이 책에서 소개하는 위스키를 선별하는 데에는 세계 최고의 위스키 저술가인 데이브 브룸, 톰 브루스가딘, 이언 벅스턴, 피터 멀라이언, 한스 오프링가, 개빈 D. 스미스로부터 도움을 받았다. 그들에게 깊은 감사를 드린다.

물이나 얼음을 섞든 섞지 않든, 혹은 탄산수나 레모네이드, 진저에일이나 콜라를 타든 타지 않든 위스키를 어떻게 즐기는가는 개인의 취향이다. 중국에서는 아이스티를, 브라질에서는 코코넛워터를 타서 마시는 것을 즐긴다. 하지만 위스키의 '풍미'는 단지 맛에 관한 것만이 아니라 향에 관한 것이기도 하다. 위스키가 갖고 있는 풍미의 다양한 뉘앙스를 제대로 즐기려면, 특히나 싱글 몰트 위스키라면 약간의 물만 타는 게 좋다. 그리고 위스키의 향이 최대한 발휘될 수 있도록 한 잔의 음료를 곁들이면 좋다.

이 책이 소개하는 세계의 위스키 목록 사이사이에는 스코틀랜드, 아일랜드, 미국, 그리고 일본 등 위스키 산지를 안내하는 투어가 실려 있다. 위스키에 관한 그 어떤 경험도 증류소를 직접 방문하여 향을 음미하고, 이처럼 심오한 스피릿을 빚어내는 데 들어가는 기술과 헌신, 시간을 느껴 보는 것을 대신하지는 못할 것이다. 물론 원산지에서 직접 위스키를 한 모금 마셔 보는 것을 포함해서 말이다.

여러분 중에는 위스키 여행을 시작한 지 얼마 안 된 분도 있고, 이미 전문가 단계에 접어든 분도 계실 터이다. 어느 쪽이 되었든 이 책을 좋은 길잡이로 삼아 흥미로운 풍미의 세계로 나아갈 수 있기를 기대한다.

탐구하고, 즐기시길!

찰스 머클레인

8PM

에이트피엠

인도

소유주: 라디코 카이탄
www.radicokhaitan.com

1999년에 처음 출시된 에이트피엠은 첫 해에 100만 케이스 판매라는 진귀한 기록을 세웠다.(지금은 연간 300만 케이스를 팔고 있다.) 브랜드 소유주는 라디코 카이탄으로, 인도 북부 우타르 프라데시에 있는 람푸르 증류소를 운영한다. 1943년에 설립하여 현재 연간 9,000만 리터 이상의 스피릿을 생산하는 거대한 규모를 갖추고 있다.

이 회사의 또 다른 위스키 브랜드로 화이트홀(Whytehall)이 있다. 최근에는 세계 최대 주류 기업인 디아지오와 파트너십을 체결하여 마스터스트로크(245쪽 참조)를 생산한다.

« 에이트피엠 클래식

블렌디드

'질 좋은 그레인의 혼합'으로 만들었으며, '타스(thaath, 대담하고 화려한)'하고 '꿈의 세계로 이끌어 주는' 속 깊은 맛을 자랑한다.

에이트피엠 로열

블렌디드

인도산 스피릿에 숙성된 스카치 몰트 위스키를 블렌딩했다.

100 PIPERS

헌드레드 파이퍼스

스코틀랜드

소유주: 시바스 브라더스

스코틀랜드의 민요 '헌드레드 파이퍼스'에서 따온 이름으로, 1965년 시그램이 만들었다. 원래 스카치 위스키 시장에서 '저가' 부문의 경쟁자들 중 하나였는데, 거기서 빠른 성공을 거두었다. 알타 바인과 브래이발(주로 블렌디드 위스키를 위한 몰트 위스키를 공급하는 증류소), 그리고 아마도 글렌리벳과 롱몬 증류소의 몰트로 블렌딩된 위스키이다. 시그램은 이 브랜드를 매우 효과적으로 발전시켰으며 새로운 소유주인 시바스 브라더스(페르노 리카 소유) 아래에서도 지속적으로 번창하고 있다. 스카치 위스키가 급성장하고 있는 태국에서 가장 잘 팔리는 위스키 중 하나이며 많은 나라들, 특히 스페인, 베네수엘라, 호주, 인도 등에서 판매고가 빠르게 성장하고 있다.

헌드레드 파이퍼스 »

블렌디드, 40% ABV

옅은 색깔을 띤다. 가볍고 섞어 마시기 좋다. 부드러우면서도 은은하게 스모키한 맛이 난다.

ABERFELDY

애버펠디

스코틀랜드
퍼스셔 애버펠디
www.aberfeldy.com

애버펠디는 1898년에 존듀어앤드선스가 블렌딩에 필요한 몰트를 공급하기 위해 세운 증류소이다. 지금은 병입한 싱글 몰트 위스키도 판매한다. 2000년에 인상적인 체험형 방문자 센터인 '듀어스 월드 오브 위스키'를 열었는데, 여기에서는 듀어스 화이트 라벨과의 오랜 인연을 기념하고 있다. 방문객들은 몰트 위스키 증류의 기초를 볼 수 있으며, 무엇보다 블렌딩 기법과 가장 위대한 위스키계 거물 토미 듀어(1864-1930)의 기여에 관해 자세히 알 수 있다.

« 애버펠디 12년

싱글 몰트: 하이랜드, 40% ABV

스탠더드급 제품으로 깔끔한 사과 향이 난다. 미디엄바디이며 입에서는 과일 캐릭터가 느껴진다.

애버펠디 21년

싱글 몰트: 하이랜드, 40% ABV

2005년에 출시되었으며, 12년에 비해 훨씬 깊고 풍부한 맛을 지녔다. 달콤한 향과 헤더의 향이 느껴지며, 피니시는 약간 스파이시하다.

ABERLOUR

아벨라워

스코틀랜드

밴프셔 아벨라워

www.aberlour.com

프랑스에서 큰 인기를 얻은 덕분에 세계에서 가장 잘 팔리는 몰트 위스키 10위 안에 들게 되었다. 올드 캠벨 증류소의 일원이었으나 1975년부터 페르노 리카가 소유하고 있다. 이곳에서 생산되는 몰트 위스키는 특히 클랜 캠벨과 같은 수많은 블렌딩 위스키에 들어간다. 생산량의 절반가량은 다양한 숙성 기간과 피니시를 지닌 싱글 몰트 위스키로 병입된다.

아벨라워 12년 더블 캐스크 머추어드 »

싱글 몰트: 스페이사이드, 40% ABV

정향, 육두구, 바나나의 부드러운 향이 있다. 스파이시한 배와 다크베리의 맛이 나고, 셰리와 스모크 향이 가미된 약간 씁쓸한 오크 풍미의 피니시로 이어진다.

아벨라워 아부나흐

싱글 몰트: 스페이사이드, 60% ABV

아부나흐(A'bunadh)는 게일어로 '기원'을 뜻한다. 원액에 물을 섞지 않은 캐스크 스트렝스 위스키로, 비냉각 여과를 거쳐 올로로소 캐스크에서 숙성한다. 과일 케이크와 스파이스의 화려한 캐릭터가 특징이다.

ADNAMS
애드남스

잉글랜드

서퍽 사우스월드 솔베이 브루어리 애드남스 PLC
카퍼하우스 증류소
www.adnams.co.uk

애드남스 브루어리는 1872년 이래 서퍽 사우스월드의 명물로 자리를 잡았다. 2010년에 그 자리에서 증류 허가를 얻었으며, 이어서 양조장 내에 증류 장비를 추가로 설치했다.

애드남스는 2013년에 두 종류의 위스키를 처음으로 출시했는데 트리플 그레인 넘버 투, 싱글 몰트 넘버 원이 그것이다. 둘 다 잉글랜드 동부 지역 곡물로 만드는데 앞엣것은 아메리칸 오크 배럴에서, 뒤엣것은 프랑스산 오크 캐스크에서 숙성한다. 애드남스는 진, 보드카, 압생트도 생산한다.

« 애드남스 카퍼하우스 싱글 몰트 넘버 원

싱글 몰트, 43% ABV

새 오크 향이 코를 열면 바닐라와 꿀, 스파이스 향이 그 뒤를 따른다. 캐러멜, 사과, 흑후추 맛을 느낄 수 있다.

ALBERTA

앨버타

캐나다

앨버타 캘거리 사우스이스트 34번가 1521
www.albertarye.com

앨버타 증류소는 캐나다의 광활한 초원과 로키산맥의 맑은 물을 이용하기 위해 1946년 캘거리에 세워졌다. 호밀은 캐나디안 위스키의 핵심이라 할 수 있는데, 앨버타의 주산물이다. 숙성은 퍼스트필 버번 캐스크 또는 새 화이트 오크 캐스크에서 이루어진다. 앨버타의 다른 브랜드로 탱글 리지(341쪽 참조)와 윈저 캐나디안(377쪽)이 있다.

앨버타 스프링스 10년 »

캐나디안 라이, 40% ABV

호밀 빵과 흑후추를 품은 달콤한 향이 난다. 맛은 매우 달콤하여 약간 물리게도 하지만, 곧 태운 통의 맛과 캐러멜화된 맛으로 바뀐다.

앨버타 프리미엄

캐나디안 라이, 40% ABV

"캐나디안 라이 위스키의 특별한 부드러움"으로 일컬어진다. 바닐라 맛 토피, 소량의 스파이스, 가벼운 감귤류, 그리고 과일 향이 난다. 달콤함이 맛을 주도하며 사과, 자두, 마지팬을 조린 듯한 맛을 느낄 수 있다.

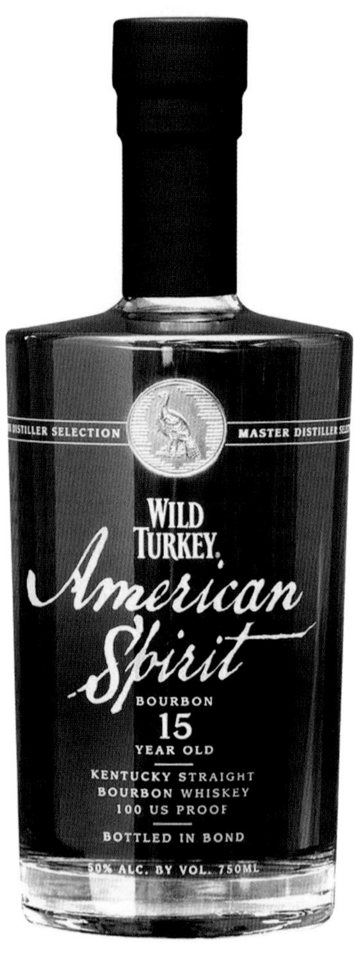

AMERICAN SPIRIT

아메리칸 스피릿

미국

켄터키 로렌스버그 US 하이웨이 62 이스트
와일드 터키 증류소
www.wildturkeybourbon.com

아메리칸 스피릿은 오스틴니콜스앤드코의 와일드 터키 증류소에서 만드는데, 2007년 9월에 처음 출시되었다. 에디 러셀은 마스터 디스틸러인 아버지 지미 러셀과 함께 이 술의 이름을 지었다. 그는 '아메리칸 스피릿' 그 자체를 떠올리게 하는 술이었다고 말했다.

« 아메리칸 스피릿 15년

버번, 50% ABV

바닐라, 바삭한 토피, 당밀, 과일 조림, 스파이스, 그리고 약간의 민트 향이 코끝에서 풍부하고 개성 넘치게 느껴지고, 입안에서 부드럽게 감돈다. 피니시는 길고 스파이시하며, 섬세한 오크와 마지막 멘톨 풍미가 특징이다.

AMRUT

암룻

인도

www.amrutdistilleries.com

암룻은 힌두교 신화에서 불로불사의 영약을 담은 황금 단지를 일컫는 말이다. 가족 소유의 이 인도 회사는 혁신과 품질, 경영 투명성에 초점을 두고 있다. 히말라야와 가까운 펀자브의 산기슭에서 자라는 보리를 사용해 자이푸르 지역에서 맥아를 만든 뒤, 방갈로르의 해발 900미터 지역에서 스몰 배치로 생산한다. 버번 캐스크 또는 새 오크 캐스크에서 숙성시키며, 냉각 여과를 거치지 않고 병입한다.

암룻 인디언 싱글 몰트 캐스크 스트렝스 »

싱글 몰트, 61.9% ABV

과일과 시리얼의 맛이 가볍게 나며, 버번 캐스크는 토피 맛을 더한다. 물을 타면 나무, 스파이스, 맥아의 풍미가 더 깊게 느껴진다. 얼핏 숙성 기간이 짧은 스페이사이드산 몰트 위스키와 비슷한 느낌을 준다..

암룻 피티드 인디언 싱글 몰트

싱글 몰트, 62.78% ABV

시리얼과 훈제 청어의 향이 나고, 소금과 후추가 섞인 기름진 풍미가 있다. 달콤하고 맥아의 맛이 나며, 피니시에 담배 연기가 살짝 느껴진다.

ANCIENT AGE

에인션트 에이지

미국

켄터키 프랭크퍼트 그레이트 버펄로 트레이스 113 버펄로 트레이스 증류소
www.buffalotracedistillery.com

에인션트 에이지는 1969년부터 1999년까지는 지금의 버펄로 트레이스 증류소 (66쪽 참조)의 이름이었다. 이 브랜드는 미국의 금주법이 끝난 직후인 1930년대에 출시되었는데, 처음에는 캐나다에서 증류를 했다. 제2차 세계대전이 끝난 뒤 켄터키 스트레이트 버번으로 재정비되었고, 아울러 이 회사 제품에서 가장 유명한 브랜드 중 하나가 되었다.

« 에인션트 에이지 10년

버번, 40% ABV

10년 숙성 버번으로 스파이스, 퍼지, 오렌지, 꿀의 복합적이고 풍부한 향을 자랑한다. 미디엄바디로 공기 중에 잠시 놓아 두면 미끈한 느낌이 산뜻해지고, 바닐라와 코코아의 풍미와 통을 태운 맛이 가볍게 올라온다.

ANCNOC

아녹

스코틀랜드

애버딘셔 헌틀리 녹 녹두 증류소
www.ancnoc.com

위스키 용수를 공급해 주는 인근의 '검은 언덕'에서 이름이 유래한 아녹은 녹두 증류소의 정수를 드러낸다.

디스틸러스 컴퍼니(DLC)가 세운 첫 번째 증류소라는 역사적 의미도 갖고 있는데, 녹두의 새 소유주인 인버 하우스가 증류소의 개성을 잘 유지해 오고 있다. 위스키 원액을 응축시키는 데에 전통적인 웜텁 공정을 써서 갓 증류된 원액에 가벼운 유황과 고기 맛이 가미된다.

아녹 빈티지 2000 »

싱글 몰트: 스페이사이드, 46% ABV

토피, 바닐라, 자두, 스파이시 오렌지, 초콜릿 향이 난다. 입안에서 코코아, 바닐라, 견과 풍미의 셰리, 육두구, 흑후추 맛이 부드럽게 느껴진다.

아녹 12년

싱글 몰트: 스페이사이드, 40% ABV

비교적 풀바디의 스페이사이드 몰트 위스키이다. 레몬 껍질과 헤더꿀의 향이 나고, 입안에서 감미로움이 느껴지며 피니시의 여운이 길다.

THE ANTIQUARY

안티콰리

스코틀랜드

소유주: 토마틴 증류소

www.tomatin.com

1857년에 출시되었는데, 월트 스콧이 쓴 동명의 소설에서 이름을 따왔다. 안티콰리는 전성기 때 럭셔리 블렌딩을 자랑했다. 높은 위상에 걸맞게 토마틴 몰트 소량과 스페이사이드와 하이랜드 증류소에서 생산한 최고급 몰트를 섞어 쓰며, 그레인 대비 몰트 비중이 매우 높은 편이다. 이전보다 아일라의 특징이 더욱 도드라진다.

« 안티콰리 12년

블렌디드, 40% ABV

사과 맛이 얼핏 비치는 미묘한 과일 맛을 낸다. 매우 부드러운 맛과 깊은 향을 내며, 여운이 길다. 새로이 블렌딩한 제품에서 피트의 영향력이 두드러진다고 평하는 이들도 있다.

안티콰리 21년

블렌디드, 43% ABV

부드러운 피트 향과 어우러진 몰트의 은은한 맛이 헤더, 민들레, 블랙베리 향이 풍성하게 느껴지도록 뒷받침한다. 소량의 아일라 몰트가 균형 잡히고 풍부하며 부드러운 특별한 맛으로 이끈다. 더 널리 알려질 자격이 있는 빼어난 블렌디드 위스키.

ARDBEG

아드벡

스코틀랜드

아일라 포트 엘렌
www.ardbeg.com

아일라가 스코틀랜드의 톡 쏘는 피트 향의 고향이라면, 아드벡은 의심할 바 없이 아일라의 가장 뛰어난 자손 중 하나다. 아드벡 증류소는 아일라 남쪽 해안에 자리한 킬달턴 교구에서 처음 증류 허가를 받았는데, 라가불린과 라프로익 증류소가 가까이 있다. 시장이 블렌디드 위스키에 지나치게 쏠리면서 아드벡은 지위가 흔들렸고, '위스키 로크(loch)'로 일컬어☛

아드벡 10년 »

싱글 몰트: 아일라, 46% ABV

비냉각여과 방식으로 만들며 크레오소트 **타르로 만드는 액체 혼합물**, 타르, 훈제 생선의 향이 느껴진다. 혀에 느껴지는 달콤함은 곧바로 열어지면서 스모키한 피니시를 남긴다.

아드벡 아리 남 바이스트

싱글 몰트: 아일라, 46% ABV

풍부하고 스파이시한 맛의 몰트가 버번 캐스크에서 16년 숙성을 거치면서 바닐라 향을 내며 감미로워진다. '아리 남 바이스트(airigh nam beist)'는 게일어로 '야수로부터의 피난처'라는 뜻이다.

지는 1980년대 초의 재고 과잉 사태를 맞으며 증류소는 폐쇄된다.

1997년 글렌모렌지가 구원에 나서며 700만 파운드에 인수하고 1,400만 파운드를 들여 증류소를 일신하였다. 위스키가 숙성되기를 기다리는 몇 년 동안은 어려움을 겪었으나, 점차 재고품 격차가 줄어들고 마침내 스탠더드급 10년 병입 제품을 내놓게 되었다. 그 이후 새로 병입된 여러 위스키를 속속 선보였고, 아일라산 스모키한 몰트 위스키를 즐기는 팬들 사이에서 컬트적인 입지를 굳히게 되었다.

« 아드벡 블라스다

싱글 몰트: 아일라, 40% ABV

'블라스다(blasda)'는 게일어로 '달콤하고 맛있다'는 뜻이다. 피트 향이 일반적인 아드벡의 3분의 1 수준인 8ppm만 가미되어 있어 훨씬 부드럽다.

아드벡 우거달

싱글 몰트: 아일라, 54.2% ABV

아드벡 증류소의 수원지인 우거달(Uigeadail) 호수에서 이름을 따왔다. 그윽한 황금색을 띠며, 당밀 같은 달콤한 향이 나고 입안에서 짭짤하고 스모키한 맛이 뒤따른다.

THE ARDMORE

아드모어

스코틀랜드

애버딘셔 케네스몬트

www.ardmorewhisky.com

아드모어는 티처스 하이랜드 크림 덕분에 탄생했다.(343쪽 참조) 티처스의 블렌디드 위스키는 스코틀랜드, 특히 글래스고에서 확실히 자리 잡아 티처스 드램숍을 통해 판매되었고 해외 판매도 늘어나고 있었다. 수요를 감당하기 위해 아담 티처는 1898년에 새 증류소를 설립하기로 결정하고, 애버딘과 인버네스를 잇는 철로 부근의 케네스몬트 근처에서 이상적인 장소를 찾아냈다. 스페이사이드에서 가장 스모키 향 짙은 몰트를 생산하는 것으로 유명해진 아드모어는 설립 100주년을 기념하기 위해 1999년에 12년 제품을 출시했다. 이 증류소는 현재 빔 산토리가 소유하고 있다.

아드모어 레거시 »

싱글 몰트: 하이랜드, 40% ABV

바닐라, 캐러멜, 그리고 달콤한 피트 스모크 향이 있다. 입안에 느껴지는 바닐라와 꿀의 맛은 아주 드라이한 피트와 생강, 다크베리의 향과 대조를 이룬다.

ARMORIK

아르모리크

프랑스

브르타뉴 22300 라니옹 루트 드 갱강
와렝헴 증류소
www.distillerie-warenghem.com

와렝헴 증류소는 애플사이더와 과일 증류주 생산을 위해 1900년에 설립되었다. 맥아로 빚은 맥주와 위스키 등 여타의 스피릿을 만들기로 한 것은 설립 후 99년이 지나서였다. 여기서는 두 가지 타입의 위스키가 생산되고 있다. 싱글 몰트 위스키인 아르모리크, 블렌디드 위스키인 WB(Whisky Breton)이다. 숙성을 위해 사용하는 캐스크는 특정되어 있지 않다.

« 아르모리크 위스키 브르통 클래식

싱글 몰트, 46% ABV

감귤류, 스파이시한 몰트, 헤이즐넛, 바닐라 향이 난다. 풀바디에 미끈하며 몰트, 꿀, 바닐라, 말린 과일의 맛이 난다. 피니시는 스파이시하고 약간 짭짤하다.

THE ARRAN MALT
아란 몰트

스코틀랜드
아란섬 로크란자
www.arranwhisky.com

1993년 증류소가 문을 열었을 때 이는 156년의 단절 끝에 아란섬에서 위스키 증류가 부활한 사건이었다. 아란은 섬의 북쪽 연안에 있는 로크나다비의 물을 사용한다. 섬이 멕시코 만류가 지나는 곳에 자리하고 있어서 난류가 흐르는 기후 조건이 숙성 기간을 단축시키는 데 도움을 준다. 아란은 이 섬에서 태어난 시인 로버트 번스(301쪽 참조)의 이름을 딴 일련의 블렌디드 위스키를 내놓고 있다.

아란 몰트 10년 »

싱글 몰트: 아일랜드(ISLANDS), 46% ABV

냉각 여과를 거치지 않고 병입한다. 신선한 빵과 바닐라 아로마를 품고 있으며, 혀에서 감귤류 맛이 감돈다.

아란 몰트 12년

싱글 몰트: 아일랜드, 46% ABV

초콜릿의 달콤함과 크림 같은 질감이 진하게 느껴지는데, 이는 셰리 통에서 숙성한 덕분이다.

AUCHENTOSHAN

오큰토션

스코틀랜드

글래스고 클라이드뱅크 달뮤어

www.auchentoshan.com

로랜드 위스키의 하나인 글렌킨치(152쪽 참조)는 에든버러 남쪽에 자리하고 있는 반면, 그 밖의 주요 로랜드 증류소들은 글래스고 서쪽의 어스킨 다리와 클라이드강 옆에 자리 잡고 있다.

오큰토션은 1823년에 면허를 얻었는데, 한 쌍의 증류기로 연간 22만 5,000리터라는 대단치 않은 양을 생산했었다. 그런데 세 번째 증류기를 들인 이후 스코틀랜드에서는 거의 유일하게 세 번 ☛

« 오큰토션 아메리칸 오크

싱글 몰트: 로랜드, 40% ABV

처음에 장미수 향이 맡아지며 사향 내 나는 복숭아, 가루 설탕 맛이 이어진다. 스파이시하고 신선한 과일 맛에 매콤함과 진한 바닐라 풍미가 더해진다.

오큰토션 12년

싱글 몰트: 로랜드, 40% ABV

이 버전이 오래된 10년 숙성 위스키를 대체했다. 셰리 캐스크를 사용한 덕분에 진하고 스파이시한 특징을 띤다.

증류한 위스키를 생산하는 독보적인 자리를 차지하게 되었다. 이는 아이리시 위스키의 표준 스타일이라 할 수 있으며, 그로 인해 글래스고에 급증하고 있던 아일랜드계 사람들의 마음을 곧바로 사로잡았다.

클라이드뱅크 지역은 제2차 세계대전 동안 독일 공군의 주요 표적이었다. 1941년의 큰 폭격 이후 오큰토션은 포탄이 떨어져 생긴 거대한 연못에서 나오는 차가운 물을 끌어다 쓰게 되었다.

오큰토션은 1984년에 아일라의 보모어 증류소와 힘을 합쳐 모리슨 보모어를 만들었고, 지금은 산토리의 일부가 되었다. 최근 10년 동안 다양한 싱글 몰트를 생산해 오고 있다.

오큰토션 쓰리 우드 »

싱글 몰트: 로랜드, 43% ABV

서로 다른 세 가지 타입의 캐스크에서 숙성된다. 그중 셰리 캐스크가 색깔과 달콤하고 설탕에 절인 과일 맛을 내는 데 가장 큰 영향을 끼친다.

오큰토션 18년

싱글 몰트: 로랜드, 43% ABV

오랜 숙성 기간을 거쳐 전통적인 견과류 맛을 내는 스파이시한 몰트 위스키. 복합적인 맛을 가지고 있으며, 과일 풍미의 셰리 향이 살짝 느껴진다.

AULTMORE
올트모어

스코틀랜드
밴프셔 키스
소유주: 존듀어앤드선스(바카디)

벤리네스 증류소의 디스틸러였던 알렉산더 에드워드는 위스키계의 거물이자 화이트 호스 창립자인 피터 맥키와 함께 크레겔라키 증류소를 설립했다. 위스키 붐이 정점에 달했던 1895년, 에드워드는 키스 지역과 바다 사이의 평평한 농지에 올트모어 증류소를 세웠다. 이후 존듀어앤드선스와 DCL이 인수했고, 1998년에 바카디가 매입한 다섯 개의 증류소 중 하나가 되었다. 2014년과 2015년에 걸쳐 개조와 확장을 했다.

« 올트모어 12년

싱글 몰트: 스페이사이드, 46% ABV

복숭아와 레모네이드, 갓 베어 낸 풀, 아마씨, 그리고 밀크 커피의 향이 느껴진다. 풍부한 과일 맛과 부드러운 허브 맛이 느껴지고, 토피와 가벼운 스파이스 맛도 감돈다.

올트모어 18년

싱글 몰트: 스페이사이드, 46% ABV

바닐라와 갓 베어 낸 건초 향이 나는 한편, 그와 대조적인 레몬 향도 있다. 오렌지, 맥아와 함께 기분 좋은 질감이 미각을 자극하면서 풍부한 레몬 맛이 난다.

BAGPIPER

백파이퍼

인도

소유주: 유나이티드 스피리츠
www.unitedspirits.in

백파이퍼는 한때 '비(非) 스카치 위스키 가운데 세계 1위' 위스키 기업이었으며, 2013년에는 1,160만 케이스를 팔아 4위 자리를 차지했다. 아마도 당밀로 빚은 알코올과 농축액으로 만든 이 IMFL(인도산 외국 주류) 위스키는 유나이티드 스피리츠의 계열사인 허버트슨이 1976년에 출시해 첫해에 10만 케이스를 팔았다. 이 브랜드는 인도의 대규모 영화 산업인 볼리우드와 밀접한 연관성을 맺어 왔으며, 수많은 영화 스타들로부터 큰 호평을 받았다. 또한 이 회사는 텔레비전에서 매주 백파이퍼 쇼를 방영하고 있고, 오디션 프로그램 후원사이기도 하다.

백파이퍼 골드 »

블렌디드, 42.8% ABV

골드는 백파이퍼 중에서도 프리미엄 제품이지만, 다소 인공적인 맛이 느껴진다. 콜라와 같은 음료와 섞어 마시는 것이 가장 좋다.

BAKER'S

베이커스

미국

켄터키 클레몬트 해피 할로 로드 149
짐 빔 증류소
www.jimbeam.com

베이커스는 1992년 '스몰 배치 버번 컬렉션'으로 출시된 세 가지 위스키 중 하나다. 베이커라는 이름은 클레몬트의 마스터 디스틸러이자 전설적인 인물, 짐 빔의 후손인 베이커 빔에서 따왔다. 베이커는 스몰 배치, 즉 소규모 증류 방식을 주창하여 주목을 끈 부커 노의 사촌이기도 하다. 베이커스는 짐 빔 위스키의 표준적인 공법을 이용해 증류하는데, 숙성 기간이 더 길고 더 높은 도수로 병입된다.

« 베이커스 7년

버번, 53.5% ABV

짐 빔 위스키에서 맛볼 수 있는 과일 향과 구운 듯한 느낌을 지니고 있다. 미디엄바디에 그윽하고 풍부한 맛이 있다. 바닐라와 캐러멜 풍미가 감돈다.

BAKERY HILL

베이커리 힐

오스트레일리아

빅토리아 노스 발윈 벤트너 스트리트 28
www.bakeryhilldistillery.com.au

화학자이자 베이커리 힐 증류소의 설립자인 데이비드 베이커는 최고 수준의 몰트 위스키를 오스트레일리아에서도 만들어 보이겠다고 결심했고, 성공했다. 싱글 캐스크에서 비냉각 여과 방식으로 만들며 여러 수상 경력까지 쌓았다. 발효용 보리 품종인 오스트레일리안 프랭클린과 오스트레일리안 스쿠너는 현지에서 조달하며, 때로는 지역에서 채취한 피트로 건조한다. 이제 베이커리 힐은 본고장인 빅토리아 멜버른 근처뿐만 아니라 여러 곳에서 구입할 수 있다.

베이커리 힐 캐스크 스트렝스 피티드 몰트 »

싱글 몰트, 59.88% ABV

진한 체리 향과 함께 피트 향이 강렬하게 느껴진다. 토피와 꿀처럼 달콤함도 있고, 소금맛과 스모키한 맛도 있다. 질감이 훌륭하다.

베이커리 힐 피티드 몰트

싱글 몰트, 46% ABV

피트와 맥아가 만들어 내는 달콤함과 오크 향이 좋은 균형을 이룬다. 거기서 나오는 아로마가 입안에 퍼져 나간다.

BALBLAIR

발블레어

스코틀랜드
로스셔 테인 에더튼
www.balblair.com

발블레어는 1790년에 존 로스가 만들었는데, 18세기에 설립한 것 가운데 오늘날까지 남아 있는 몇 안 되는 증류소 중 하나다. 100년 넘도록 가족들이 운영해 왔다. 1996년부터는 인버 하우스 증류소가 소유주가 되었으며, '엘리먼츠(Elements)'를 주요 제품군으로 선보였다. 발블레어의 둥글납작한 병 모양은 글렌로시스를 비롯한 고풍스런 위스키들의 스타일로 이어졌다.

« 발블레어 90

싱글 몰트: 하이랜드, 46% ABV

셰리와 스파이시한 향이 풍부하며, 가죽과 과일 향도 맡을 수 있다. 꿀과 스파이시한 셰리의 부드럽고 풍성한 맛이 있다. 자연 건조한 오크의 맛은 스파이시한 피니시까지 길게 이어진다.

발블레어 99

싱글 몰트: 하이랜드, 46% ABV

잘 익은 사과, 가벼운 셰리, 그리고 가구용 광택제가 섞인 꽃향기가 감돈다. 꿀과 따뜻한 가죽이 느껴지는 달콤하고 둥글둥글한 맛이다.

BALCONES

발코니스

미국

텍사스주 웨이코 17번가 212 발코니스 증류소
www.balconesdistilling.com

발코니스는 2008년에 칩 테이트가 설립했다. 하지만 테이트는 이후 회사와 결별했으며, 새로운 증류소 설립 준비에 나섰다. 발코니스는 처음부터 소규모 증류 방식을 통해 실험적인 위스키를 생산했다. '텍사스 스크럽 오크 스모크드(Texas Scrub Oak Smoked)'라는 설명이 붙은 옥수수로 빚은 브림스톤(Brimstone), 그리고 대대로 전해 오는 청색 옥수수를 로스팅해서 만드는 베이비 블루 등이 있다. 이 혁신적인 회사의 제품 가운데 베스트셀러는 텍사스 싱글 몰트 위스키이다.

발코니스 텍사스 싱글 몰트 »

싱글 몰트, 53% ABV

토피, 꿀, 크리미한 바닐라 향이 느껴진다. 맥아, 꿀, 사과, 시나몬 맛이 나며, 스파이시한 오크 풍미로 마무리된다.

BALLANTINE'S

발렌타인스

스코틀랜드

www.ballantines.com

발렌타인스는 숙성 기간이 긴 블렌디드 위스키를 개발하는 데에서 선구자 역할을 했다. 발렌타인스가 생산하는 위스키 종류는 세계에서 손꼽힐 만큼 폭이 넓다. 12년, 17년, 21년, 30년뿐만 아니라 발렌타인스 파이니스트(스탠더드급 연산 미표기 위스키)가 있다. 발렌타인스는 스카치 위스키 가운데 판매량 기준 세계 2위이며, 아시아에서 가장 많이 팔리는 수퍼프리미엄급 브랜드이다. ☛

« 발렌타인스 파이니스트

블렌디드, 40% ABV

스페이사이드 몰트 위스키가 선사하는 초콜릿, 바닐라, 사과 맛이 어우러지는 달콤하고 부드러운 질감의 블렌디드 위스키.

발렌타인스 12년

블렌디드, 40% ABV

꿀의 달콤한 향과 오크에서 우러난 바닐라 향이 있는 황금빛깔 위스키. 꽃, 꿀, 오크의 바닐라 느낌과 함께, 크리미한 질감과 균형 잡힌 맛을 경험할 수 있다. 소금 맛이 미세하게 느껴진다고 말하는 사람들도 있다.

이 블렌디드 위스키는 40여 종의 몰트 위스키와 그레인 위스키를 블렌딩하여 복합적인 맛을 내는 것으로 유명하다. 스페이사이드에 있는 두 가지 싱글 몰트, 글렌버기와 밀턴더프가 블렌딩의 기초가 되며, 그 외에도 스코틀랜드 전역에서 생산되는 몰트 위스키를 사용한다. 숙성에는 주로 버번 위스키 숙성에 사용했던 배럴을 선호하는데, 바닐라와 달콤한 크림 향이 배어든다.

글렌버기 증류소는 완전한 리모델링을 거쳐 현대화되었고, 오늘날 발렌타인스의 정신적인 고향이 되었다.

발렌타인스 21년 »

블렌디드, 43% ABV

숙성 기간이 긴 위스키로 인기가 높으며 그윽한 빛깔을 띤다. 헤더, 스모크, 감초, 스파이스 향이 난다. 셰리, 꿀, 꽃의 풍미가 느껴지는 복합적이면서 균형 잡힌 맛이다.

발렌타인스 17년

블렌디드, 43% ABV

나무와 바닐라 느낌이 얼핏 비치는 깊고 균형 잡힌, 우아한 맛의 위스키. 풀바디에 크리미하며, 꿀의 달콤함이 선명하다. 오크와 피트 스모크의 맛이 은은하다.

BALMENACH

발메낙

스코틀랜드
모레이셔 그랜타운온스페이 크롬데일
www.interbegroup.com

1824년에 제임스 맥그리거는 많은 불법 증류업자들이 그랬듯이, 음지에서 양지로 나오기로 결심하고 그랜타운온스페이 인근 농장 증류소의 면허를 땄다. 이 증류소는 DCL에 팔릴 때까지 100년 동안 가족들이 운영했다. 제2차 세계대전 기간을 제외하고는 1993년까지 지속적으로 위스키를 생산했으며, 1993년에는 '플로라앤드파우나' 컬렉션 대열에 들어갔다. 1997년 발메낙은 인버 하우스에 팔렸고, 이듬해에 증류기를 재가동했다. 매각 당시 넘겨받은 재고가 부족하여 위스키 라인업을 채우기까지는 기다림이 필요하다.

« 발메낙 고든앤드맥페일 1990

싱글 몰트: 스페이사이드, 43% ABV

감귤류, 풀, 그리고 맥아의 향을 느낄 수 있고, 스모크의 맛이 살짝 있다. 물을 타서 마시면 맛과 향이 살아난다.

THE BALVENIE

발베니

스코틀랜드

밴프셔 키스 더프타운

www.thebalvenie.com

1886년에 글렌피딕을 설립한 윌리엄 그랜트는 6년이 지난 뒤 이웃해 있는 18세기식 폐건물을 개조하여 발베니 뉴 하우스를 만들었다. 중고 증류기를 들여놓고 또 다른 증류소를 가동하기 시작한 것이다. 이렇게 확장을 한 데에는 애버딘의 한 위스키 블렌더의 요청이 있었다. 그는 글렌리벳 스타일의 위스키가 매주 ☛

발베니 더블우드 12년 »

싱글 몰트: 스페이사이드, 40% ABV

미국산 오크통에서 10년 동안 숙성을 거친 뒤 셰리 캐스크에서 2년 더 숙성한다. 그 결과 부드럽고 달콤하며, 견과 풍미가 은은하게 난다.

발베니 포트우드 21년

싱글 몰트: 스페이사이드, 40% ABV

잘 익은 과일과 스모키한 사향 향의 레드 와인 느낌에, 부드럽고 크리미한 향이 있다. 풀바디에 풍부한 맛을 낸다. 스파이스 맛이 은은하게 느껴지다가 견과 맛 감도는 오크 느낌으로 드라이해진다. 피니시에는 과일 향 풍부한 와인 풍미가 있다.

1,800리터 필요하다고 말했다.

비록 물리적으로는 글렌피딕에 비해 왜소해 보이지만, 발베니는 결코 작은 규모의 개성적인 위스키만 생산하는 부티크 증류소가 아니다. 생산량이 연간 680만 리터에 달하며, 매우 인상적인 싱글 몰트 라인업을 갖추고 있다. 위스키 장인이 만드는 발베니가 글렌피딕과 차별점으로 내세우는 점은 자신만의 주정용 보리를 재배한다는 것이다. 또한 필요에 맞추어 플로어 몰팅 방식을 쓰며, 구리 세공 기술자와 통을 제조하는 팀도 고용하고 있다. 발베니의 숙성과 우드 피니시 기술은 실로 글렌모렌지와 겨룰 만하다.

« 발베니 30년

싱글 몰트: 스페이사이드, 47.3% ABV

캐러멜, 육두구, 무화과, 자파 오렌지, 그리고 스파이시한 오크 향이 특징이다. 입안에서 꿀, 스파이스, 잘 익은 자두, 그리고 부드러운 오크의 맛이 느껴진다.

발베니 캐리비안 캐스크 14년

싱글 몰트: 스페이사이드, 43% ABV

토피, 과일나무 과일, 화이트 럼의 향이 있다. 입에서는 둥글게 느껴지는 맛이 달콤한 맥아, 풍부한 과일, 바닐라, 부드러운 오크의 맛으로 이어진다. 피니시의 길이는 중간 정도이며, 섬세하게 스파이시한 오크 맛이 난다.

BARTON

바턴

미국

켄터키 바즈타운 바턴 로드 300 톰 무어 증류소
소유주: 새저랙

켄터키 바즈타운은 버번 위스키의 진정한 심장부라 할 수 있는데, 한때 20개 넘는 증류소를 자랑했다. 바턴의 위스키는 대체로 풋풋하고 드라이하며 향이 좋다.

2009년, 버펄로 트레이스를 소유한 새저랙이 콘스텔레이션 브랜즈로부터 톰 무어 증류소를 사들였다. 여기에서 생산되는 모든 바턴 위스키는 물론이고 베리 올드 바턴, 켄터키 젠틀맨(208쪽 참조), 리지몬트(299쪽), 켄터키 태번, 텐하이, 그리고 톰 무어 등이 포함된 인수였다.

베리 올드 바턴 »

버번, 43% ABV

이 브랜드는 6년 숙성이라는 표기를 자랑으로 삼곤 했지만, 지금은 떼어 냈다. 찌르는 듯한 소금 향과 함께 풍부하고 시럽처럼 달콤하고 스파이시한 향을 지니고 있다. 입안에서 묵직하고 과일과 스파이스 맛이 느껴진다. 스파이스와 생강 맛이 있는 드라이한 피니시로 마무리된다.

BASIL HAYDEN'S

베이즐 헤이든스

미국

켄터키주 클레몬트 해피 할로 로드 149
짐 빔 증류소
www.basilhaydens.com

짐 빔에서는 1992년에 선구적인 '스몰 배치 버번 컬렉션'을 처음으로 출시했는데, 베이즐 헤이든스는 그 세 가지 위스키 중 하나였다. 베이즐 헤이든은 메릴랜드에서 온 켄터키 초기 정착민으로, 18세기 말에 바즈타운 근처에서 위스키를 만들기 시작했다. 이 특별한 위스키를 만드는 비법은 그때부터 유래했다고 한다.

« 베이즐 헤이든스 8년

버번, 40% ABV

가볍고 향기로우며, 스파이시한 향이 있다. 비교적 드라이한 맛을 내며 부드러운 호밀, 목재 광택제, 여러 가지 스파이스, 후추, 바닐라, 그리고 가벼운 꿀의 풍미가 있다. 피니시는 길며 매콤한 호밀이 느껴진다.

THE BELGIAN OWL

벨지언 아울

벨기에
펙스르오클로셰 4347 아모 드 고뤼 7
아울 증류소
www.belgianwhisky.com

2004년, 마스터 디스틸러인 에티엔 부용이 벨기에의 프랑스어권 지역에 아울 증류소를 세웠다. 직접 재배한 보리를 사용하고, 퍼스트필 버번 캐스크를 사용하여 3년 숙성 싱글 몰트 위스키를 만들었다. 첫 배치는 2007년 가을에 병입되었다.

벨지언 아울 증류소는 이전에는 람비쿨앤드퓨어(Lambicool and PUR-E)라는 이름으로 알려져 있었다.

벨지언 싱글 몰트 »

싱글 몰트, 46% ABV

비냉각 여과 방식으로 만든 싱글 몰트로 바닐라, 코코넛, 바나나, 그리고 무화과를 얹은 아이스크림 맛이 난다. 뒤이어 레몬, 사과, 생강 등의 풍미가 점점 진하게 느껴진다. 잘 익은 과일과 바닐라의 향과 함께 피니시가 길게 이어진다.

BELL'S
벨스

스코틀랜드
www.bells.co.uk

"몇 가지 좋은 위스키들을 블렌딩하면 섞지 않은 한 종류의 위스키보다 더 많은 사람들의 미각을 즐겁게 해 줄 수 있다"고 설립자인 아서 벨은 말했다. 이 정신에 따라 현재 벨스의 소유주 디아지오는 블렌딩 기술을 매우 강조한다. 벨스는 1933년에 블레어 아솔(블렌딩의 핵심인 키몰트를 생산함)과 더프타운 증류소를 확보했고, 1936년에 인치고워 증류소까지 더했다. 블렌딩은 끊임없이 진화해 왔다. 벨스 측은 애주가들의 블라인드 맛 평가에서 새로 개발한 블렌디드 위스키가 높은 점수를 받았다고 주장한다.

« 벨스 오리지널
블렌디드, 40% ABV

글렌킨치와 쿨 일라와 함께 블레어 아솔과 더프타운, 인치고워는 벨스 오리지널의 중요한 구성 요소이다. 미디엄바디에, 견과류 향과 가벼운 스파이스 향이 난다.

벨스 스페셜 리저브
블렌디드, 40% ABV

스페셜 리저브에는 아일라 몰트가 품고 있는 스모크가 희미하게 느껴진다. 여기에 후끈한 후추와 풍부한 꿀맛이 섞여 있다.

BEN NEVIS

벤 네비스

스코틀랜드

포트윌리엄 로키브리지
www.bennevisdistillery.com

'롱 존' 맥도널드는 1825년에 스코틀랜드 최북서 해안에 증류소를 세웠다. 그의 이름을 따서 만든 블렌디드 위스키(237쪽 참조)는 한때 큰 인기를 끌었다. 포트윌리엄의 리니만 옆에 자리 잡고 19세기에 세워진 이 증류소는 생산된 위스키를 만까지 옮기기 위해 증기선의 작은 선단을 꾸릴 정도였다.

1970년대와 1980년대를 거치는 동안 주기적으로 문을 닫았기 때문에 재고량에 공백이 생겼다. 그럼에도 불구하고 다양한 '듀 오브 벤 네비스' 블렌디드와 함께 오래된 싱글 몰트가 많이 출시되었다. 1990년대 중반 이후 10년 숙성 싱글 몰트가 중심이 되었고, 2011년에 맥도널드 트래디셔널이 추가되었다.

벤 네비스 10년 »

싱글 몰트: 하이랜드, 46% ABV

웨스트 하이랜드 몰트 위스키. 오크의 달콤한 풍미가 있고 미끈한 질감이 입안을 가득 채운다. 드라이한 피니시로 마무리된다.

BENRIACH

벤리악

스코틀랜드
모레이셔 엘긴 롱몬 증류소
www.benriachdistillery.co.uk

위스키 제조를 둘러싼 거대한 투기 물결이 정점에 달한 19세기 말, 스페이사이드에 세워진 증류소들 가운데 벤리악만큼 추락한 증류소도 없을 것이다. 1897년에 설립해 1903년까지만 운영되었고, 그 이후로 20세기 중반까지 다시 문을 열지 못했다. 그러다가 1965년 완전히 재단장을 하여 증류기들이 재가동을 시작했다. 소유권을 이어받은 시그램은 아일라에 증류소가 없었으므로, 1983년에 ☛

« 벤리악 12년

싱글 몰트: 스페이사이드, 40% ABV

10년보다 더욱 고전적인 스페이사이드의 특성을 띤다. 헤더의 향, 바닐라 아이스크림의 크리미한 풍미, 그리고 꿀맛이 살짝 감돈다.

벤리악 쿠리오시타스 10년

싱글 몰트: 스페이사이드, 40% ABV

깊은 피트 향에 달콤쌉쌀한 맛이 난다. 스모크 향 너머로 다이제스티브 비스킷, 시리얼, 감귤류의 풍미를 느낄 수 있다.

벤리악에서 강력한 피트 훈연의 싱글 몰트를 생산하기로 결정했다. 2004년에 빌리 워커가 이끄는 사우스아프리칸 컨소시움이 시바스 브라더스로부터 이 회사를 인수했을 때, 이 피트 훈연을 거친 벤리악 재고가 상당히 많이 남아 있었다. 이를 바탕으로 피트 훈연 맥아로 증류한 유일한 상업용 스페이사이드 싱글 몰트인 쿠리오시타스(Curiostas)와 아우텐티쿠스(Authenticus)를 출시할 수 있었다.

빌리 워커는 이력이 1970년까지 거슬러 올라가는 5,000여 개 다양한 타입의 캐스크와 다양한 레벨의 피트 훈연을 통해 벤리악 싱글 몰트의 범위를 크게 확장했다.

벤리악 16년 »

싱글 몰트: 스페이사이드, 40% ABV

견과와 스파이스 풍미가 있는 스페이사이드 싱글 몰트로, 입안에 감도는 꿀의 질감과 아주 희미한 스모크 향을 느낄 수 있다.

벤리악 20년

싱글 몰트: 스페이사이드, 40% ABV

오크통에서 오래 숙성되는 사이 드라이한 나무의 풍미, 날카로운 감귤 향과 깔끔한 피니시를 갖추었다.

BENRINNES
벤리네스

스코틀랜드
밴프셔 아벨라워
www.malts.com

최초의 벤리네스 증류소는 1826년에 피터 매켄지가 스페이사이드 저지대에 있는 화이트하우스 농장에 세웠으나, 3년 후 홍수에 휩쓸려 가고 말았다. 1834년에 몇 마일 떨어진 곳에 '린 오브 루스리'라는 새로운 이름으로 증류소가 만들어졌다. 몇 차례의 파산과 1896년의 큰 화재에도 불구하고 벤리네스로 살아남았다. 오늘날 볼 수 있는 것은 세계대전 후에 만든 현대식 증류소인데, 1950년대 중반에 완전히 새롭게 지었다. 부분적인 단식 3회 증류 방식으로 운영되는 6대의 증류기가 있으며, 워시 스틸 1대와 스피릿 스틸 2대가 짝을 이루고 있다.

« 벤리네스 플로라앤드파우나 15년

싱글 몰트: 스페이사이드, 43% ABV

증류소에서 공식적으로 병입한 것만이 매우 고가에 팔리고 있다. 약간의 스모크와 스파이시한 풍미를 띠고, 입안에서는 크리미한 감촉이 느껴진다.

BENROMACH

벤로막

스코틀랜드
모레이셔 포레스
www.benromach.com

단 한 쌍의 증류기로 순수 알코올을 1년에 최대 50만 리터까지 생산하는 벤로막은 늘 작은 규모였다. 1898년에 설립된 뒤로 100년 사이에 소유주가 6번이나 바뀌었다. 한때는 내셔널 디스틸러스 오브 아메리카로 넘어가 올드 크로, 올드 그랜드대드 같은 버번 위스키와 한 회사 소속이기도 했다. ☛

벤로막 10년 »

싱글 몰트: 스페이사이드, 43% ABV

젖은 풀, 버터, 생강, 바삭한 토피, 그리고 스모키한 향이 있다. 스파이스와 견과의 맛이 나며, 건포도와 부드러운 나무 탄내의 풍미가 입안을 덮는다.

벤로막 15년

싱글 몰트: 스페이사이드, 43% ABV

말린 과일, 셰리, 오렌지 풍미와 함께 견과와 스파이스의 향이 있다. 입안에서는 오렌지 풍미가 더욱 강하게 느껴지며, 생강과 밀크 초콜릿 맛도 동반된다. 스모키하고 스파이시한 오크 맛으로 이어진다.

이후 파산 상태에 직면한 많은 증류소들처럼 벤로막은 거대 기업인 DCL 산하에 들어갔고, 1983년에 증류소는 폐쇄되었다. 증류기들은 뜯겨 나갔고, 벤로막은 다시는 위스키를 생산하지 못할 것처럼 보였다.

벤로막을 구한 것은 엘긴에 있는 고든앤드맥페일이라는 독립 병입사로, 1993년에 이 증류소를 사들였다. 새 증류기 한 쌍이 설치되었으며, 1999년에 그로부터 첫 위스키가 나왔다. 이때 찰스 왕세자가 새로운 벤로막을 공식적으로 오픈했다.

숙성 기간이 오랜 수많은 스페이사이드 싱글 몰트와 마찬가지로 스피릿에서 피트의 특성이 느껴진다.

WHISKIES

B

GREAT

« 벤로막 35년

싱글 몰트: 스페이사이드, 43% ABV

후끈한 느낌과 함께 꽃향기가 나며, 시간이 지날수록 셰리와 희미한 스모크 향이 드러난다. 매끄럽고 스파이시하며, 가벼운 스모키한 맛이 나다가 스파이시한 타닌 맛으로 마무리된다.

벤로막 100 프루프

싱글 몰트: 스페이사이드, 57% ABV

셰리, 바닐라, 칠리, 말린 과일의 향이 난다. 피니시는 길고 스모키하다.

BERNHEIM

번하임

미국

켄터키 루이빌 웨스트 브레킨리지 스트리트
1701 헤븐 힐 증류소
www.bernheimwheatwhiskey.com

번하임이란 브랜드는 켄터키 루이빌에 있는 '헤븐 힐 번하임 증류소'에서 따온 이름으로, 1999년에 공장을 인수한 이후 헤븐 힐 위스키를 생산하고 있다. 2005년에 첫 출시된 번하임은 미국 시장에서 제대로 만든 위트 위스키 중 하나였다.

2대에 걸쳐 헤븐 힐의 마스터 디스틸러로 일한 파커 빔과 크레이그 빔은 최소 51퍼센트의 겨울 밀(wheat)로 만드는 위스키 공법을 개발했는데, 그 원료에는 옥수수와 맥아도 들어간다.

번하임 오리지널 »

위트, 45% ABV

가벼운 과일 느낌의 스파이시한 향이 특징으로 갓 톱질한 나무, 토피, 바닐라, 달콤한 곡물, 그리고 민트 맛이 은은하게 난다. 꿀맛과 스파이시한 풍미가 있는 피니시는 길고 우아하다.

GREAT WHISKIES

B

BLACK & WHITE
블랙앤드화이트

스코틀랜드
소유주: 디아지오

뷰캐넌의 제품 중에서도 사랑받는 브랜드인 블랙앤드화이트는 원래는 '뷰캐넌스 스페셜'이라는 이름으로 출시되었다. 전해지는 이야기에 따르면, 1890년대에 제임스 뷰캐넌이 어두운 색깔의 병에 흰 상표를 부착하여 영국 하원에 위스키를 공급했다고 한다. 그 위스키 이름을 잘 기억하지 못했던 하원 의원들이 그냥 '블랙앤드화이트'라고 불렀다는 것이다. 뷰캐넌은 그 이름을 채용하였고, 스코티시 테리어(검은 개)와 웨스트 하이랜드 테리어(흰 개)를 그려 넣은 상표를 붙였다. 오늘날 고향에서는 명성을 잃었지만, 디아지오의 영업력에 힘입어 프랑스, 브라질, 베네수엘라에서 인기를 누리고 있다.

« 블랙앤드화이트

블렌디드, 40% ABV

고품격 정통 스타일의 블렌디드 위스키이다. 피트, 스모크, 오크의 풍미가 층을 이루고 있는 듯하다.

BLACK BOTTLE

블랙 보틀

스코틀랜드

소유주: 번 스튜어트 디스틸러스
www.blackbottle.com

블랙 보틀은 1879년 스코틀랜드 애버딘의 차(茶) 제조사인 C.,D., & G. 그레이엄스에서 만들었다. 그리고 결국 회사가 팔린 1964년까지 90년 가까이 회사를 운영하였다. 블랙 보틀 브랜드는 몇 차례 주인이 바뀌었는데, 2003년에 번 스튜어트 디스틸러스가 부나하벤 증류소를 사들이는 과정에서 블랙 보틀도 손에 넣었다.

2013년 번 스튜어트는 블랙 보틀 브랜드를 재출시했다. 스페이사이드의 특성을 더 많이 가미하고 아일라 몰트의 성격은 약화시킴으로써, 북동쪽에 뿌리를 둔 원래의 성격에 가까워지게 했다.

블랙 보틀 »

블렌디드, 40% ABV

신선한 오크, 가벼운 스모크, 꿀, 그리고 희미한 셰리 향이 느껴진다. 플레인 초콜릿, 마른 오크와 함께 캐러멜, 베리류, 꿀, 그리고 더 가벼운 스모크 맛이 난다.

BLACK VELVET
블랙 벨벳

캐나다
앨버타 레스브리지 노스 9번가 2925
www.blackvelvetwhisky.com

블랙 벨벳은 미국에서 세 번째로 많이 팔리는 캐나디안 위스키이다. 1950년대에 길비 캐나다가 '블랙 라벨'이라는 이름으로 탄생시켰고, 토론토에 있는 올드 팔리서 증류소에서 생산했다. 이는 대단한 성공을 거두었으며 1973년에 록키산맥과 가까운 레스브리지에 블랙 벨벳 증류소를 세우게 된다. 이곳은 미국 국경에서 자동차로 두 시간 정도밖에 걸리지 않는다. 1999년 블랙 벨벳과 팔리서 증류소 모두 바턴 브랜즈에 팔렸는데, 이 회사는 나중에 콘스텔레이션 브랜즈의 일원이 된다.

« 블랙 벨벳 8년

블렌디드, 40% ABV

말린 과일, 호밀과 함께 꽃향기를 맡을 수 있다. 미끈하고 달콤하며 과일과 순한 허브, 백후추의 맛이 느껴진다.

GREAT WHISKIES

B

BLADNOCH

블라드노크

스코틀랜드
위그톤셔 위그타운 블라드노크
www.bladnoch.com

스코틀랜드의 가장 남쪽에 있는 이 증류소는 여러 차례 사고 팔리는 과정을 겪었는데, 그사이 증류기는 오랫동안 방치되었다. 마침내 기네스 UDV(지금의 디아지오)가 1994년 이를 팔았는데, 매각 조건에 블라드노크가 앞으로 위스키를 절대로 생산하지 않는다는 내용이 있었다. 하지만 2000년에 상황이 바뀌어 증류소는 연간 25만 병의 위스키 생산 허가를 얻었다. 2009년에 블라드노크는 다시 위기를 맞았고, 2015년 오스트레일리아의 사업가 데이비드 프라이어가 인수하기까지 생산이 보류되었다. 2017년 6월에 생산이 공식적으로 재개되었다.

블라드노크 15년 »

싱글 몰트: 로랜드, 55% ABV

풋사과처럼 가볍고 신선한 식전주 스타일.

블라드노크 18년

싱글 몰트: 로랜드, 55% ABV

매끄러운 로랜드 위스키로, 냉각 여과를 거치지 않고 완전한 캐스크 스트렝스 방식으로 병입을 한다. 공급이 달린다.

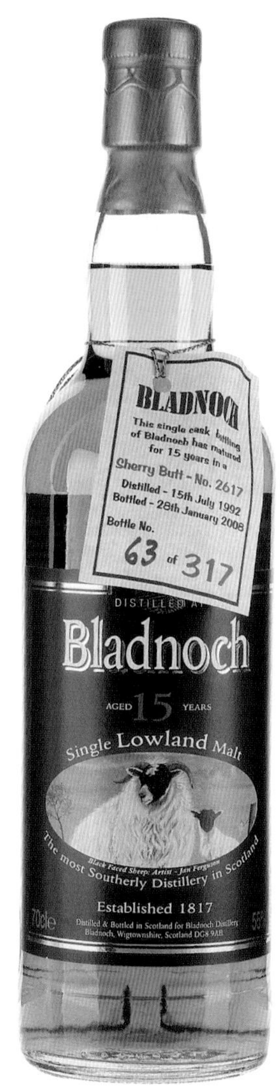

BLAIR ATHOL

블레어 아솔

스코틀랜드

퍼스셔 피트로크리
www.malts.com

1798년, 존 스튜어트와 로버트 로버트슨은 피트로크리 가장자리에 알두어 증류소의 면허를 취득했다. 그러나 이 지역에는 불법 증류기들이 도처에 있었고, 합법적으로 세금을 내며 버티기에는 현실이 버거웠다. 얼마 못 가서 증류소는 문을 닫고 만다. 1826년에 증류소를 부활시킨 알렉산더 코나커는 블레어 아솔이라는 새 이름을 붙였다. 30년 동안 몰트 위스키 일부는 퍼스셔의 블렌딩 업체인 아서벨앤드선스에게 팔려 나갔고, 이 회사는 결국 1933년에 이 증류소까지 인수한다.(40쪽 참조) 12년 숙성과 가끔 드물게 생산되는 몰트 위스키를 제외하고는 대부분이 블렌디드 위스키에 들어간다. 특히 벨스에 많이 사용된다.

« 블레어 아솔 플로라앤드파우나 12년

싱글 몰트: 하이랜드, 43% ABV

매끄럽고 균형 잡힌 풍미는 스파이스와 설탕에 절인 과일을 떠올리게 한다. 피니시에 스모크가 살짝 감돈다.

BLANTON'S

블랜튼스

미국

켄터키 프랭크퍼트 윌킨슨 1001
버펄로 트레이스 증류소
www.blantonsbourbon.com

알버트 베이컨 블랜튼 대령은 지금의 버펄로 트레이스 증류소에서 1897년 사무 보조로 일하기 시작했다. 1912년에는 증류소 매니저로 승진했으며, 50년 넘는 세월을 증류소에서 보냈다. 1955년에 은퇴했을 때 그를 기리기 위하여 증류소 이름을 블랜튼으로 바꾸었다. 이 싱글 배럴 위스키는 1950년부터 블랜튼과 같이 일해 온 마스터 디스틸러, 엘머 T. 리가 1984년 창조해 낸 것이다.

블랜튼스 싱글 배럴 »

버번, 46.5% ABV

토피, 가죽, 그리고 민트가 살짝 가미된 부드러운 향을 지니고 있다. 매우 달콤한 버번으로 바닐라, 캐러멜, 꿀, 스파이스를 품은 풍부하고 원숙한 맛을 낸다. 피니시는 길고 크리미하며, 스파이스가 슬며시 감돈다.

BLAUE MAUS

블라우어 마우스

독일

에골스하임노세스 91330 밤베르거슈트라세 2
플라이슈만
www.fleischmann-whisky.de

플라이슈만의 브랜디 증류소는 원래 식품과 담배를 판매하던 가족 회사의 부지에 1980년에 세워졌다. 14년에 걸친 시험 증류를 끝내고 1996년에 이 회사의 첫 위스키가 출시되었다. 현재 8종의 싱글 캐스크 몰트 위스키가 생산된다. 블라우어 마우스, 그뤼너 훈트(Grüner Hund), 올드 파(Old Fahr), 그리고 싱글 캐스크 그레인 위스키인 아우스트라시아(Austrasier) 등이 있다.

« 블라우어 마우스 올드 파

싱글 몰트, 40% ABV

플레인 초콜릿, 생강, 그리고 약간 기름진 향을 맡을 수 있다. 그 기름기는 부드러운 맛으로 이어지며, 바닐라와 마른 오크가 대조를 이루는 맛이 특징이다. 피니시에서 플레인 초콜릿을 다시 만날 수 있다.

BLENDERS PRIDE

블렌더스 프라이드

인도

소유주: 페르노 리카
www.pernod-ricard.com

페르노 리카가 소유하게 된 이후, 이 브랜드는 이 부문의 베스트셀러 자리를 놓고 로열 챌린지(306쪽 참조)와 치열한 경쟁을 벌여 왔다. 프리미엄급IMFL(Indian Made Foreign Liquor, 스카치 몰트 위스키와 인도 그레인 위스키로 만든 인도산 외국 주류)에 속한다. '블렌더스 프라이드'라는 이름은 캐스크를 주기적으로 햇볕에 노출시키는 방식을 창안한 마스터 블렌더의 이야기에서 따왔다. 우아한 단맛과 기분 좋은 향이 그들의 블렌딩 실험이 성공적이었음을 증명해 준다.

블렌더스 프라이드 »

블렌디드, 42.8% ABV

부드럽고 풍부한 맛이 나며, 달콤하다. 심심한 피니시는 아쉬운 점이다.

BOOKER'S

부커스

미국

켄터키 클레몬트 해피 할로 로드 149
짐 빔 증류소
www.bookersbourbon.com

세계적인 주류 회사 짐 빔이 만든 브랜드로, 짐 빔의 손자 부커 노의 이름을 따서 지었다. 부커는 제6대 마스터 디스틸러인데, 1992년 버번 위스키에 '스몰 배치'를 처음 도입한 사람으로 유명하다. 회사 웹사이트에서는 매년 시장에 내놓는 배치들에 대해 이렇게 밝히고 있다. "부커스가 정한 표준에 도달하기까지는 기술, 과학, 그리고 대자연의 결합이 필요합니다. 그래서 배치마다 숙성 기간, 알코올 도수가 각기 다릅니다. 위스키가 스스로 준비되었다는 것을 알려주면, 저희도 여러분께 알려드립니다."

« 부커스 2015 배치 06 노스 시크리트(NOE'S SECRET)

버번, 64.05% ABV

바닐라, 옥수수, 시나몬의 풍부한 아로마. 캐러멜과 진한 바닐라 맛이 나고, 강한 스파이스 향, 숯, 오크, 라즈베리 풍미가 느껴진다.

BOWMORE

보모어

스코틀랜드
아일라섬 보모어
www.bowmore.com

아일라섬에서 가장 오래된 증류소는 1779년에 설립되었다. 이 증류소는 오랫동안 소규모로 운영되다가 1837년에 글래스고의 W. & J. 머터에 매각되었다. 이후 연간 생산량이 90만 리터까지 늘어났고, 위스키 캐스크를 글래스고 중앙역 아래에 위치한 저장고에 보관하였다. 1963년에는 글래스고의 중개업자인 스탠리 모리슨에게 팔렸으며, 현재는 모리슨 보모어의 주력 증류소이자 일본의 음료 대기업 산토리 산하에 속해 있다. ☛

보모어 12년 »

싱글 몰트: 아일라, 40% ABV

감귤류와 스모크가 어우러진 온화한 향이 혀끝으로 이어지며, 다크 초콜릿 맛이 살짝 감돈다.

보모어 레전드

싱글 몰트: 아일라, 40% ABV

은은한 감귤 풍미가 감도는 드라이하고 상쾌한 맛. 스모키한 피니시로 마무리된다.

보모어 증류소는 인달 호수 인근에 자리 잡고 있다. 저장고의 오른쪽으로 소금기를 품은 바닷바람이 불어와 소금기 일부가 캐스크에 스며들 수밖에 없다. 증류소에는 두 쌍의 증류기, 미송으로 만든 여섯 개의 워시백, 그리고 자체 플로어 몰팅 시설이 있다. 보모어의 생산량 중 40퍼센트가 플로어 몰팅을 거친다. 약 25ppm까지 피트 향을 입힌 자체 맥아를 사용한 덕분에 보모어의 향이 증진된다는 것을 입증하기에는 어려운 점이 있다. 하지만 물에 담근 신선한 보리, 피트를 태우는 가마, 짙은 푸른색 연기에 이르기까지 위스키 제조의 전 과정을 지켜보는 일은 보모어 증류소 방문을 아주 특별하게 만들어 줄 것이다.

« 보모어 15년

싱글 몰트: 아일라, 40% ABV

올로로소 셰리 캐스크에서 2년간 숙성을 거치면서 진한 적갈색을 띠게 되었다. 이 숙성 과정이 보모어의 시그니처인 스모키한 풍미에 건포도 같은 달콤함을 가져온다.

보모어 스몰 배치

싱글 몰트: 아일라, 40% ABV

바닐라가 감도는 꽃향기와 우아한 향을 맡을 수 있고, 이어서 부드러운 피트 스모크 향이 퍼진다. 꿀과 달콤한 스모크 맛이 나며, 마지막에는 오크 맛이 살며시 느껴진다.

BOX

박스

스웨덴

비에르트로 872 96 쇠르비센 140
www.boxwhisky.se

박스 증류소는 1912년 스웨덴 오달렌 지역 중심부에 설립한 옛 박스 발전소 자리에 있는데, 2010년에 가동을 시작하였다. 증류소는 정통 스코틀랜드식 증류기를 두 대 갖추고, 두 가지 스타일의 스피릿을 생산한다. 하나는 피트가 가미되지 않은 것이고, 다른 하나는 피트가 가미된 것인데 아일라에서 수입한 피트를 사용한다.

박스는 지금까지 다수의 한정판 병입 제품을 내놓았으며, 스웨덴 위스키 애호가들로부터 큰 환호를 받았다. 2014년에 출시된 파이어니어(Pioneer)는 단 7시간 만에 5,000병이 팔려 나갔다.

박스 메신저 »

싱글 몰트, 48.4% ABV

버번 캐스크와 올로로소 캐스크에 피트가 가미된 스피릿을 정해진 비율로 섞어 숙성시킨다. 약간의 피트 향과 함께 배, 바나나, 바닐라 풍미가 있다. 허브 맛에 후추와 소금이 어우러져 있고, 바나나 맛이 마무리를 한다.

위스키 여행

아일라

헤브리딘 제도 최남단의 섬, 아일라는 피트 위스키광들의 목적지이다. 특히 해마다 5월에 열리는 위스키와 음악 축제, 페이시 일라(Féis Ìle) 기간에는 문전성시를 이룬다. 글래스고에서 비행기로 아일라섬으로 가서 자동차를 빌려 둘러보거나, 케나크레이그에서 자동차를 싣고 칼레도니안 맥브레인이라는 페리를 타고 갈 수 있다. 증류소 여덟 군데를 모두 둘러보려면 나흘 일정이 좋다.

첫째 날: 쿨 일라, 부나하벤

❶ 페리를 타고 애스케이그항에 도착하면 가족이 운영하는 매력적인 포트 애스케이그 호텔이 해변에 보일 테고, 괜찮은 선택이 될 것이다. 그곳에서 쿨 일라까지 걸어서 갈 수 있는데, 디아지오의 큰 증류소로 이 섬에서 생산량이 가장 많은 곳이다.

쿨 일라의 워시백

❷ 애스케이그항에서 부나하벤까지는 해안가 도로를 따라 자동차 또는 도보로 갈 수 있다. 이곳에서는 아일라 위스키 가운데 피트 풍미가 가장 연한 위스키를 만든다. 증류소에 있는 오두막을 빌려 묵을 수도 있다.

둘째 날: 킬호만, 브룩라디

❸ 킬호만은 아일라에서 가장 최근에 만들어진, 가장 작은 증류소이다. 여기에는 친절한 카페를 갖춘 농장이 있다. 아일라의 다른 증류소들처럼 다른 곳에서는 구할 수 없는 특별한 병입 제품들을 판다. 점심을 즐기기에 근사한 곳으로 현지 재료를 이용한 요리를 맛볼 수 있다.

❹ 자동차로 언덕을 넘으면 다양한 위스키들을 만드는 브룩라디에 닿는다. 샬로트항 옆에 있는 아일라 생활사 박물관에는 과거 불법으로 위스키를 생산했던 이야기가 전시되어 있다. 그런 뒤 포트 샬로트 호텔에서 저녁 식사를 즐길 수 있다.

브룩라디

여행의 개요
소요 날짜: 4일 이동 거리: 96킬로미터 이동 수단: 자동차, 도보 증류소: 8곳

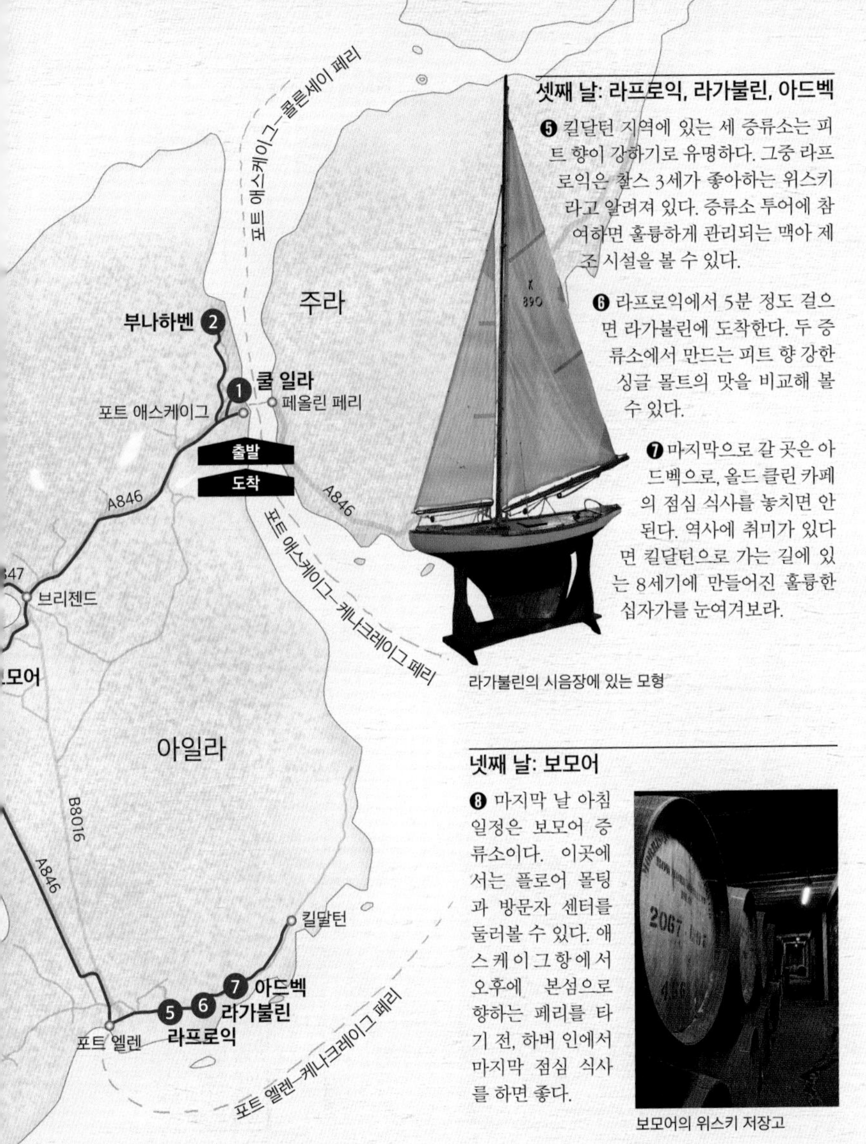

셋째 날: 라프로익, 라가불린, 아드벡

❺ 킬달턴 지역에 있는 세 증류소는 피트 향이 강하기로 유명하다. 그중 라프로익은 찰스 3세가 좋아하는 위스키라고 알려져 있다. 증류소 투어에 참여하면 훌륭하게 관리되는 맥아 제조 시설을 볼 수 있다.

❻ 라프로익에서 5분 정도 걸으면 라가불린에 도착한다. 두 증류소에서 만드는 피트 향 강한 싱글 몰트의 맛을 비교해 볼 수 있다.

❼ 마지막으로 갈 곳은 아드벡으로, 올드 클린 카페의 점심 식사를 놓치면 안 된다. 역사에 취미가 있다면 킬달턴으로 가는 길에 있는 8세기에 만들어진 훌륭한 십자가를 눈여겨보라.

라가불린의 시음장에 있는 모형

넷째 날: 보모어

❽ 마지막 날 아침 일정은 보모어 증류소이다. 이곳에서는 플로어 몰팅과 방문자 센터를 둘러볼 수 있다. 애스케이그항에서 오후에 본섬으로 향하는 페리를 타기 전, 하버 인에서 마지막 점심 식사를 하면 좋다.

보모어의 위스키 저장고

BRAUNSTEIN
브라운스타인

덴마크
4600 코이에 카를센스베 5
브라운스타인 증류소
www.braunstein.dk

덴마크 코이에항의 오래된 창고에 자리한 소규모 증류소로, 2005년에 설립되었다. 작은 증류기 하나로 몰트 위스키를 생산한다. 증류를 통해 나오는 스피릿은 깔끔하고 신선하며, 과일 풍미를 지녔다. 올로로소 셰리 캐스크에서 숙성을 한다. 해마다 새로운 버전의 위스키를 내놓고 있으며, 아쿠아비트스칸디나비아의 전통 증류주, 허브가 들어간 스피릿, 슈냅스 주로 과일로 만드는 도수 높은 리큐어, 그리고 비비 앰버 라거라는 맥주도 생산한다. 매달 시음회를 여는데, 브라운스타인 위스키 클럽이 활발하게 활동하고 있다.

« 브라운스타인

싱글 몰트, 다양한 ABV

과일, 건포도, 초콜릿 풍미가 있는 싱글 몰트로, 어느 배치에서 나오느냐에 따라 도수가 각기 다르다.

BRUICHLADDICH

브룩라디

스코틀랜드

아일라섬 브룩라디 증류소
www.bruichladdich.com

아일라섬 서쪽 끝에 있는 증류소로 인달 호숫가에 있으며, 호수 건너편에는 보모어 증류소가 있다. 1881년에 지었는데, 아일라의 오래된 증류소들과 달리 그 당시의 최첨단 기술인 공동벽(cavity wall)과 자체 증기 발생기를 갖추었다.

매각이 거듭되다가 1994년에 문을 닫았고, 다시는 문을 못 열 것처럼 보였다. 그러다가 2000년의 크리스마스를 며칠 앞두고 독립 병입사인 머레이 맥데이비드가 이끄는 민간 컨소시엄에 의해 ☛

브룩라디 옥토모어 7.1 »

싱글 몰트: 아일라, 59.5% ABV

우선 피트 향이 확 올라오며, 이어서 소금물과 과일나무 과일의 향을 느낄 수 있다. 피트, 캐러멜, 잘 익은 사과, 그리고 숙성기 오크의 맛과 함께 매끄러운 맛을 낸다.

브룩라디 스코티시 발리

(THE SCOTTISH BARLEY)

싱글 몰트: 아일라, 50% ABV

약간의 금속성 오프닝에 이어 구운 사과와 아마씨 향이 난다. 바닐라, 토피, 소금물의 맛과 함께 풍부한 과일 맛이 미각을 일깨운다.

회생했다. 빅토리아 시대에 만든 장식들은 사랑을 받으며 보존되고 있으며, 생산 과정에 컴퓨터를 전혀 사용하지 않는다. 또 이 섬에서 기른 보리로만 위스키를 만든다.

브룩라디는 2003년에 아일라섬에서 자신들이 만든 위스키를 병입한 최초의 증류소가 되었다. 셰리 맛이 강한 블래커 스틸, 핑크빛 도는 플러테이션, 그리고 3D, 인피니티, 옐로 서브머린에 이르기까지 다양한 병입 제품을 선보였다. 지금까지 200종 넘게 출시되었으며, 그중 많은 종류가 한정판으로 나왔다.

2012년에 레미 쿠앵트로가 증류소를 인수한 뒤로는 구입할 수 있는 위스키 종류가 크게 줄어들었다.

« 브룩라디 클래식 라디

싱글 몰트: 아일라, 50% ABV

초콜릿, 가루 설탕, 암염 향이 난다. 입에서는 키위 맛과 함께 스파이시한 맛과 소금물 맛이 느껴진다.

브룩라디 아일라 발리 2009

싱글 몰트: 아일라, 50% ABV

바닐라, 꿀, 붉은 사과, 그리고 흙내 나는 맥아 향이 있다. 시나몬과 말린 과일 맛으로 마무리된다.

BUCHANAN'S

뷰캐넌스

스코틀랜드

소유주: 디아지오

www.buchananswhisky.com

제임스 뷰캐넌은 위스키계 거물 중 한 사람이다. 빅토리아 시대인 19세기에 활약한 이 거물은 스카치 위스키를 전 세계에 널리 퍼뜨리면서 막대한 부를 쌓은 사업가였다. 뷰캐넌은 1879년에 위스키 중개상으로 시작하여 곧이어 자신이 만든 위스키를 팔기 시작했고, 얼마 지나지 않아 영국 하원에 위스키를 납품하게 되었다. 오늘날 뷰캐넌의 브랜드는 새로운 소유주인 디아지오 아래서 다시 한번 번영의 조짐을 보이고 있다. 베네수엘라, 멕시코, 콜롬비아, 미국에서 눈에 많이 띄며, 프리미엄 스타일의 블렌디드 위스키로 자리 잡았다. 12년과 18년 스페셜 리저브, 두 종류가 나와 있다.

뷰캐넌스 12년 »

블렌디드, 40% ABV

셰리와 스파이스의 향이 풍부하다. 쌉쌀한 맛과 말린 레몬 맛이 입안에 살며시 감돈다. 마른 나무 향이 가미된 와인의 풍미도 느껴진다.

BUFFALO TRACE

버펄로 트레이스

미국

켄터키 프랭크퍼트 윌킨슨 1001
버펄로 트레이스 증류소
www.buffalotrace.com

원래 에인션트 에이지(16쪽 참조)였던 버펄로 트레이스 증류소는 옛날 수많은 버펄로 떼가 켄터키강을 건넜던 교차점에 있다. 버펄로 떼가 지나갔던 길을 '그레이트 버펄로 트레이스'라고 부른다.

버펄로 트레이스의 자랑은 4년부터 23년까지, 미국에서 숙성 연도가 가장 광범위한 위스키를 보유하고 있다는 점이다. 또한 위트 위스키, 라이 위스키, 두 종류의 라이 버번, 보리 등 다섯 가지 레시피를 사용하는 미국 유일의 증류소이다. 캐스크 스트렝스로 생산하는 '익스페리멘틀 컬렉션'은 와인 배럴 숙성 위스키로, 2006년에 출시되었다.

« 버펄로 트레이스 켄터키 스트레이트 버번

버번, 45% ABV

최소 9년의 숙성을 거치는 위스키로 바닐라, 껌, 민트, 그리고 당밀의 향이 있다. 달콤함과 과일 맛, 스파이스 맛이 입안에서 느껴지고 흑설탕과 오크의 맛이 올라온다. 바닐라 향이 퍼지는 가운데 길고 스파이시하며 매우 드라이한 피니시가 전개된다.

BULLEIT

불렛

미국

켄터키 로렌스버그 본드 밀스 로드 1224
포 로지스 증류소
www.bulleit.com

불렛 버번의 유래는 1830년대까지 거슬러 올라가는데, 술집을 운영하면서 소규모로 증류를 해 온 오거스터스 불렛이 그 시작이었다. 1860년에 그가 세상을 떠난 뒤 생산이 중단되었으나, 1987년에 고손자인 톰 불렛이 원래의 레시피를 계승해 부활시켰다. 이후 이 브랜드를 시그램이 인수했고, 다시 디아지오로 넘어갔다. 증류는 포 로지스(121쪽 참조)에서 이루어지지만, 브랜드 소유주인 디아지오는 루이빌에 있는 스티첼웰러라는 문을 닫은 증류소에서 '불렛 익스피어리언스'를 운영하며 방문객에게 시음 기회를 제공한다.

불렛 버번 »

버번, 40% ABV

풍부한 오크 아로마가 바닐라와 꿀을 중심으로 하는 농익은 맛으로 이어진다. 피니시의 지속 시간은 중간 정도로, 바닐라와 희미한 스모크 풍미가 특징이다.

BUNNAHABHAIN

부나하벤

스코틀랜드

아일라 포트 애스케이그

www.bunnahabhain.com

피트 향 진한 싱글 몰트로 명성을 얻기 전까지, 아일라 증류소들의 고객은 위스키 애호가가 아닌 블렌딩 업체들이었다. 블렌딩 업체들은 피트 향이 강한 몰트 위스키를 너무 많이 사용할 경우 맛의 균형을 잃을 수 있으므로 소량의 스모키한 몰트 위스키를 원할 뿐이었다. 그래서 부나하벤은 피트 향이 가미되지 않았거나 가볍게 가미된 맥아를 사용했다. 지금은 피트가 상당히 가미된 제품도 다양하게 생산하는데, 병입 제품의 도수는 46.3% ABV로 모두 동일하다.

« 부나하벤 12년

싱글 몰트: 아일라, 46.3% ABV

바다의 신선한 공기와 물보라 향이 있는 깔끔하고 산뜻한 위스키. 입안에서는 견과와 맥아의 달콤한 맛이 느껴진다.

부나하벤 18년

싱글 몰트: 아일라, 46.3% ABV

셰리 캐스크의 영향을 크게 받았기에 몰트 증류소 특유의 개성이 12년보다는 약하다. 대신 더욱 폭넓은 질감과 나무 풍미를 품게 되었다.

BUSHMILLS

부시밀스

아일랜드

앤트림 디스틸러리 로드 2 부시밀스 증류소
www.bushmills.com

올드 부시밀스 증류소는 모든 이의 취향을 맞춰 주는 놀라운 능력을 가지고 있다. 아름다운 빅토리아풍 건물에 현대적인 시설을 완전하게 갖추고 있으며, 소규모 증류소이면서도 세계적인 브랜드를 생산한다. 그리고 증류기를 가동하는 동시에 일반인들의 방문을 환영한다. 부시밀스는 몰트 위스키만 생산하기 때문에 블렌디드 위스키에 사용하는 ☛

부시밀스 오리지널 »

블렌디드, 40% ABV

과일과 바닐라 풍미가 입안에서 퍼지며, 마시기 쉽다. 깔끔하고 맑은 특성이 다가가기 쉽게 한다. 아이리시 위스키 세계에 입문하기 좋은 술이다.

부시밀스 블랙 부시

블렌디드, 40% ABV

살아 있는 전설인 블랙 부시는 사랑스런 악동 같다. 꿀과 견과가 어우러진 고급스러운 맛을 내며, 입안에서는 비단처럼 매끄러운 감촉이 느껴진다. 아이리시 블렌디드 위스키의 기준이 되었다.

그레인 위스키는 미들턴 증류소에서 주문해서 쓴다.

특이하게도 부시밀스는 싱글 몰트와 블렌디드 위스키에 같은 브랜드명을 붙여 판매하고 있는데, 이에 별문제가 없다. 이처럼 경계를 허무는 데에 두려움이 없는 증류소이다. 그 예를 증류 면허 400주년 기념으로 출시한 위스키에서 찾아볼 수 있다. 이 한정판 블렌디드 위스키에 맥주 양조장에서 많이 사용하는 크리스털 몰트 캐러멜 같은 단맛을 내는 맥아 를 사용했다.

« 부시밀스 몰트 10년

싱글 몰트, 40% ABV

피트를 가미하지 않고 세 번 증류해 만든 이 매력적인 위스키는 거의 모든 사람들에게 어필한다. 셰리 캐스크의 흔적이 희미하게 느껴지고, 퍼지 초콜릿 같은 달콤함도 살짝 맛볼 수 있다. 클래식하고 친근하게 다가갈 수 있는 아이리시 몰트 위스키이다.

부시밀스 몰트 16년

싱글 몰트, 40% ABV

10년 위스키에 단순히 햇수만 더해 숙성시킨 것이 아니다. 버번 캐스크와 셰리 캐스크에서 숙성한 것을 반반씩 섞은 다음, 포트 와인 파이프 550리터짜리 포트 전용 통 에서 9개월을 더 보낸다. 세 가지 나무통을 거치는 사이 마법이 일어나 말린 과일 풍미가 가득해지고, 아몬드와 꿀맛 천지가 된다.

CAMERON BRIG

카메론 브리그

스코틀랜드

파이프 리벤 위니게이츠 카메론브리지 증류소

크게 오해받고 있으며, 그래서 수요가 적고 제 역할을 못 해내고 있는 그레인 위스키는 스카치 위스키에서 위상이 낮다. 하지만 블렌디드 위스키의 필수 구성 요소이자 기본이 바로 그레인 위스키이다. 병입된 싱글 그레인 위스키를 마셔 보면 큰 즐거움을 얻을 수 있다.

카메론 브리그는 파이프에 있는 디아지오의 카메론브리지 증류소에서 생산하는데, 거대한 연속식 증류기들이 대규모로 갖추어져 있다. 그레인 위스키의 엄청난 생산량을 보면 위스키 순수주의자들의 마음이 상할지도 모른다. 하지만 가장 좋은 상태의 그레인 위스키는 실로 최고다. 이 카테고리의 유일한 제품인 디아지오의 위스키는 그에 부응하며, 카메론 브리그는 실망시키지 않을 것이다.

카메론 브리그 »

싱글 그레인, 40% ABV

스파이시한 버번의 향과 가벼운 사과 향이 있다. 입안에서 매끄럽고 과일 맛이 나는데, 거기에 곡물, 견과, 커피, 그리고 약간의 후추 맛이 더해져 있다.

CANADIAN CLUB
캐나디안 클럽

캐나다

온타리오 워커빌 리버사이드 드라이브 이스트
하이람 워커 증류소
www.canadianclub.com

캐나다에서 가장 오래되고 가장 영향력 있는 위스키 브랜드이다. 1884년에 사업가 하이람 워커가 만든 이 위스키는 간단히 '클럽'이라고 불렸으며, 안목 있는 신사 클럽 멤버들을 겨냥했다. 대부분의 위스키가 대용량으로 팔리던 시대에 특이하게도 병입 상태로 공급되었으며, 그래서 소매업자들이 위스키에 불순물을 섞을 수 없었다. 얼마 지나지 않아 캐나다와 미국의 다른 증류업자들도 이를 ☛

« 캐나디안 클럽 1858

블렌디드, 40% ABV

말린 과일, 호밀과 함께 꽃향기가 난다. 입안에서는 미끈하고 달콤하며, 과일과 부드러운 허브, 백후추의 맛이 느껴진다.

캐나디안 클럽 스몰 배치 셰리 캐스크

블렌디드, 41.3% ABV

호밀, 소나무, 갓 톱질한 목재, 생강, 그리고 조심스레 올라오는 달콤한 셰리의 향이 있다. 입안에서는 바닐라, 캐러멜, 흑후추, 가벼운 과일 맛이 느껴진다.

따라 하기 시작했다.

이 회사는 빅토리아 여왕부터 엘리자베스 2세에 이르기까지 영국 왕실 납품 인증서를 많이 받아 왔다. 그들처럼 높은 신분은 아니지만 미국 마피아 두목인 알 카포네 역시 고객이었다. 그는 금주법 시대에 위스키 수천 상자를 국경 너머로부터 밀수했다.

캐나디안 클럽의 브랜드는 2005년에 짐 빔(201쪽 참조)을 소유한 포춘 브랜즈에 팔렸다. 캐나디안 클럽은 '타고난 블렌디드 위스키'라 할 수 있다. 즉, 최소 5년의 숙성을 거치기 전에 혼합하는 위스키들을 미리 블렌딩한다는 뜻이다. 6년이 스탠더드 제품이며, 20년과 같이 더 오래 숙성된 제품이 가끔씩 출시된다.

캐나디안 클럽 리저브 9년 »

블렌디드, 40% ABV

바닐라, 메이플 시럽, 호밀, 그리고 신선한 오크의 향이 있다. 옥수수 맛을 바탕으로 스파이시한 호밀, 버터스카치, 밀크 초콜릿 맛이 더해졌다.

캐나디안 클럽 스몰 배치 클래식 12

블렌디드, 40% ABV

시리얼, 꿀, 스파이스와 함께 캐러멜, 오렌지, 손으로 만 담배 향이 있다. 아몬드, 대추가 곁들여진 부드러운 스파이스 맛 위에 캐러멜과 오렌지의 맛이 더욱 강하게 느껴진다.

CANADIAN MIST
캐나디안 미스트

캐나다
온타리오 콜링우드 맥도널드 로드 202
www.canadianmist.com

1965년에 처음 출시되었으며, 현재 미국에서 연간 300만 케이스가 팔리고 있다. 이 증류소는 몇 가지 특이한 점들이 있다. 우선, 증류소 설비는 모두 스테인리스 스틸로 만들었다. 캐나다에서 유일하게 옥수수와 발아된 보리를 섞어 발효시키는 증류소이다. 그리고 미국 켄터키주에 있는 자매 증류소 얼리 타임스(109쪽 참조)에서 호밀 스피릿을 수입한다. 만들어진 거의 모든 스피릿은 블렌딩을 위해 켄터키로 운송된다. 캐나디안 미스트가 인기 있으며, 그 외에 1185 스페셜 리저브가 있다.

« 캐나디안 미스트
블렌디드, 40% ABV

바닐라, 캐러멜 풍미가 감도는 가벼운 과일향이 느껴진다. 바닐라 토피를 떠올리게 하는 순하고 달콤한 풍미를 지녔다.

CAOL ILA

쿨 일라

스코틀랜드
아일라 포트 애스케이그
www.malts.com

수년 동안 쿨 일라는 디아지오 내에서 라가불린을 보조하는 역할에 머물렀다. 하지만 소유주들이 쿨 일라를 최상급 싱글 몰트로 띄우기 시작하면서 변화가 일어났다.

이 증류소는 1846년에 세워졌으며, 1857년에 글래스고의 블렌딩 업자 불로크 레이드의 소유가 되었다. 그는 1879년에 규모를 늘려 증류소를 재건했다. 1972년에 증류소는 사실상 철거되었고, 2년 후 다시 문을 열었을 때 남아 있는 옛 건물은 저장고뿐이었다.

쿨 일라 12년 »

싱글 몰트: 아일라, 43% ABV

맥아의 달콤함과 감귤류의 아로마가 타르와 피트의 향과 균형을 이룬다. 미끈한 질감에, 달콤하고 스모키한 풍미가 느껴진다.

쿨 일라 디스틸러스 에디션 1995

싱글 몰트: 아일라, 43% ABV

향기로운 스파이스(시나몬)가 감도는 가운데 달콤하고 스모키하며 맥아의 향이 느껴지는데, 특히 피니시에서 도드라진다. 핵심 제품군 중에서도 매우 세련된 맛이다.

CARDHU

카듀

스코틀랜드
모레이셔 아벨라워 노칸두
www.malts.com

1880년대에 엘리자베스 커밍이 다시 세우기 전까지, 카듀 증류소는 작은 농가 증류소에 불과했다. 얼마 후 이 증류소는 조니 워커에 팔렸고, 블렌디드 위스키의 정신적 고향이 되었다. 1990년대가 되어 스페인으로부터 카듀 12년 수요가 늘자, 소유주인 디아지오는 '카듀 퓨어 몰트'라는 새 이름을 붙이고 다른 몰트들을 추가하여 생산량을 늘렸다. 그러자 이를 두고 업계 내에서 항의가 일었고, 디아지오는 새 브랜드를 철회하고 진짜 싱글 몰트로 되돌아갈 수밖에 없었다.

« 카듀 12년

싱글 몰트: 스페이사이드, 40% ABV

헤더와 페어 드롭 향이 있다. 라이트바디와 미디엄바디 중간쯤으로, 맥아와 가벼운 견과 풍미가 있으며 피니시는 아주 짧다.

카듀 앰버 록(AMBER ROCK)

싱글 몰트: 스페이사이드, 40% ABV

사과 스튜, 말린 과일, 그리고 가루 설탕 향이 있다. 입안에서는 여름 과일, 바닐라, 스파이스 맛이 느껴진다. 피니시에는 마른 오크와 감초 맛이 난다.

CATDADDY
캣대디

미국

노스캐롤라이나 매디슨 이스트 머피 스트리트
203 피드몬트 증류소
www.catdaddymoonshine.com

피드몬트는 노스캐롤라이나에서 유일하게 허가받은 증류소이다. 그리고 '캣대디 문샤인'은 불법 증류라고 하는, 노스캐롤라이나의 위대한 유산을 기념한다. 2005년, 한때 뉴요커였던 조 미칼렉이 매디슨에 피드몬트 증류소를 세웠다. 이는 금주법 이전부터 시작해서 지금까지 캐롤라이나에 세워진 최초의 합법 증류소이다. 미칼렉은 "문샤인 불법으로 빚은 술의 전통에 따라 오직 가장 좋은 문샤인만이 캣대디라는 이름을 가질 수 있다"고 말한다. "문샤인의 역사에 충실하기 위해 캣대디의 모든 위스키 배치는 순수 구리로 만든 단식 증류기에서 탄생한다."

캣대디 캐롤라이나 문샤인 »

콘 위스키, 40% ABV

옥수수로 빚으며 스몰 배치 방식으로 세 번 증류한다. 바닐라와 시나몬 풍미가 어우러진 달콤하고 스파이시한 위스키.

CATTO'S

카토스

스코틀랜드

소유주: 인버 하우스 디스틸러스

애버딘에 기반을 둔 위스키 블렌더, 제임스 카토는 1861년에 사업을 시작했다. 그의 위스키는 화이트 스타와 피앤드오 선박에 실려 전 세계로 팔려 나갔다. 1차 세계대전 때 아들 로버트를 잃은 뒤 회사는 증류업체인 길비스에 넘어갔고, 1990년에는 인버 하우스에 인수되었다.

카토스는 충분히 숙성된 고급 위스키로 복잡한 블렌딩을 거쳐 만든다. 두 가지 버전을 맛볼 수 있는데, 하나는 연산 미표기의 스탠더드 병입 제품이다. 다른 하나는 12년 버전으로, 짚처럼 황금색을 띠는데 맛은 복합적이고 후끈한 느낌의 피니시가 있다.

« 카토스

블렌디드, 40% ABV

카토스의 스탠더드급 블렌디드 위스키로, 그윽한 아로마에 균형 잡힌 맛이 특징이다. 피니시에는 매끄럽고 깊은 맛이 느껴진다.

CHARBAY
샤베이

미국
캘리포니아 세인트헬레나 스프링 마운틴 로드
4001 도메인 샤베이
www.charbay.com

마일스와 마르코 카라카세비치 부자는 12대, 13대를 이어 오고 있는 와인 제조업자이자 증류업자로, 서로 협력하고 있다. 샤베이 위스키는 3,750리터 용량의 구리로 만든 샤랑테 증류기 와인을 증류할 때 쓰는 단식 증류기를 사용한다. 많은 혁신적인 위스키들이 이 증류기를 거쳐 나오고 있다. 베어 리퍼블릭 IPA 맥주를 2차 증류해 만든 R5 Lot No. 3가 있고, 역시 베어 리퍼블릭의 스타우트 맥주를 증류한 위스키 S(Lot 211A)도 있다. 위스키 릴리스 III는 필스너 맥주를 증류한 것이다.

샤베이 위스키 릴리스 III 6년 »

아메리칸 위스키, 66.2% ABV

'호프 맛 위스키'로, 허브와 라거 맥주의 향이 있으며, 레몬과 정향, 바닐라의 풍미도 지녔다. 과일과 스파이스, 허브 향이 입안 가득 퍼지고, 오크 향이 살아난다.

CHICHIBU

치치부

일본

사이타마 벤처 위스키
www.one-drinks.com

하뉴 증류소(172쪽 참조) 설립자의 손자인 아쿠토 이치로는 2007년에 새로운 증류소를 만들었다. 이 작은 증류소의 특징은 전 세계에서 유일하게 일본산 오크 위시백을 쓴다는 점이다. 20가지 넘는 캐스크들의 조합으로 숙성이 이루어지는데, 버번 캐스크, 셰리 캐스크, 마데이라마데이라섬에서 생산되는 화이트와인 캐스크, 코냑 캐스크 등이 포함된다. 사용되는 보리의 약 10퍼센트는 현장에서 직접 발아시켜 맥아로 만들며, 해마다 다른 배치의 피트가 가미된 스피릿을 증류하고 있다. 치치부가 내놓는 위스키들은 높은 평가를 받고 있으며, 일본에서조차 구하기가 쉽지 않다.

« 이치로스 몰트 치치부 더 피티드

싱글 몰트, 62.5% ABV

따뜻한 아스팔트, 흙내 나는 피트, 레몬, 신선한 오크, 그리고 바다의 물보라 향을 느낄 수 있다. 달콤한 피트, 신선한 가죽, 감초, 감귤류, 그리고 플레인 초콜릿 맛이 가미된 부드러운 맛이다.

CHIVAS REGAL

시바스 리갈

스코틀랜드
소유주: 시바스 브라더스
www.chivas.com

시바스 브라더스는 19세기 초에 설립되었는데, 영국 왕실과 우호적인 인맥을 쌓은 덕에 어느 정도 도움을 받아 번창해 나갔다. 현재는 프랑스에 본사를 둔 다국적 기업인 페르노 리카가 소유하고 있다.

시바스 리갈의 블렌딩에 들어가는 핵심은 스페이사이드의 싱글 몰트인데, 특히 스트라스아일라 증류소의 풍부하고 진한 싱글 몰트를 꼽을 수 있다. 시바스 브라더스는 이를 안정적으로 확보하기 위해 1950년에 증류소를 사들였다.

시바스 리갈 25년 »

블렌디드, 40% ABV

주력 상품으로 세련되고 풍부한 맛이다. 여유롭게 한잔 즐기고 싶은 호사스런 블렌디드 위스키. 격식 있고 균형 잡혔으며, 근사하다.

시바스 리갈 12년

블렌디드, 40% ABV

야생 허브, 헤더, 꿀, 과일나무 과일의 좋은 아로마가 스며 있다. 꿀과 잘 익은 과일의 진하고 풍부한 맛이 입안에서 깊고 부드럽게 어우러진다. 바닐라, 헤이즐넛, 버터스카치 맛이 느껴진다. 풍미가 짙고 여운이 길다.

CLAN CAMPBELL

클랜 캠벨

스코틀랜드

소유주: 스톡 스피리츠 그룹

1984년에 출시되었으니 역사가 그리 길지 않지만, 거대 기업인 페르노 리카의 위스키 부문 계열사인 시바스 브라더스의 밀리언셀러 브랜드였다. 2023년에 스톡 스피리츠 그룹이 인수했다. 영국에서는 구할 수 없으나 프랑스 시장에서는 우위를 점하고 있으며 이탈리아, 스페인, 아시아 몇몇 나라들에서도 구할 수 있다. 상대적으로 젊은 브랜드임에도 불구하고, 영리한 마케팅과 스코틀랜드 귀족 가문의 수장인 아가일 공작과의 인연 덕분에 이제 스코틀랜드 위스키 유산과 불가분의 관계가 되었다. 스코틀랜드에서 가장 오래된 위스키 증류의 유적으로 추정되는 증류 응축기(distiller's worm)가 캠벨 소유의 땅에서 발견된 것은 행운이었다.

« 클랜 캠벨

블렌디드, 40% ABV

클랜 캠벨 위스키에 들어가는 주요 몰트 위스키는 아벨라워와 글렌알라키와 같은 스페이사이드산이다. 피니시에 과일 맛이 느껴지는 부드럽고 가벼운 위스키.

THE CLAYMORE
클레이모어

스코틀랜드

소유주: 화이트앤드맥케이

클레이모어는 게일어로 '날이 넓적한 칼'을 가리킨다. 1977년에 DCL(디아지오의 전신)은 영국에서 조니 워커 레드 라벨을 철수했는데, 이때 잃은 시장 점유율을 회복하려면 '클레이모어'가 적절한 이름이라고 판단했다. 가격 경쟁력이 뛰어났던 클레이모어는 곧 큰 성공을 거두었다. 1985년 이 브랜드는 화이트앤드맥케이에 매각되었다. 그 후로도 한동안 잘 팔려 나갔으나 최근 들어 매출이 줄어들기 시작했고, 지금은 주로 저가의 세컨드 브랜드로 여겨진다. 블렌딩에 들어가는 주요 몰트 위스키는 추측건대 달모어로 보인다.

클레이모어 »

블렌디드, 40% ABV

부드럽고 농익은 향이 묵직하고 가득 찬 느낌이다. 입안에서는 균형 잡힌 맛이 느껴지고 풀바디를 지녔다. 세련된 피니시로 마무리된다.

CLUNY
클루니

스코틀랜드

소유주: 화이트앤드맥케이

생산은 화이트앤드맥케이에서 하고 있지만, 1988년부터는 미국의 헤븐 힐 증류소에 대용량으로 공급하여 이곳에서 병입을 한다. 오늘날 클루니는 미국에서 가장 잘 팔리는 병입 블렌디드 스카치 위스키 중 하나이다. 스코틀랜드 전역에서 온 30종 넘는 몰트 위스키로 만드는데 그중에는 주라, 달모어, 페터케른 등이 있다. 여기에 화이트앤드맥케이의 인버고든 공장에서 주로 공급하는 그레인 위스키도 추가된다. 클루니는 주로 경쟁력 있는 저렴한 가격으로 판매된다. 화이트앤드맥케이의 새로운 인도 소유주 아래에서 세계적으로 성장해 나갈 유력 후보가 될 것으로 보인다.

« 클루니

블렌디드, 40% ABV

달콤새콤한 향이 은은하게 나고, 약간의 금속성을 띤 톡 쏘는 쓴 맛이 입에 퍼진다.

CLYNELISH
클라인리시

스코틀랜드
서덜랜드 브로라
www.malts.com

1967년에 설립된 큰 박스 모양의 클라인리시 증류소는 증류기 6대와 340만 리터의 용량을 갖추고 있다. 증류소 부지 안에는 1983년까지 함께 가동되었던 더 오래된 증류소가 있다. 바로 브로라 증류소로, 스태포드 후작이 1819년에 설립하였다. '올드 클라인리시'라고도 불리는 브로라 증류소는 1970년대에 걸쳐 피트가 강하게 가미된 몰트 위스키를 만들었다. 그리고 조니 워커 블랙 라벨과 같은 블렌디드 위스키에 아일라 스타일의 몰트 위스키를 공급했다. 1983년 브로라는 완전히 문을 닫고 클라인리시만 남았다. 올드 클라인리시에는 여러 종류의 진귀한 몰트 위스키와 더글라스 랭, 카덴헤드 같은 독립 병입사의 위스키들이 남아 있었다.

클라인리시 14년 »

싱글 몰트: 하이랜드, 46% ABV

입안 가득 맥아와 강한 과일 맛이 느껴진다. 크리미한 질감과 약한 스모크 풍미가 있으며, 피니시는 견고하고 드라이하다.

COLERAINE

콜레인

아일랜드

벨파스트 스톡맨스 웨이 호손 오피스 파크
콜레인 증류소

노스탤지어를 불러일으키는 위스키의 힘을 결코 무시해서는 안 된다. 이 위스키가 아직도 팔리는 단 하나의 이유는 위스키 애호가들의 열렬한 브랜드 충성도 때문이다. 콜레인은 증류소가 문을 닫은 지 수십 년이 지난 지금까지도 그 이름이 회자된다. 이 증류소는 한때 평판 좋은 싱글 몰트를 생산했으며, 1954년부터는 그레인 위스키를 만들어 부시밀스에 공급했다. 그러다 1970년대에 가동을 멈추었다. 증류소의 명성이 얼마나 대단했는지 고객들이 여전히 그 이름을 찾았고, 결국 그에 맞춘 브랜드와 블렌니느 위스키가 탄생했다. 회사 이름은 콜레인 디스틸러리이지만, 위스키는 다른 곳에서 생산된다.

« 콜레인

블렌디드, 40% ABV

가볍고, 달콤하고, 거칠다. 다른 음료와 섞어 마시는 것이 가장 어울릴 것이다.

COMPASS BOX
컴퍼스 박스

스코틀랜드

www.compassboxwhisky.com

2000년에 설립된 컴퍼스 박스는 스스로를 '위스키 생산의 장인'이라고 일컫는데, 비록 블렌딩이 매우 혁신적이기는 해도 직접 증류를 하지는 않으므로 완전히 솔직한 표현은 아니다. '스파이스 트리'라는 위스키는 배럴에 오크 조각을 추가로 투입하는 방식으로 만들었다. 그러나 이에 대해 스카치위스키연합이 제동을 걸었고, 결국 제품을 철수했다. 이 모든 과정에서 회사는 큰 영향력을 발휘했으며, 단기간에 60개 넘는 메달과 상을 받았다.

컴퍼스 박스 피트 몬스터 »

블렌디드 몰트: 아일라·스페이사이드, 46% ABV

풍미가 짙고 풍부하다. 베이컨 지방의 스모크, 활짝 피어나는 피트 향, 과일과 스파이스의 희미한 향이 있다. 긴 피니시에는 피트와 스모크가 어우러진다.

컴퍼스 박스 어사일라(ASYLA)

블렌디드, 40% ABV

많은 상을 받았다. 달콤하고 섬세하며, 아주 부드러운 맛이다. 바닐라 크림과 시리얼의 향이 있고, 사과 향도 어렴풋하게 난다.

CONNEMARA
코네마라

아일랜드
루스 쿨리 리버스타운 쿨리 증류소
www.connemarawhiskey.com

아이리시 위스키 산업의 관점에서 볼 때 (주변 전통주의자들의 관점을 포함해서) 아이리시 위스키는 세 번 증류를 거치고 피트가 가미되지 않은 것이었다. 그와 함께 따라 나오는 것이 쿨리 증류소의 존 틸링인데, 그는 증류를 두 번 하고 피트를 가미한 아이리시 위스키를 만들기 시작했다. 이는 상당한 충격을 가져왔다. 처음에 단순한 호기심에서 시작한 코네마라 위스키는 금메달을 수상하는 데까지 이르렀다. 2011년 12월 빔은 틸링 가문으로부터 쿨리 증류소를 사들였고, 2014년 초 산토리가 빔을 인수하면서 빔 산토리가 탄생했다. 코네마라는 몇 종류의 위스키를 내놓았었는데, 지금은 주력 상품인 오리지널만 생산한다.

« 코네마라 오리지널
싱글 몰트, 40% ABV
마시멜로, 꿀, 꽃의 향과 함께, 불에 타는 피트의 냄새도 느껴진다. 스파이시한 맥아, 달콤한 스모크, 그리고 후추 및 마른 오크의 맛이 난다.

CRAGGANMORE

크래건모어

스코틀랜드
모레이셔 발린달로크
www.malts.com

지을 때부터 세심하게 설계된 증류소이다. 1869년에 세워졌는데 크래건 번에서 깨끗한 물을 끌어올 수 있었고, 주변에서 피트와 보리를 구하기 쉬웠다. 또 발린달로크역과 가까워 스코틀랜드 최초로 자체 철로를 갖추어 물자를 들여오고 갓 술을 담은 캐스크를 운반할 수 있었다.

특유의 위쪽이 평평한 증류기와 웜텁 증류 응축기라는 특성들이 크래건모어 위스키의 높은 명성을 만드는 듯하다.

크래건모어 12년 »

싱글 몰트: 스페이사이드, 40% ABV

꽃과 헤더 아로마가 있고, 은은한 스모크의 맛에는 건강한 나무의 복합적인 풍미가 감돈다.

크래건모어 디스틸러스 에디션 1992

싱글 몰트: 스페이사이드, 43% ABV

더블 숙성을 하는 과정에서 포트 와인 캐스크도 거친다. 체리와 오렌지의 달콤함이 희미해질 때쯤 살짝 스모키한 피니시로 마무리된다.

CRAIGELLACHIE
크레겔라키

스코틀랜드
밴프셔 크레겔라키
www.craigellachie.com

크레겔라키 증류소로 연결되는 주요 도로에 자리한 현대식 건물에 '존듀어앤드선스'라는 간판이 크게 달려 있지만, 원래 이 증류소는 화이트 호스와 관련이 있다. 유명한 블렌디드 위스키인 화이트 호스를 만들었던 피터 맥키가 1891년에 알렉산더 에드워드와 손잡고 크레겔라키를 설립했다. 맥키는 빅토리아 시대의 위스키계 거물 중 하나로, 몰트 위스키 증류와 연관이 깊다. 그는 라가불린에서 견습생으로 일했으며, 라가불린은 화이트 호스 제조에 쓰인다. 1998년 이래 크레겔라키는 바카디 소유가 되었다.

« 크레겔라키 13년

싱글 몰트: 스페이사이드, 46% ABV

다 타 버린 성냥과 견과, 짭짤한 풍미가 느껴지며 신선한 향과 과일 향이 난다. 첫맛은 미끈하고 달콤하다. 시간이 지나면서 짭짤한 맛이 올라오고, 숯 느낌이 살짝 더해진다.

CRAOI NA MÓNA
크리 나 모나

아일랜드

루스 쿨리 리버스타운 쿨리 증류소
소유주: 베리브라더스앤드루드

크리 나 모나는 게일어로 '피트의 심장'이라는 뜻이다. 쿨리 자체 브랜드는 아니지만 쿨리 증류소에서 생산한다. 모스크바나 런던뿐 아니라 여러 지역에서 구할 수 있지만 더블린에서는 찾아보기 힘들다. 최근 아이리시 위스키의 인기가 급상승하는 가운데 많은 음료 회사가 한 몫을 차지하려고 경쟁하는 것은 놀라운 일이 아니다. 크리 나 모나 브랜드는 런던의 대표적인 와인 회사인 베리브라더스앤드루드가 소유하고 있으며, 10년 숙성 위스키는 '베리스 오운(Berrys' Own) 셀렉션'에 속해 있다.

크리 나 모나 »

싱글 몰트, 40% ABV

달콤하고 풋풋한 맛이 난다. 분명 숙성이 덜 되었으며 피트가 가미되어 있다.

CRAWFORD'S

크로포즈

스코틀랜드

소유주: 화이트앤드맥케이/디아지오

크로포즈 3스타는 리스펌A.앤드A.크로포드가 설립했다. 1944년에 DCL과 합병하기까지 이 회사가 생산한 블렌디드 위스키는 스코틀랜드에서 많은 사랑을 받았다. 그러나 소유주로서는 인기가 지속된다는 점에 전략적으로 큰 의미를 부여하기 어려웠고, 결국 화이트앤드맥케이에 브랜드 라이센스를 넘기기로 결정했다. 화이트앤드맥케이는 현재 인도 UB그룹 소유이므로, 이 유서 깊은 브랜드는 인도의 손에 넘어간 셈이다. DCL의 계승자인 디아지오는 영국 외의 지역에서 '크로포즈 3스타 스페셜 리저브'를 팔 수 있는 권리를 보유하고 있다. 벤리네스 싱글 몰트(44쪽 참조)는 오랫동안 크로포즈 블렌디드 위스키의 주요 성분으로 쓰이고 있다.

« 크로포즈 3스타 스페셜 리저브

블렌디드, 40% ABV

상큼하고 과일 맛이 느껴지며, 감귤류의 풍미가 있는데 그 중심에는 달콤함이 있다. 피니시는 드라이하고, 약간 그을린 듯한 맛이 난다.

CROWN ROYAL

크라운 로열

캐나다

매니토바 김리 디스틸러리 로드
www.crownroyal.ca

크라운 로열은 시그램(314쪽 참조)의 회장 샘 브론프먼이 1939년 조지 6세와 엘리자베스 왕비의 캐나다 국빈 방문을 기념하기 위해 만들었다. 왕관 모양의 병과 보라색 벨벳 주머니가 그것을 말해 준다. 1964년까지는 캐나다에서만 구할 수 있었지만, 지금은 미국에서 가장 잘 팔리는 캐나디안 위스키의 하나가 되었다.

1992년부터 위니펙 호수 근처의 김리 증류소에서 생산해 왔다. 2001년 시그램이 주류 사업에서 손을 떼면서 김리 증류소와 크라운 로열 브랜드는 디아지오로 넘어갔다.

크라운 로열 디럭스 »

블렌디드, 40% ABV

토피, 바닐라, 시리얼의 향이 있다. 캐러멜, 복숭아, 오크의 부드러운 맛이 난다.

크라운 로열 블랙

블렌디드, 45% ABV

흑후추를 뿌린 건포도 아이스크림과 럼의 향이 난다. 바닐라, 캐러멜, 오크의 맛이 과일 맛 위에 군림한다.

CUTTY SARK
커티 삭

스코틀랜드
소유주: 베리브라더스앤드루드

에드링턴이 글래스고에서 블렌딩하고 병입하는 커티 삭은 1923년에 베리브라더스앤드루드를 위해 만들었다. 이 회사는 런던에서 와인과 증류주를 유통하며, 지금도 이 브랜드의 소유주이다.

아주 옅은 빛깔을 띤 위스키로는 커티 삭이 세계 최초이다. 약 20가지의 싱글몰트를 사용하며, 대부분 글렌로시스와 맥캘란 같은 스페이사이드 증류소에서 온다. 블렌딩에 쓰이는 위스키들이 특유의 풍미와 좋은 향을 내고 긴 숙성을 거치며 부드러운 빛깔을 띨 수 있도록 캐스크를 만드는 참나무를 신중하게 고른다.

« 커티 삭 오리지널

블렌디드, 40% ABV

바닐라와 오크가 슬며시 느껴지는 가볍고 향긋한 아로마. 바닐라 풍미의 달콤하고 크리미한 맛이 나며, 피니시는 산뜻하다.

커티 삭 12년

블렌디드, 43% ABV

은은한 바닐라의 달콤함이 어우러지는 우아한 과일의 맛. 12년에서 15년 사이의 몰트 위스키로 만든다.

DAILUAINE

달유인

스코틀랜드
밴프셔 카론
www.malts.com

1852년, 윌리엄 매켄지라는 농부가 벤리네스의 영향력 아래 달유인 증류소를 세웠다. 나중에 그의 아들 토머스가 제임스 플레밍과 손을 잡고 달유인-탈리스커 디스틸러리스를 설립했다. 1889년 재건을 거쳐 달유인은 스코틀랜드에서 가장 큰 증류소 중 하나가 되었다. 건축가 찰스 도이그가 처음으로 탑 모양 지붕을 이곳에 세웠는데, 이는 가마에서 나오는 연기를 뽑아 올리기 위해서였다. 이 아이디어는 다른 증류업자들의 마음을 사로잡았다. 2퍼센트를 제외하고 생산량의 대부분이 블렌디드 위스키에 들어가며, 싱글 몰트로 병입되는 수량은 매우 적다.

달유인 고든앤드맥페일 1993 ››

싱글 몰트: 스페이사이드, 43% ABV

감초와 아니스 씨의 스파이시한 느낌과 함께, 달콤한 맥아 향이 있다. 오크와 구운 듯한 풍미도 있다. 물을 약간 섞으면 크리미한 맛이 더해진다.

DALLAS DHU
달라스 두

스코틀랜드
모레이셔 포레스

1898년에 마스터 디스틸러인 알렉산더 에드워드가 설립했다. 이 회사는 DCL이 소유한 많은 증류소 중 하나였는데, 1983년 폐쇄된 뒤 운명을 기다려야 했다. 증류기는 두 대뿐이었고 1971년까지 물레방아 한 대로 동력을 공급받았는데, 이것만으로는 20세기의 요구에 부응할 수 없었다. 증류기를 다시 가동하지는 못했지만 히스토릭 스코틀랜드가 운영하는 박물관으로 살아남았다. 수많은 방문객들이 '로데릭 두(Roderick Dhu)'라는 블렌디드 위스키 한 모금을 맛보기 위해 찾아온다. 다시 문을 연다는 소문도 끊이질 않는다.

« 달라스 두 레어 몰트 21년
싱글 몰트: 스페이사이드, 61.9% ABV
하이랜드의 특징을 닮은 향이 나며 풀바디에 약한 스모크 향과 감칠맛 나는 맥아 향이 느껴진다.

THE DALMORE

달모어

스코틀랜드
로스셔 알네스
www.thedalmore.com

화이트앤드맥케이의 블렌디드 위스키는 글래스고와 오랜 연관을 맺고 있지만, 그 심장에 해당하는 부분은 하이랜드 지역 크로마티 퍼스의 강기슭에 위치한 달모어에 있다. 달모어 증류소는 1960년에 화이트앤드맥케이에 소속되었고, 달모어 위스키는 회사의 주력 싱글 몰트로 자리 잡았다.

'달모어'는 노르웨이어와 게일어의 합성어로 '큰 목초지'를 뜻한다. 증류소는 블랙섬을 마주하고 서 있는데, 그곳에서는 스코틀랜드에서 가장 품질이 ☛

달모어 12년 »

싱글 몰트: 하이랜드, 40% ABV

확실히 자리를 잡은 위스키로 설탕에 절인 과일 껍질과 바닐라 퍼지의 섬세한 풍미가 있다.

달모어 1974

싱글 몰트: 하이랜드, 45% ABV

매끄럽고 풀바디를 지녔다. 셰리 향, 바나나, 오렌지가 든 다크 초콜릿, 커피, 호두의 풍미가 느껴지며, 피니시가 길다.

좋은 보리가 자란다. 곡물을 넉넉히 공급받을 수 있고, 풍부한 피트와 알네스 강의 물을 이용할 수 있으니 최적의 장소를 선택한 셈이다.

수년 동안 달모어에서 병입하는 유일한 위스키는 12년 싱글 몰트뿐이었지만, 세월이 흐르면서 21년과 30년이 추가되었고, 2002년에는 그랑 리제르바(Gran Reserva, 이전 명칭은 '시가 몰트')도 출시되었다. 그해에 62년이 경매에 나왔는데, 25,877파운드라는 기록적인 가격에 낙찰되었다. 그 이후 핵심 제품군이 한정판으로 많이 출시되었다. 이들 중 상당수가 각기 다른 캐스크 숙성으로 선보였는데, 이는 마스터 블렌더인 리처드 패터슨이 몰두한 주제이기도 하다.

« 달모어 15년

싱글 몰트: 하이랜드, 40% ABV

풍부하고 과일 맛 강한 셰리의 영향이 특징인데, 그보다는 정향, 시나몬, 생강 등 스파이스의 풍미가 더욱 짙다.

달모어 40년

싱글 몰트: 하이랜드, 42% ABV

미국산 오크 캐스크에서 수년간 숙성을 마친 뒤 세컨드필 마투살렘 올로로소 셰리 버트로 옮겨지고, 마지막으로 아모로소 셰리통에서 피니시한다.

DALWHINNIE

달위니

스코틀랜드
인버네스셔 달위니
www.malts.com

1897년에 설립된 달위니 증류소는 해발 327미터에 있어서 스코틀랜드에서 가장 높은 곳에 자리 잡았다는 점이 특징이었으나, 브래이발 증류소가 세워진 뒤 순위가 밀렸다. 하지만 달위니의 또 하나의 특징은 아직 유효하다. 연평균 기온이 6도로, 영국에서 가장 추운 곳에 자리하고 있다는 점이다. 1905년에 뉴욕에 있는 회사 쿡앤드번하이머가 인수하면서 스코틀랜드 증류소 중 처음으로 미국 소유가 되었고, 리스에 있는 창고에는 성조기가 걸리게 되었다. 1926년 이후 DCL(지금의 디아지오)에 속하게 되었고, 블랙앤드화이트와 같은 블렌디드 위스키를 공급한다.

달위니 15년 »

싱글 몰트: 하이랜드, 43% ABV

달콤하고 아로마가 그윽하며, 스모크가 은은하게 스며들어 있다. 복합적인 맛의 싱글 몰트로 혀에서 묵직하게 느껴진다.

WHISKIES D GREAT

DEANSTON

딘스톤

스코틀랜드
퍼스셔 딘스톤
www.deanstonmalt.com

많은 증류소들이 농장의 불법 양조장에서 시작하거나, 맥주 양조장 또는 맥아 방앗간에서 시작해 진화해 왔다. 특이하게도 딘스톤은 영국 산업혁명의 선구자 중 한 명인 리처드 아크라이트가 1785년 설립한 면직 공장에서 출발했다. 이곳이 위스키 제조 공장으로 탈바꿈한 것은 1965년의 일로, 툴리바딘 증류소의 소유주였던 브로디 헵번과의 합작으로 이루어졌다. 딘스톤은 곧 싱글 몰트를 생산하기 시작했고, 1971년에 올드 배녹번을 출시했다. 1980년대의 대부분을 증류기 가동을 멈춘 채 보낸 뒤 번 스튜어트에 팔렸다. 1990년에는 사우스아프리칸 디스텔그룹이 인수했다.

« 딘스톤 12년

싱글 몰트: 하이랜드, 40% ABV

비냉각 여과로 만들며, 상대적으로 라이트바디를 지녔다. 견과와 바닐라의 풍미가 있다.

DEWAR'S

듀어스

스코틀랜드

www.dewars.com

1988년에 바카디가 듀어스를 인수하면서 회사는 활기를 띠게 되었다. 증류부터 병입에 이르기까지 사업 전반에 걸쳐 상당한 투자가 이루어졌으며, 브랜드는 재단장을 했다. 미국 시장에서 가장 잘 팔리는 스카치 블렌디드 위스키 중 하나인 스탠더드급 화이트 라벨을 더욱 강화하기 위해 신제품이 개발되었다. 먼저 12년 스페셜 리저브가 나오고, 18년 파운더스 리저브가 뒤를 이었다. 마지막으로 시그니처라고 알려진 ☛

듀어스 12년 »

블렌디드, 40% ABV

달콤하며 꽃향기가 난다. 꿀, 캐러멜 풍미가 있는 풍부한 맛의 블렌디드 위스키이다. 피니시는 길고 감초 맛이 난다.

듀어스 화이트 라벨

블렌디드, 40% ABV

달콤한 향과 헤더 향이 있다. 미디엄바디에 신선함이 느껴지고 맥아와 희미한 스파이스 풍미가 있다. 피니시는 깔끔하고 약간 드라이하다.

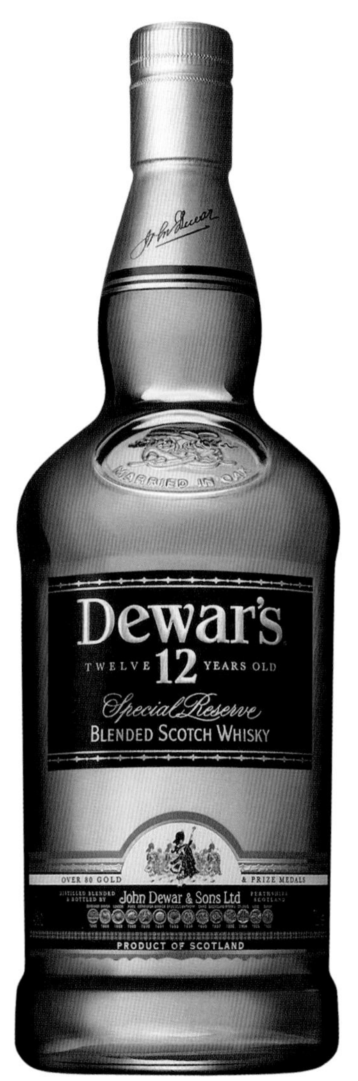

연산 미표기 초프리미엄급 스타일이 나왔다. 듀어스의 블렌딩에 쓰이는 주요 싱글 몰트는 애버펠디인데, 그룹의 다른 싱글 몰트인 올트모어, 크레겔라키, 로열 브라클라, 맥더프 등도 사용한다.

듀어스는 영국에서는 어디서나 구할 수 있는 위스키가 아니지만, 미국에서는 지배적 지위를 갖고 있다. 또한 유럽 일부 지역에서 중요한 자리를 차지하고 있으며, 아시아가 그 뒤를 잇는다. 바카디는 듀어스의 전 세계 유통을 확대하고 광고와 마케팅을 통해 인지도를 크게 높였다. 생산 기준을 항상 높게 유지해 왔기에 몇몇 애호가들은 맛이 향상되었다고 말하는데, 특히 신제품이 그러한 평가를 받는다.

« 듀어스 18년

블렌디드, 43% ABV

배와 레몬 껍질 풍미가 어우러진 매우 섬세한 향. 입안에서는 부드럽지만 드라이한 맛이다. 피니시는 약간 스파이시하다.

듀어스 시그니처

블렌디드, 43% ABV

한정판 블렌디드 위스키로, 오래 숙성된 애버펠디 몰트 위스키의 비중이 크다. 매끄러운 질감과 그윽함이 있고, 풍부한 과일과 진한 꿀맛이 두드러진다.

DIMPLE

딤플

스코틀랜드

소유주: 디아지오

헤이그의 딤플 브랜드는 1890년에 출시되어 큰 성공을 거두었고, 현재는 디아지오에 소속되어 있다. 딤플은 항상 디럭스 블렌딩을 해 왔으며, 1890년대에 G. O. 헤이그가 선보인 독특한 패키징으로 유명하다. 병이 움푹 들어간 모습이 딤플, 즉 보조개를 닮았다. 특히 병을 감싼 철망이 눈에 띄는데, 기온이 높을 때나 해상 수송을 하는 동안 코르크 마개가 뽑히는 것을 방지하려고 원래는 수작업으로 씌웠던 것이다. 이는 미국에서 상표로 등록된 최초의 병이었다. 1958년이 되어서야 등록되었지만 말이다.

딤플 12년 »

블렌디드, 40% ABV

퍼지 아로마와 나무 풍미가 느껴지며 민트 향도 약간 있다. 첫맛은 토피애플과 캐러멜이 풍부하다. 스파이스와 말린 과일 맛도 난다.

딤플 15년

블렌디드, 43% ABV

스모크, 초콜릿, 그리고 코코아 풍미가 은은하다. 피니시는 길고 진하다.

DUFFTOWN

더프타운

스코틀랜드
밴프셔 키스 더프타운
www.malts.com

스페이사이드 위스키 제조의 중심지인 이곳에서는 마을 이름을 딴 증류소가 하나만 있어야 했지만, 1896년에 이미 더프타운에는 증류소가 다섯 개나 있었다. 그로부터 일 년이 채 못되어 더프타운 증류소는 블레어 아솔의 소유주인 피터 매켄지가 완전히 인수했다. 그는 생산한 위스키를 블렌딩 업체인 아서벨앤드선스에 공급했는데, 1933년에 이 회사가 결국 더프타운을 인수했다. 오늘날 더프타운은 디아지오 산하에 있으며, 벨스의 블렌디드 위스키를 위해 몰트 위스키를 지속적으로 공급한다. 최근까지 자체 싱글 몰트 위스키는 거의 생산하지 않고 있다.

« 싱글턴 오브 더프타운

싱글 몰트: 스페이사이드, 40% ABV
달콤하고 마시기 편해서 위스키 입문자들에게 알맞다. 디아지오의 대규모 증류소 중 하나에서 생산하고 있으므로 최근에 출시된 이 12년 위스키가 인기를 얻는다면 구할 수 있는 양도 늘어날 것이다.

DUNGOURNEY 1964

던거니 1964

아일랜드

코크 미들턴 미들턴 증류소

오래된 미들턴 증류소에서 마지막으로 생산한 위스키 일부가 던거니 창고의 구석에서 30년 동안 잠들어 있었는데, 어찌 된 영문인지는 아무도 모른다. 이 놀라운 생존자는 1994년에 병입되어 30년 전부터 물을 공급해 준 강에서 따온 이름을 받았다. 던거니 1964는 타임머신과도 같다. 향을 한 번 맡으면 제임슨, 파워스, 패디 등의 증류소가 경쟁하던 시절로 되돌아가는 느낌이 들 것이다.

던거니 1964 »

아이리시 팟 스틸 위스키, 40% ABV

버섯 향이 강하게 다가와 햇수를 어렴풋이 짐작하게 하지만, 바디감은 여전히 단단하다. 당시에는 위스키 제조 방식이 지금과 달라 약간 기름진 맛이 나지만, 단식 증류(pot still) 위스키 특유의 민트에 가까운 향을 뚜렷이 느낄 수 있다.

DUNVILLE'S
던빌스

아일랜드

다운 커쿠빈 에클린빌 증류소
www.echlinville.com

2013년, 북아일랜드에 125년 만에 새 증류소가 문을 열었으니 바로 에클린빌이었다. 옛 던빌스 브랜드를 부활시킨 경험이 있는 증류소 소유주 셰인 브래니프가 설립했는데, 페킨(Feckin) 아이리시 위스키의 블렌딩에 사용할 스피릿을 생산할 계획이다. 던빌스 로열 아이리시 증류소는 한때 벨파스트에서 가장 큰 규모를 자랑했지만, 1936년에 문을 닫았다.

« 던빌스 베리 레어 10년

싱글 몰트, 46% ABV

페드로 히메네스(Pedro Ximénez) 셰리 캐스크에서 피니시했다. 베어 낸 풀, 과일나무 과일과 바닐라 향이 나며, 입에서는 부드럽고 달콤하며 가벼운 스파이스 맛을 느낄 수 있다.

DYC

디와이시

스페인

세고비아 팔라수엘로스 데 에레스마 40194
파사헤 몰리노 델 아르코 빔 글로벌 에스파냐 SA
www.dyc.es

스페인의 첫 위스키 증류소는 1959년 세고비아 인근에 세워졌는데, 깨끗하기로 유명한 에레스마강이 근처에 있다. 이 증류소는 현재 빔 산토리가 소유하고 있다.

디와이시(Destilerías y Crianza del Whisky) 위스키는 네 가지 버전으로 생산된다. 파인 블렌드와 8년은 그레인 위스키를, 퓨어 몰트는 몰트 위스키를 블렌딩한 것이다. 2009년부터 10년 숙성 싱글 몰트 위스키도 나오고 있다.

디와이시 8년 »

블렌디드, 40% ABV

꽃과 스파이스, 스모크, 풀의 향이 있고 꿀과 헤더 향도 살며시 난다. 입안에서는 매끄럽고 크리미한 느낌이다. 바닐라와 마지팬, 사과, 감귤류 풍미가 희미한 가운데 맥아 맛이 난다. 피니시는 달콤쌉쌀하며 길고 매끄럽다.

디와이시 퓨어 몰트

블렌디드 몰트, 40% ABV

감귤류, 단맛, 꿀, 바닐라 향이 느껴지는 향기로운 꽃다발 같다. 풀바디에 몰트 풍미가 짙다. 피니시는 길고 헤더와 꿀, 과일의 맛이 살며시 느껴지며, 세련되고 섬세하다.

EAGLE RARE

이글 레어

미국

켄터키 프랭크퍼트 윌킨슨 1001
버펄로 트레이스 증류소
www.eaglerare.com

이글 레어 브랜드를 세상에 처음으로 선보인 것은 1975년 캐나다의 거대 증류회사 조셉E.시그램앤드선스였다. 1989년에는 뉴올리언스의 새저랙 컴퍼니가 인수하였다. 현재 출시되는 이글 레어는 매년 업데이트되는 '버펄로 트레이스 앤티크 컬렉션'의 하나이다. 10년 제품이 대중적이며, 해마다 가을에는 17년을 소량 출시한다.

« 이글 레어 10년

버번, 45% ABV

과일 조림, 스파이시한 오크, 새 가죽, 바삭한 토피, 그리고 오렌지의 향이 있다. 말린 과일, 스파이시한 코코아, 아몬드가 입안에서 부드럽게 어우러진다. 피니시의 여운이 길다.

EARLY TIMES

얼리 타임스

미국

켄터키 루이빌 딕시 하이웨이 850
브라운포맨 증류소
www.earlytimes.com

얼리 타임스는 1860년에 건설된 바즈타운 인근의 정착지에서 따온 이름이다. 버번 위스키 관련 규정에 따르면 버번은 반드시 새 오크통에서 숙성시켜야 하는데, 얼리 타임스는 배럴을 재사용하여 숙성시키므로 버번 위스키로 분류되지 않는다.

현재 버전의 얼리 타임스는 점점 인기를 얻어 가는 가벼운 바디감의 캐나디안 위스키에 맞서기 위해 1981년 출시되었다. 얼리 타임스를 만드는 매시빌은 옥수수 79퍼센트, 호밀 11퍼센트, 맥아 10퍼센트이다.

얼리 타임스 »

켄터키 위스키, 40% ABV

견과와 스파이스의 아주 가벼운 향이 있다. 여기에 꿀과 버터스카치 향까지 어우러지며 입에서는 더 진한 풍미가 느껴진다. 피니시의 길이는 중간 정도이다.

EDDU

에두

프랑스

브르타뉴 플로믈렝 29700 퐁 메니르 데 메니르
www.distillerie.bzh

데 메니르 증류소는 1986년 애플사이더 제조업체로 출발해서 1998년에 위스키 생산에도 진출했다. 위스키 제조에 뛰어드는 과일 증류주 생산업체들 대부분은 기존 장비를 사용해 위스키를 부수적으로 증류한다. 이와 달리 데 메니르는 위스키만을 위한 별도의 증류기를 설치했다. 그리고 보리가 아니라 메밀을 사용한다.('eddu'는 브르타뉴어로 메밀.)

« 에두 실버

메밀 위스키, 40% ABV

장미 아로마와 헤더의 향이 있다. 꿀, 마멀레이드, 육두구의 풍미가 살짝 가미된 과일 맛이다. 벨벳 같은 질감에, 피니시에는 바닐라와 오크가 느껴진다.

에두 그레이 록

블렌디드, 40% ABV

30퍼센트의 메밀 위스키를 포함해 다양한 위스키를 품고 있다. 오렌지와 살구의 향이 양골담초 향과 어우러진다. 시나몬 향을 품은 은은한 바닷바람의 향이 느껴진다. 균형 잡힌 풍미과 아주 긴 피니시가 특징이다.

EDGEFIELD

에지필드

미국

오리건 트라우트데일 사우스웨스트 할시 스트리트 2126
www.mcmenamins.com

에지필드 증류소는 호텔과 주점을 경영하는 그룹 맥메너민이 운영한다. 증류소는 트라우트데일의 아름다운 에지필드 저택 부지에 자리 잡았는데, 예전에 이곳은 뿌리채소 건조 창고였다. 1998년 2월에 생산을 시작했으며, 구리와 스테인리스로 만든 4미터 높이의 증류기가 특징이다. 맥메너민 측은 19세기의 잠수복과 대형 커피 주전자를 결합한 형태라고 설명하는데, 세계에서 가장 오래된 증류기 생산업체인 독일의 홀슈타인이 디자인한 것으로 유명하다.

에지필드 혹스헤드(HOGSHEAD) »

오리건 위스키, 46% ABV

달콤한 향과 꽃향기, 그리고 바나나와 맥아의 향이 난다. 입안에서는 바닐라와 캐러멜 맛을 느낄 수 있다. 중간 길이의 피니시에는 보리, 꿀, 오크 풍미가 있다.

EDRADOUR

에드라두어

스코틀랜드
퍼스셔 피트로크리
www.edradour.com

순수 알코올 연간 생산량이 9만 5,000리터에 불과한 이 그림 같은 모습의 증류소는, 1825년 처음 생길 당시에는 퍼스셔 언덕에 있던 많은 농가 증류소 중 하나였을 것이다. 오늘날에는 스페이사이드의 대규모 위스키 증류소들과는 별개의 세상에 있는 듯한 특별한 느낌을 준다. 1975년에 페르노 리카의 일부가 되었는데, 이 프랑스 그룹이 위스키 업계의 거대 글로벌 기업으로 확장해 감에 따라 소규모 에드라두어는 점점 더 설 자리를 잃어 갔다. 2002년 마침내 독립 병입사인 시그너토리의 소유주, 앤드류 시밍턴이 인수하였다.

« 에드라두어 10년

싱글 몰트: 하이랜드, 40% ABV

깔끔한 페퍼민트 향에, 스모크 향이 은은하게 감돈다. 풍부한 맛에는 견과의 풍미가 있다. 혀에서는 실크 같은 질감이 느껴진다.

ELIJAH CRAIG

일라이저 크레이그

미국

켄터키 루이빌 웨스트 브레킨리지 스트리트 1701 헤븐 힐 증류소
www.heavenhill.com

일라이저 크레이그(1743-1808)는 침례교 목사였다. 그는 스피릿을 불에 태운 배럴에 저장하여 숙성한다는 개념을 창안해 낸 것으로 유명하며, '버번 위스키의 아버지'로 일컬어진다. 그가 버번 위스키를 처음으로 만들었다는 뚜렷한 증거는 없다. 하지만 '하나님의 사람', 즉 성직자와 위스키 사이의 연관성은 금주 운동에 대항하여 싸우는 데 유용한 도구가 되었다.

일라이저 크레이그 12년 »

버번, 47% ABV

캐러멜, 바닐라, 스파이스, 꿀의 달콤하고 원숙한 아로마, 그리고 민트의 풍미가 더해진 고전적인 버번이다. 풀바디에 풍부하고 농익은 맛이다. 캐러멜, 맥아, 옥수수, 호밀, 약간 스모키한 맛도 있다. 피니시에는 달콤한 오크, 감초, 바닐라 풍미가 두드러진다.

ELMER T. LEE

엘머 T. 리

미국

켄터키 프랭크퍼트 윌킨슨 1001
버펄로 트레이스 증류소
www.buffalotracedistillery.com

엘머 T. 리는 버펄로 트레이스(66쪽 참조)의 마스터 디스틸러로 일하다가, 1940년대에 조지 T. 스태그 증류소에 합류했다. 그가 거기에 있는 동안 증류소 이름이 몇 차례 바뀌었다. 1953년에는 알버트 B. 블랜튼 증류소, 1962년에는 에인션트 에이지 증류소로 다시 바뀌었다. 그리고 2001년에 마침내 버펄로 트레이스 증류소가 되었다. 리는 1984년에 최초의 현대식 싱글 배럴 버번 위스키를 만들어 낸 것으로 인정받고 있다.

« 엘머 T. 리 싱글 배럴

버번, 45% ABV

6년에서 8년 동안 숙성하는데 감귤류, 바닐라, 달콤한 옥수수 향이 코끝에서 향긋하게 어우러진다. 꿀, 여운이 긴 캐러멜, 코코아 풍미가 또렷하게 퍼지며 입안 가득 달콤함이 느껴진다.

THE ENGLISH WHISKY CO.

디 잉글리시 위스키 코

잉글랜드

노퍽 라우덤 할링 로드 세인트 조지스 증류소

www.englishwhisky.co.uk

1800년대 잉글랜드에는 최소 네 개의 증류소가 있었지만 20세기로 넘어오면서 모두 사라졌다. 그러다 2006년이 되어 다시 증류소가 생겨나 몰트 위스키를 생산하기 시작했는데 디 잉글리시 위스키 덕분이다. 이 회사는 증류의 전설이라 불리는 이안 헨더슨을 고용했다. 이후 순차적으로 피트가 가미된 것과 가미되지 않은 것 모두 생산했다. 또 위스키의 대세라 할 수 있는 고전적이며 피트가 가미된 위스키들도 나온다.

디 잉글리시 위스키 코 챕터 14 »

싱글 몰트, 46% ABV

꿀, 바닐라, 오렌지는 물론 꽃과 과일 향을 맡을 수 있다. 입안에서는 미끈한 맛이 느껴지고, 피니시는 길고 드라이하다.

디 잉글리시 위스키 코 챕터 15

싱글 몰트, 46% ABV

모닥불과 감귤류 향이 감도는 가운데 바닐라, 진한 감귤류, 칠리 맛이 느껴진다. 피니시는 드라이하고 오크 풍미가 있다.

EVAN WILLIAMS

에반 윌리엄스

미국

켄터키 루이빌 웨스트 브레킨리지 스트리트 1701 헤븐 힐 증류소
www.evanwilliams.com

에반 윌리엄스는 짐 빔에 이어 두 번째로 많이 팔리는 버번 위스키이다. 이 이름은 많은 전문가들이 켄터키 최초라고 인정하는 증류사의 이름에서 따왔다.

에반 윌리엄스는 영국 웨일스에서 태어나 미국 버지니아로 이주했으며, 훗날 켄터키가 되는 곳으로 1780년 무렵에 옮겨 왔다. 그리고 지금의 루이빌 5번가 주변에 증류소를 세웠다.

« 에반 윌리엄스 블랙 라벨

버번, 43% ABV

바닐라와 민트의 기분 좋은 향이 있다. 첫맛에 캐러멜과 맥아가 어우러진 달콤함이 있고 점차 가죽과 스파이스의 풍미가 느껴진다.

에반 윌리엄스 싱글 배럴 1998 빈티지

버번, 43.3% ABV

시리얼과 말린 과일, 캐러멜과 바닐라의 좋은 향이 있다. 입에서는 단풍나무, 당밀, 시나몬, 육두구, 베리류의 풍미가 느껴진다. 이어서 스모크 향이 끼쳐 오고, 아몬드와 꿀이 어우러진 스파이시한 피니시로 마무리된다.

THE FAMOUS GROUSE

페이머스 그라우스

스코틀랜드

소유주: 에드링턴
www.thefamousgrouse.com

스코틀랜드에서 가장 잘 팔리는 블렌디드 위스키는 빅토리아 시대의 기업가 매튜 글로그가 1896년에 만든 것이다. 처음에는 단순하게 '그라우스'로만 알려졌지만 점차 진화하여 '페이머스 그라우스'가 되었다. 회사는 1970년대까지 몇 세대를 거치며 이어져 왔으나 상속세 ☛

페이머스 그라우스 멜로 골드 »

블렌디드, 40% ABV

은은한 셰리, 바닐라, 아몬드, 말린 과일의 향이 있다. 바닐라, 바삭한 토피, 씨 없는 건포도, 무화과, 그리고 부드럽고 스파이시한 셰리의 맛을 느낄 수 있다. 자파 오렌지와 생강 맛으로 마무리된다.

페이머스 그라우스 오리지널

블렌디드, 40% ABV

오크와 셰리의 향이 감귤류 풍미와 균형을 이룬다. 여유로움이 느껴지며, 밝은 스페이사이드산 과일 향이 풍성하다. 미디엄드라이에 깔끔한 피니시로 마무리된다.

문제로 하이랜드 디스틸러스에 팔렸다. 현재는 스코틀랜드에서 가장 훌륭한 싱글 몰트 증류소인 하이랜드 파크, 맥캘란, 글렌로시스 등을 소유하고 있는 에드링턴 소속이다. 그래서 페이머스 그라우스의 블렌디드 위스키에는 이들 위스키가 높은 비율로 함유되어 있다.

지난 10여 년 동안 흥미롭고 혁신적인 위스키들을 많이 선보였는데, 그중에는 지금은 '스모키 블랙'이라고 이름을 다시 지은 블랙 그라우스도 있다. 여기에는 향이 강한 아일라산 몰트 위스키가 블렌딩에 들어간다. 스노 그라우스는 그레인 위스키인데, 처음에는 면세점용으로 출시되었다. 회사의 추천에 따르면 보드카처럼 냉장하여 차갑게 마시면 입안을 크리미하게 코팅해 주는 효과가 있다고 한다.

‹‹ 페이머스 그라우스 스모키 블랙

블렌디드, 40% ABV

크림 티, 복숭아, 사과, 잼의 아로마가 느껴진다. 가벼운 피트와 스모크 맛이 나는데, 물을 섞으면 더 짙어진다. 거기에 바닐라, 후추, 스파이스의 맛이 어우러지다가 섬세한 피니시로 이어진다.

FETTERCAIRN

페터케른

스코틀랜드

킨카딘셔 로렌스커크 페터케른

그램피언산맥 북동쪽 주변에는 스페이사이드에 위스키를 공급하는 증류소가 가득한 데 비해, 남쪽은 거의 소멸되었다. 페터케른 증류소만이 유일한 생존자이다. 1824년에 패스크 가문의 영지 내에 농가 증류소로 설립되었는데, 얼마 지나지 않아 존 글래드스턴에게 팔렸다. 그는 19세기 후반에 영국 총리를 지낸 윌리엄 글래드스턴의 아버지이다. 이 증류소는 1939년까지 가문의 소유로 유지되었으며, 이후 몇 차례 매각을 거치며 운영이 중단되기도 했다. 오늘날 페터케른은 화이트앤드맥케이 산하에 있는데, 이 회사는 달모어와 주라 쪽에 주력하고 있다.

페터케른 피오르 ››

싱글 몰트: 하이랜드, 42% ABV

셰리, 생강, 오렌지, 토피가 어우러진 중량감 있고 스모키한 향. 스모크, 당밀, 오렌지, 초콜릿, 견과의 맛이 있다.

GREAT WHISKIES

F

FORTY CREEK

포티 크릭

캐나다

온타리오 그림스비 키틀링 리지 증류소
www.fortycreekwhisky.com

키틀링 리지는 「위스키 매거진」에 의해 '2008년 올해의 캐나다 증류소'에 선정되었다. 이곳의 특징은 연속식 증류기인 증류탑(column still)뿐만 아니라 양파 모양의 단식 증류기(pot still)도 사용한다는 점이다. 그리고 호밀, 보리, 옥수수를 섞은 매시빌을 이용한다. 1970년에 지어졌는데, 좋은 평가를 받고 있는 와이너리의 일부이며 원래는 오드비과일 증류주의 총칭를 만들기 위해 설계했다. 1992년에 소유주가 된 존 홀은 와인 제조 기술을 증류에 도입했다. "나는 전통에서 영감을 얻지만 얽매이지는 않는다"라고 그는 말한다. 위스키 비평가인 마이클 잭슨은 포티 크릭을 가리켜 "캐나다에서 가장 혁신적인 위스키"라고 말했다.

« 포티 크릭 배럴 셀렉트

블렌디드, 40% ABV

부드러운 과일, 허니서클, 바닐라, 몇 가지 스파이스가 느껴지는 복합적이고 향기로운 향. 입에서도 이와 비슷한 맛이 느껴지고, 견과와 가죽의 풍미가 은은하다. 부드러운 피니시에는 과일과 바닐라 맛이 길게 어우러진다.

FOUR ROSES

포 로지스

미국

켄터키 로렌스버그 본드 밀스 로드 1224
www.fourrosesbourbon.com

스페인 미션 양식으로 근사하게 지은 포 로지스 증류소는 1910년에 로렌스버그 부근에 세워졌다. 1888년 조지아주에서 태어난 폴 존스 주니어가 처음 상표를 붙인 브랜드에서 이름을 따와 지었다. 전하는 바에 따르면 존스가 남부의 여인을 흠모하여 청혼했는데, 그녀가 수락의 의미로 빨간 장미 네 송이로 만든 코르사주를 달았다고 한다. 그리고 존스는 버번 위스키에 '포 로지스'라는 이름을 붙였다.

포 로지스 스몰 배치 »

버번, 45% ABV

육두구와 꿀이 은은한, 순하고 세련된 향. 과감하고 풍부한 맛은 균형 잡혀 있으며, 스파이스, 과일, 꿀 맛이 어우러져 있다. 피니시에는 바닐라의 여운이 은근하게 지속된다.

포 로지스 싱글 배럴

버번, 다양한 ABV

맥아, 과일, 스파이스, 퍼지가 어우러진 풍부하고 복합적인 향. 입안에서는 바닐라, 오크, 은은한 멘톨 풍미가 길고 부드럽게 이어진다. 피니시는 길고 스파이시하며, 매우 그윽하다.

FRYSK HYNDER

프리스크 힌더

네덜란드

프리슬란트 볼스바르트 8701 XC
스네커스트라트 43 우스 하이트 증류소
www.usheitdistillery.nl

우스 하이트(Us Heit, 프리슬란트어로 '우리 아버지')는 1970년에 맥주 양조장으로 설립되었다. 소유주이자 열렬한 위스키 애호가인 아르트 반 데어 린데는 2002년, 현지 제분소에서 공급되는 보리를 써서 위스키 증류를 하기로 결정했다. 우스 하이트 맥주를 만드는 것과 같은 보리이며, 증류소 내에서 맥아를 만든다. 3년 숙성 싱글 몰트인 프리스크 힌더는 2005년부터 해마다 한정 수량으로 출시된다. 우스 하이트는 버번 배럴과 와인 캐스크, 셰리 버트에 이르기까지 위스키 숙성에 다양한 통을 사용한다.

« 프리스크 힌더 3년 셰리 머추어드

싱글 몰트, 43% ABV

셰리와 연한 스파이스, 오크, 무화과가 느껴지는 달콤한 향이 있다. 입에서는 다크 초콜릿과 스파이시한 오크 풍미가 있는 부드러운 셰리 맛을 느낄 수 있다.

GARRISON BROTHERS

개리슨 브라더스

미국

텍사스 하이 하이앨버트 로드 1827
개리슨 브라더스 증류소
www.garrisonbros.com

텍사스에서 가장 오래된 합법적 증류소인 개리슨 브라더스는 2005년 문을 연 이후 오로지 버번 위스키만 생산하고 있다. 텍사스의 팬핸들에서 공급되는 유기농 황색 옥수수, 개리슨 농장에서 나는 유기농 겨울밀, 태평양 연안 북서부와 캐나다에서 생산되는 맥주용 겨울보리를 사용한다. 곡물은 매일 갈아서 사용하고, 스위트 매시는 한 번에 한 배치씩만 만든다. 많은 방문객들이 이 증류소를 찾아오며, 위스키 대회에서 여러 차례 수상했다.

개리슨 브라더스 텍사스 스트레이트 버번 »

버번, 47% ABV

꿀과 바닐라의 아로마가 풍부하다. 향은 맛으로도 이어지며 사과, 시나몬, 흑후추 맛이 더해진다.

GEORGE DICKEL

조지 디켈

미국

테네시 노르만디 캐스케이드 할로 로드 1950
www.georgedickel.com

테네시에는 한 세기 전만 해도 약 700개의 증류소가 가동되었지만, 조지 디켈은 잭 다니엘스와 함께 테네시에서 마지막으로 주류 제조 면허를 받은 본격 증류소이다.

1910년 테네시에서 금주법이 시행된 이후 디켈 증류소는 켄터키로 옮겨 갔었다. 하지만 나중에 자신의 뿌리를 찾아 돌아왔고, 원래 있던 자리와 가까운 곳에 새로운 증류소를 세웠다.

« 조지 디켈 넘버 12

테네시 위스키, 45% ABV

과일, 가죽, 버터스카치의 아로마가 있고 숯과 바닐라 향이 훅 끼친다. 호밀, 초콜릿, 과일, 바닐라가 어우러진 풍부한 맛을 자랑한다. 피니시에는 바닐라 토피와 자연 건조한 오크의 맛이 있다.

조지 디켈 배럴 셀렉트

테네시 위스키, 43% ABV

풍부한 옥수수, 꿀, 견과, 캐러멜의 아로마가 연한 바닐라, 스파이스, 구운 견과가 감도는 풀바디로 이끈다. 길고 크리미한 피니시에는 아몬드와 스파이스가 감돈다.

GEORGE T. STAGG

조지 T. 스태그

미국

켄터키 프랭크퍼트 윌킨슨 1001
버펄로 트레이스 증류소
www.buffalotracedistillery.com

조지 T. 스태그는 '버펄로 트레이스 앤티크 컬렉션' 중 하나로, 한때 버펄로 트레이스 증류소의 소유주였던 인물의 이름에서 따왔다. 1880년대 초 이 증류소는 에드먼드 헤인즈 테일러 주니어의 소유였다. 그는 경제적으로 불황을 겪는 동안 친구였던 스태그로부터 돈을 빌렸다. 나중에 스태그는 테일러에 대한 담보권을 행사하여 그의 증류소를 인수했다.

조지 T. 스태그 2008 에디션 »

버번, 72.4% ABV

1993년 봄에 증류한 도수 높은 위스키로 버터스카치, 마지팬, 달콤한 오크, 설탕에 절인 체리의 풍부한 향을 뽐낸다. 옥수수, 볶은 커피콩, 가죽, 스파이스, 숙성된 오크 풍미가 있다. 토피와 스파이스의 여운이 길게 이어지며 마무리된다.

GEORGIA MOON
조지아 문

미국

켄터키 루이빌 웨스트 브레킨리지 스트리트
1701 헤븐 힐 증류소
www.heavenhill.com

콘 위스키는 최소 80퍼센트의 옥수수 발효 매시를 사용해야 하며, 최소 숙성 기간은 정해져 있지 않다. 그것의 가장 좋은 예가 헤븐 힐 증류소의 조지아 문이다. 숙성 기간 30일 이내라는 표시와 함께, 통조림용 유리병에 담아 파는 경우도 있다. 조지아 문은 달빛이 비추던문샤인은 위스키 밀주를 가리킨다. 옛날을 떠올리게 해준다.

‹‹ 조지아 문

콘 위스키, 40% ABV

처음에는 시큼한 알코올의 찌르는 향이 있고, 달콤한 옥수수 향이 뒤따른다. 양배추 즙과 자두, 달콤한 옥수수 모양 사탕 맛이 입안에 퍼진다. 피니시는 짧다. 세련된 맛을 기대해서는 안 된다.

GIRVAN

거번

스코틀랜드

에어셔 거번 그랜지스톤 인더스트리얼 에스테이트

거번에 있는 이 증류소는 윌리엄그랜트앤드선스가 1964년에 설립했는데, 그레인 위스키 공급이 불안정해지자 그에 대한 대응으로 만든 것이다. 현재는 그레인 위스키 증류 단지, 진 증류소, 그리고 최근에 문을 연 아일사 베이 싱글 몰트 증류소까지 포괄하고 있다. 2013년까지 거번은 싱글 그레인 위스키 병입 제품을 선보인 적이 거의 없지만, 지금은 '거번 페이턴트 스틸(Patent Still)'이라는 이름을 단 몇 가지 제품을 구할 수 있다. 숙성이 긴 위스키들은 보통 옥수수 함량이 높고 숙성이 깊어지면서 매우 부드러워진다. 그래서 미묘하고 유쾌하며 복합적인 풍미를 띤, 섬세하고 세련된 위스키를 만날 수 있다.

거번 페이턴트 스틸 넘버 4 앱스 »

싱글 그레인, 42% ABV

감귤류와 바삭한 토피 향이 나고, 입에서는 스파이시한 과일과 화려한 맛을 느낄 수 있다. 피니시는 은은한 스파이스와 진득한 토피 맛으로 마무리된다.

GREAT WHISKIES

G

GLEN BRETON

글렌 브레턴

캐나다

노바스코샤 케이프 브레턴 글렌빌 루트 19
글렌노라 증류소
www.glenoradistillery.com

글렌노라는 북미 대륙 유일의 몰트 위스키 증류소이다. 케이프 브레턴섬은 스코틀랜드의 유산이 많이 남아 있는 곳이긴 하지만, 스카치위스키협회는 지나치게 스카치 위스키처럼 들리는 이름을 사용하는 데에 불만을 드러냈다.'글렌'은 게일어로 계곡을 뜻하며, 스카치위스키 이름에 많이 사용된다.

1990년에 생산이 시작되었지만 자금 부족으로 몇 주 만에 가동이 중단되었다. 이후 라우키 맥클린이 사들였다. 그는 예전 것, 일관되지 못한 스피릿과 8, 9년 병입 제품을 재증류했다.

글렌노라는 자신만의 맥아 제조법을 갖고 있으며, 피트가 가볍게 가미된 스코틀랜드산 보리를 사용한다. 또 스코틀랜드 로시스에 있는 업체인 포시스가 만든 두 대의 증류기를 사용한다.

« 글렌 브레턴 레어

싱글 몰트, 43% ABV

버터스카치, 헤더, 간 생강, 꿀 향이 있다. 크리미한 느낌이 입안을 채우며 나무, 아몬드, 캐러멜, 피트 풍미가 있다. 바디는 라이트에서 미디엄 사이.

GLEN DEVERON
글렌 데브론

스코틀랜드
애버딘셔 반프 맥더프 증류소

스페이사이드 동부의 데브론강을 수원지로 하고 있어서 싱글 몰트 이름도 글렌 데브론이다. 증류소 명칭은 맥더프로, 더프 가문이 이끄는 조합이 1962년에 설립했다. 생산되는 몰트 위스키의 대부분은 블렌디드 위스키 제조에 쓰였다. 특히 1972년에 이 증류소를 인수한 회사가 만드는 윌리엄 로손에 많이 썼다. 이후에도 주인이 두 번이나 바뀌었고, 증류기가 다섯 대로 늘었다. 지금은 바카디가 소유하고 있다. 다양한 연산의 위스키가 생산되는데, 때때로 '맥더프'라는 이름의 독립 병입 제품이 출시되어 혼동을 주기도 하다.

글렌 데브론 10년 »

싱글 몰트: 하이랜드, 40% ABV

병의 상표에는 '순수 하이랜드 싱글 몰트'라고 표기되어 있지만, 스타일 면에서 보자면 고전적이고 깔끔하며 온화한 스페이사이드 위스키이다.

GLEN ELGIN

글렌 엘긴

스코틀랜드
모레이셔 롱몬
www.malts.com

글렌 엘긴 증류소가 설립된 1898년 즈음은 블렌디드 위스키 사업자들의 스페이사이드 몰트 수요가 정점에 이르렀을 때였다. 하지만 그 붐은 금방 꺼졌고, 산업은 오랜 침체에 빠졌다. 초기 30년 동안 글렌 엘긴은 생산을 여러 번 멈추었으며 소유주도 계속 바뀌었다.

오랫동안 블렌디드 위스키 혼합용으로만 쓰였는데, 그중 화이트 호스가 유명하다. 1977년 마침내 이 증류소의 첫 병입 위스키, 글렌 엘긴이 출시되었다.

« 글렌 엘긴 12년

싱글 몰트: 스페이사이드, 43% ABV

스페이사이드 몰트 위스키 중 꽃과 향수의 향이 화려하기로 손꼽힌다. 견과와 꿀이 가득한 꽃의 아로마가 있고, 균형 잡힌 풍미는 달콤함에서 드라이한 맛으로 옮겨 간다.

글렌 엘긴 16년

싱글 몰트: 스페이사이드, 58.5% ABV

비냉각 여과로 만드는 캐스크 스트렝스 몰트 위스키. 유럽산 오크통에서 수년간 숙성을 거치는 동안 짙은 마호가니 색깔을 띠고 잘 익은 과일 케이크의 향이 있다.

GLEN GARIOCH
글렌 기리

스코틀랜드
애버딘셔 인버루리 올드멜드럼
www.glengarioch.com

애버딘셔에 있는 이 작은 증류소는 1798년에 설립되었다. 하지만 글렌 기리의 싱글 몰트 위스키가 처음으로 병입되어 출시된 것은 1972년이 되어서였다. 오랜 세월 살아남을 수 있었던 것은 블렌더들에게 인기가 높았던 덕분이다.

글렌 기리는 현재 모리슨 보모어 산하에 있는데, 이 증류소에서 한정적으로 생산하는 싱글 몰트를 대부분 병입하여 판매하고 있다.

글렌 기리 버진 오크 »

싱글 몰트: 하이랜드, 48% ABV

잘 익은 복숭아 향과 함께 스파이시한 오크와 바닐라 향을 내다가 점차 꽃의 풍미로 이어진다. 입에서는 맥아, 밀크 초콜릿, 누가 사탕, 정향 맛을 느낄 수 있다.

글렌 기리 파운더스 리저브

싱글 몰트: 하이랜드, 48% ABV

배, 복숭아, 살구에 더해 버터스카치와 바닐라 향도 있다. 비교적 풀바디에 바닐라, 맥아, 멜론, 은은한 스모크의 맛이 느껴진다.

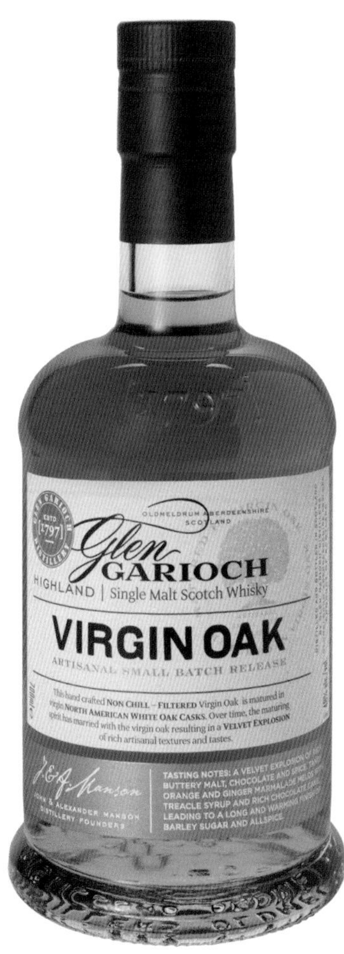

GLEN GRANT

글렌 그란트

스코틀랜드
모레이셔 로시스
www.glengrant.com

1840년에 세워진 글렌 그란트는 로시스 지역의 증류소 다섯 곳 중 가장 먼저 설립되었다. 증류소로서 최적의 자리를 골랐다. 가까운 계곡에서 매시를 만들고 기계를 돌리는 데 필요한 물을 받아 쓰고, 인근 모레이 들판에서 자란 보리를 풍족하게 공급받을 수 있는 곳이다.

2001년부터 2006년까지 페르노 리카의 소유로 있다가 현재는 이탈리아 캄파리 그룹 산하에 있다. 본고장에서는 그리 주목받지 못하지만, 세계에서 가장 잘 팔리는 5대 싱글 몰트 중 하나이다.

‹‹ 글렌 그란트 10년

싱글 몰트: 스페이사이드, 40% ABV
상대적으로 드라이한 향에는 과일나무 과일 느낌이 난다. 시리얼과 견과의 풍미가 있으며, 라이트에서 미디엄의 바디를 지녔다.

글렌 그란트 18년

싱글 몰트: 스페이사이드, 43% ABV
신선한 과일의 향이 있다. 숙성이 짧은 것보다는 깊이 있고 향기롭다. 과일 맛이 풍부하며 밀크 초콜릿, 달콤한 스파이스, 바삭한 토피, 은은하면서 크리미한 오크 맛이 난다.

GLEN KEITH

글렌 키스

스코틀랜드
밴프셔 키스

1950년에 시그램은 스트라스아일라 증류소를 사들였고, 7년이 지나 낡은 옥수수 제분소 자리에 글렌 키스를 세웠다. 둘 다 키스 지역에 자리하고 있으며, 시그램의 위스키 부문 자회사인 시바스 브라더스(지금은 페르노 리카 소유)의 일부였다. 두 증류소 모두 목표가 단순했는데, 회사에서 가장 잘 팔리는 블렌디드 위스키를 위한 원료를 공급하는 것이었다. 글렌 키스는 3회 증류 방식으로 위스키 제조를 시작했다. 그리고 다른 증류소들의 경우 최근에야 전국 전산망에 합류하고 있는 데 비해 진작부터 위스키 제조에 컴퓨터를 사용한 선구자였다.

글렌 키스는 2000년에 생산을 중단했다가 대대적인 보수를 거쳐 2013년에 다시 문을 열었다.

글렌 키스 19년 캐스크 스트렝스 »

싱글 몰트: 스페이사이드, 56.3% ABV

바노피 파이, 생강, 건포도의 향이 있다. 입안에서는 점성이 느껴지며 셰리, 퍼지, 백후추 맛이 난다.

GLEN ORD

글렌 오드

스코틀랜드

로스셔 뮈어 오브 오드

글렌 오드라는 이름에도 불구하고, 증류소는 계곡이 아니라 인버네스 북쪽에 있는 블랙 아일의 비옥한 평원에 자리하고 있다. 1838년에 설립되었는데, 1670년대에 페린토시 증류소가 있었을 것으로 추정되는 부지와 가까운 곳이다. 1923년 글렌 오드는 존듀어앤드선스에 팔렸고, 그 회사가 DCL(Distiller's Company Limited)에 합류하기 바로 직전의 일이었다.

증류기 14대와 1,100만 리터의 생산력을 갖추고 있어서 충분한 양의 싱글 몰트를 생산할 수 있다. 오드, 글렌오디, 뮈어 오브 오드 등 이름이 여러 번 바뀌어 혼란스러운 측면이 있었다. 최근의 병입 제품은 '싱글턴 오브 글렌 오드'이며, 아시아 시장을 겨냥한 것이라고 한다.

« 싱글턴 오브 글렌 오드 12년

싱글 몰트: 하이랜드, 40% ABV

꿀, 밀크 초콜릿, 로쿰전분, 설탕 등으로 만든 튀르키예 과자, 견과의 향이 있다. 라이트바디에 속하며 시나몬, 셰리, 토피, 사과, 그리고 은은한 밀크 커피 맛이 난다.

GLEN SCOTIA
글렌 스코시아

스코틀랜드
아가일 캠벨타운
www.glenscotia.com

킨타이어 반도 끝에 있는 캠벨타운은 '위스키 도시'로서 흥망성쇠를 겪어 왔다. 그 이야기는 스프링뱅크 증류소의 생존과 이후 컬트적 지위를 얻은 과정에 잘 기록되어 있다.(323쪽 참조) 스프링뱅크보다 훨씬 덜 유명한 글렌 스코시아 역시 살아남았다. 캠벨타운의 '기타 증류소'로 불리곤 했던 글렌 스코시아는 갈브레이스 가문이 1830년대에 한 쌍의 증류기와 함께 설립했다. 갈브레이스는 19세기 동안 운영을 지속했고, 이후에는 소유주가 여러 번 바뀌었다. 2014년에 로크 로몬드 그룹(익스포넌트 프라이비트 이쿼티 산하)이 인수했다.

글렌 스코시아 더블 캐스크 ››
싱글 몰트: 캠벨타운, 46% ABV

블랙베리, 레드커런트, 바닐라, 토피 풍미와 함께 달콤한 향이 감돈다. 생강, 스파이시한 셰리, 마지막으로 바닷소금의 맛이 넌지시 떠오르면서 입안에서 바닐라 맛이 부드럽게 퍼진다.

GLEN SPEY

글렌 스페이

스코틀랜드

밴프셔 아벨라워 로시스
www.malts.com

제임스 스튜어트는 맥캘란과 함께 1878년에 글렌로시스 증류소를 설립하는 데 핵심 파트너로 참여했으나, 일찌감치 벤처 사업에서 손을 뗐다. 몇 년 뒤 스튜어트는 자기 소유였던 귀리 제분소를 글렌 스페이 증류소로 전환하기로 결정했다. 개울을 사이에 두고 글렌로시스의 맞은편에 자리한 탓에 물 분쟁으로 이어질 수밖에 없었다. 1887년 글렌 스페이는 런던에 기반을 두고 진을 만드는 증류회사 길비스에 매각되었고, 이 회사는 나중에 저스테리니앤드브룩스(J&B)와 합병된다. 그 이후 J&B 블렌디드 위스키에는 글렌 스페이 몰트가 들어간다. 현재의 소유주는 디아지오인데, '플로라앤드파우나' 제품군에 글렌 스페이의 병입 싱글 몰트 위스키 하나가 속해 있다.

« 글렌 스페이 플로라앤드파우나 12년

싱글 몰트: 스페이사이드, 43% ABV

가벼운 풀 향이 나며, 견과의 상쾌한 풍미도 있다. 매우 드라이하고, 피니시는 짧다.

GREAT **G** WHISKIES

GLENALLACHIE

글렌알라키

스코틀랜드

밴프셔 아벨라워

거대 기업 스코티시앤드뉴캐슬 브루어리스의 자회사가 글렌알라키 증류소를 1967년에 설립했는데, 현대적인 중력식 유동 증류기를 갖추었다. 이를 만든 이는 건축가 윌리엄 델메에반스로, 그는 이전에 툴리바딘과 주라를 설계하고 지분을 일부 소유했던 인물이다. 이 증류소는 순수 알코올을 연간 280만 리터 생산할 수 있는 능력을 갖추어 당연히 싱글몰트 위스키를 위한 스피릿도 많이 보유하고 있다. 그러나 독립 병입 위스키 몇 종류와 16년 캐스크 스트렝스 한 가지만 내놓고 있다. 2017년 7월 페르노 리카는 글렌알라키를 위스키 사업가인 빌리 워커가 이끄는 컨소시엄에 팔았다.

글렌알라키 16년 1990 »

싱글 몰트: 스페이사이드, 56.9% ABV

퍼스트필 올로로소 캐스크에서 숙성하여 진하고 묵직한 셰리 향을 품고 있으며, 이는 다른 위스키에서 찾기 힘든 특징이다.

GLENBURGIE

글렌버기

스코틀랜드

모레이셔 포레스 글렌버기

글렌버기는 1829년에 킬른플랫 증류소로 출발해 1878년에 글렌버기로 이름을 변경했다. 그 뒤 소유주가 여러 차례 바뀌었고, 1930년대에 캐나다의 회사 하이람 워커의 일부가 되었다. 그때부터 이 증류소의 주된 역할은 발렌타인스 파이니스트를 위한 위스키를 공급하는 것이었다. 그런데 1958년, 이때는 스페이사이드 증류소들이 싱글 몰트 위스키 출시를 고려하기 한참 전인데, 글렌버기는 글렌크레이그라는 이름의 자체 병입 위스키를 내놓았다. 2004년에 당시의 소유주였던 얼라이드 디스틸러스는 430만 파운드를 투자함으로써 글렌버기에 대한 신뢰를 세상에 알렸다. 증류기와 제분 장비만 유지하고 증류소는 완전히 새단장을 했다.

« 글렌버기 10년

싱글 몰트: 스페이사이드, 40% ABV

퍼지, 바닐라, 꿀, 맥아, 그리고 연한 오크 향이 난다. 입안에서 크리미한 느낌이 있다.

GLENCADAM

글렌카담

스코틀랜드

앵거스 브레킨

www.glencadamwhisky.com

2005년 로크사이드 증류소가 문을 닫으면서 글렌카담은 앵거스 지역 유일한 증류소가 되었다. 글렌카담 증류소는 1825년에 조지 쿠퍼가 세웠다. 그 뒤 여러 차례 소유주가 바뀌었지만 1954년까지는 개인 소유로 남아 있었다. 1954년이 되어 하이람 워커 산하로 들어갔고, 나중에는 얼라이드 디스틸러스 소유가 된다. 스페이사이드는 여러 증류소들에게는 안정성 있는 곳이었지만 글렌카담은 점점 고립되는 듯했다. 위스키 업계의 과잉 생산 문제로 2000년에 문을 닫았을 때 글렌카담의 미래는 암울해 보였다. 하지만 2003년 앵거스 던디가 인수하여 다시 독립적인 운영이 가능해졌다.

글렌카담 10년 »

싱글 몰트: 하이랜드, 46% ABV

신선한 풀 향과 감귤류, 스파이시한 오크의 은은한 향이 있다. 입안에서 감귤류 맛과 싱싱한 풍미가 조화를 이룬다. 균형감이 좋고 피니시가 길다.

GLENDALOUGH

글렌달로그

아일랜드

위클로 글렌달로그 글렌달로그 증류소
www.glendaloughdistillery.com

글렌달로그 증류소는 2013년에 세워졌는데, 독일 슈바르츠발트 지역에서 만든 증류기를 들여왔다. 그 당시 회사는 이미 2년 전부터 다른 증류소에서 만든 다양한 포틴아일랜드 전통 증류주과 위스키를 거래하고 있었다. 글렌달로그는 최근 7년과 12년 싱글 몰트 위스키를 선보였다. 또한 혁신적인 싱글 그레인 위스키를 내놓았는데, 버번을 담았던 배럴에서 3년 6개월 숙성시킨 뒤 스페인산 올로로소 셰리 캐스크에서 6개월 동안 피니시한 제품이다.

« 글렌달로그 싱글 그레인 더블 배럴

싱글 그레인, 42% ABV

크리스마스 푸딩 아로마와 함께 가벼운 향이 코끝을 스친다. 꿀, 바닐라, 말린 과일, 그리고 약간의 후추 맛이 특징이다. 피니시에는 생강과 아몬드 풍미가 있다.

GLENDRONACH
글렌드로낙

스코틀랜드
애버딘셔 헌틀리 포그

글렌드로낙 증류소는 아드모어 증류소와 정신적인 자매이며, 티처스 블렌디드 위스키 제조의 공헌자이기도 하다. 윌리엄티처앤드선스는 수년간 글렌드로낙의 몰트를 공급받다가, 1960년이 되어 글렌드로낙을 인수했다. 티처스가 얼라이드 디스틸러스에 매각된 이후인 1991년, 글렌드로낙은 '칼레도니안 몰트 컬렉션' 중 하나가 되었다. 이는 디아지오의 '클래식 몰트 컬렉션'에 맞선 뒤늦은 반격이었다. 10년 뒤 증류소는 운영을 멈추었다가 5년 만에 다시 문을 열었다. 2008년 벤리악 디스틸러리가 인수하여 셰리 풍미 가득한 싱글 몰트의 명예를 복원하기 시작했다. 2016년 4월에 글렌드로낙은 다시 브라운포맨에 인수되었다.

글렌드로낙 12년 »

싱글 몰트: 스페이사이드, 40% ABV

15년을 대체할 만한 진하고 묵직한 느낌의 셰리통 숙성 위스키로, 식후에 한 모금 즐기기에 최적의 술이다.

GLENDULLAN
글렌둘란

스코틀랜드
밴프셔 키스 더프타운
www.malts.com

애버딘에 기반을 둔 블렌딩 업체인 윌리엄윌리엄스앤드선스가 더프타운에 증류소를 세우기로 결정했을 때 더프타운에는 이미 증류소가 여섯 군데 있었다. 글렌둘란은 1897년에 위스키를 만들기 시작했는데, 새로이 왕위에 오른 에드워드 7세가 즐겨 마셔서 출범 5년 이내에 사업 안정성을 확보했다. 그 이후 글렌둘란은 중단 없이 생산을 지속하였다. 1960년대에 바로 옆에 현대식 증류소를 지었다. 두 증류소를 20년 동안 나란히 가동하다가 지금은 현대식 증류소만 운영한다. 2007년 이후 '싱글턴 오브 글렌둘란' 병입 제품을 미국에서 구할 수 있다.

« 글렌둘란 플로라앤드파우나 12년
싱글 몰트: 스페이사이드, 43% ABV
식전주 스타일의 신선한 위스키이다. 예상보다 더 달콤한 맛이 난다.

GLENFARCLAS

글렌파클라스

스코틀랜드

밴프셔 발린달로크

스코틀랜드에서 가장 오래된 가족 소유의 증류소는 1865년 존 그랜트와 그의 아들 조지가 발린달로크 인근의 레클라리크 농장을 인수한 이래 그랜트 가문에 속하게 되었다. 이는 가족 사업에서 점차 더 중요해졌고, 리스 지역에 있던 패티슨 브라더스와의 협력을 맺으며 글렌파클라스-글렌리벳 증류회사로 발전했다. 그런데 19세기 말, 패티슨 브라더스가 파산을 맞아 글렌파클라스도 큰 타격을 입었다. ☛

글렌파클라스 105 »

싱글 몰트: 스페이사이드, 60% ABV

10년 숙성 캐스크 스트렝스 위스키. 물을 섞으면 불 같은 성질이 누그러지며, 달콤한 맛과 견과의 스파이시한 풍미를 띤다.

글렌파클라스 10년

싱글 몰트: 스페이사이드, 40% ABV

맛이 깊고 맥아의 풍미가 짙으며 스모키하고 좋은 향이 나는데, 하이랜드산 위스키를 떠올리게 한다.

32개의 대규모 화물 창고에 둘러싸여 있는 글렌파클라스는 부티크 증류소가 아니다. 현대식 제분소와 증류기 6대를 자랑한다. 또한 세계 최초로 캐스크 스트렝스 몰트 위스키를 공급한 증류소라고 주장하는데, 이는 1968년에 출시된 글렌파클라스 105를 가리킨다. 당시 위스키 업계에서는 60% ABV는 고사하고, 싱글 몰트가 위스키 구매자들의 관심을 끌 수 있을지에도 의구심을 가졌다.

2007년 이래, 1952년부터 숙성해 온 싱글 캐스크의 병입 위스키가 '패밀리 캐스크' 제품군으로 선보이고 있다. 증류소의 스타일은 버번 배럴보다 셰리 버트와 더 밀접해서 스페이사이드의 단단하고 상쾌한 풍미를 띤다.

« 글렌파클라스 12년

싱글 몰트: 스페이사이드, 43% ABV

셰리 향이 두드러지는 가운데, 시나몬과 과일 조림 풍미의 스파이시한 향도 있다.

글렌파클라스 15년

싱글 몰트: 스페이사이드, 46% ABV

과일 향 강하고 활기찬 특성을 두고 위스키 평론가 데이브 브룸은 "술잔에 조지 멜리**영국의 재즈 음악가**가 있는 것 같다"고 표현했다. 향이 몹시 강하고 셰리 맛이 진하며, 강력하다.

GLENFIDDICH

글렌피딕

스코틀랜드
밴프셔 키스 더프타운
www.glenfiddich.com

윌리엄 그랜트는 연봉 100파운드로 아내와 아홉 명의 아이들을 부양해야 했다. 그러니 자금을 모아 1886년에 글렌피딕을 출범시킬 때까지 절약과 저축에 매달릴 수밖에 없었다. 피딕강의 바닥에서 주워 온 돌을 사용하고 인근 카듀 증류소에서 쓰던 증류기를 구입하여 1887년의 크리스마스에 첫 위스키 스피릿을 생산했다. 이처럼 출발은 초라했지만 성장을 거듭한 끝에 글렌피딕은 마침내 세계 최대의 몰트 증류소가 되었다. ☛

글렌피딕 12년 »

싱글 몰트: 스페이사이드, 40% ABV

순한 식전주 스타일 위스키로 맥아와 풀의 향이 있고, 바닐라의 달콤함이 은은하게 난다. 매우 부드럽다.

글렌피딕 15년 솔레라 리저브

싱글 몰트: 스페이사이드, 40% ABV

아메리칸 오크통에서 15년 숙성을 거친 다음, 스페인산 캐스크에서 피니시한다. 신선한 과일과 스파이스의 풍미가 있는 매우 부드러운 맛이 완성되었다.

1923년 윌리엄 그랜트가 세상을 떠났을 때, 그의 회사는 이미 자체 블렌디드 위스키를 생산해 저 멀리 호주와 캐나다까지 공급하고 있었다. 이 회사는 1960년대에 싱글 몰트 위스키 시장 개척에 나섰다. 글렌피딕 이전에는 싱글 몰트 위스키의 대형 브랜드가 없었다.

오늘날 글렌피딕은 증류기 31대와 연간 1,400만 리터의 순수 알코올 생산력을 갖추고 있다. 스코틀랜드에서 생산량이 가장 많은 몰트 위스키 증류소이며, 디아지오 로즈아일 디스틸러리보다 훨씬 양이 많다. 1963년 이래 세계 싱글 몰트 판매 1위를 지켜 오던 글렌피딕은 2014년에 글렌리벳에 추월당했다.

« 글렌피딕 18년 솔레라 리저브

싱글 몰트: 스페이사이드, 40% ABV

12년에 비해 한층 업그레이드되었다. 잘 익은 열대 과일의 향기, 기분을 즐겁게 해주는 오크의 달콤함, 그리고 셰리의 풍미가 은은하다.

글렌피딕 21년 캐리비언 럼 캐스크

싱글 몰트: 스페이사이드, 40% ABV

맛이 깊으며 토피의 향이 있다. 바나나, 캐러멜, 스파이스, 그리고 초콜릿 오렌지의 풍미도 느낄 수 있다.

GLENGLASSAUGH

글렌글라사

스코틀랜드

밴프셔 포트소이

www.glenglassaugh.com

글렌글라사는 1870년대 애버딘셔의 사업가 제임스 모이어가 1만 파운드를 들여 세운 증류소이다. 개조와 증축을 거치다가 20년 후 블렌더인 로버트슨앤드 백스터, 지금의 에드링턴이 사들였는데 금액은 단 1만 5,000파운드였다. 생산량이 급증한 시기가 간혹 있었지만 생산을 멈추었던 기간이 더 길다. 2000년대에 접어들기 전에 증류기는 다시 멈추었고, 많은 이들이 글렌글라사의 존폐를 염려했다. 하지만 민간 컨소시엄에 의해 위기를 넘기고 2008년에 다시 문을 열었다. 지금의 소유주는 브라운포맨이다.

글렌글라사 에벌루션 »

싱글 몰트: 하이랜드, 50% ABV

토피, 생강, 복숭아, 바닐라 향이 난다. 입안에서는 과일나무 과일, 캐러멜, 코코넛 맛을 느낄 수 있다.

위스키 여행

스페이사이드

스페이사이드는 세계에서 증류소가 가장 많이 모여 있는 지역이라는 자부심이 있다. 1969년 윌리엄그랜트앤드선스가 글렌피딕을 세상에 처음으로 선보였을 때 증류소 투어가 바로 여기서 시작되었다. 경쟁자들은 처음에 비웃었지만 얼마 지나지 않아 그들도 투어 센터를 열기 시작했다. 스페이사이드에서는 일 년에 두 번, 5월과 10월에 위스키 페스티벌이 열린다. 편리한 숙박 시설로 크레이겔라키에 있는 하이랜더인과 아벨라워에 있는 매시툰 등이 있다.

첫째 날: 글렌피딕, 발베니

❶ 위스키 여행의 본고장인 더프타운의 글렌피딕에서 시작한다. 증류소 무료 투어가 있으며, 추가 비용을 내면 위스키 시음 옵션을 택할 수 있다. 옵션을 이용하려면 예약이 필요하고, 2시간 30분 정도 소요된다.

❷ 글렌피딕에서 점심 식사를 한 다음, 자매 증류소인 발베니로 간다. 가이드가 있는 투어는 약 3시간 소요되며, 예약은 필수. 플로어 몰팅 관람과, 이곳에서만 맛볼 수 있는 위스키 시음이 포함되어 있다.

발베니 증류소

둘째 날: 쿠퍼리지, 아벨라워, 맥캘란, 카듀

❸ 스페이사이드 쿠퍼리지에서 하루를 시작하여 크레이겔라키로 향한다. 위스키 캐스크 제작 과정을 영화로 관람하고, 관람석에 앉아 통 만드는 사람들이 작업하는 모습을 볼 수 있다.

아벨라워 캐스크

❹ 이어서 A95 도로를 타고 다음 행선지인 아벨라워 증류소로 간다. 다시 말하지만 예약을 권장한다. 마지막에 위스키 시음이 있고, 캐스크에 든 위스키를 자기 병에 담는 것으로 종료된다.

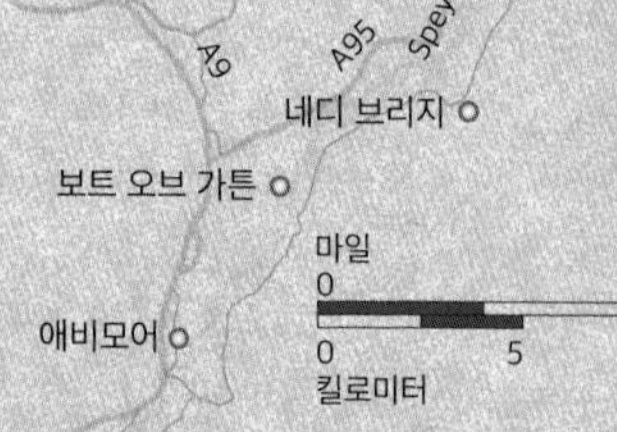

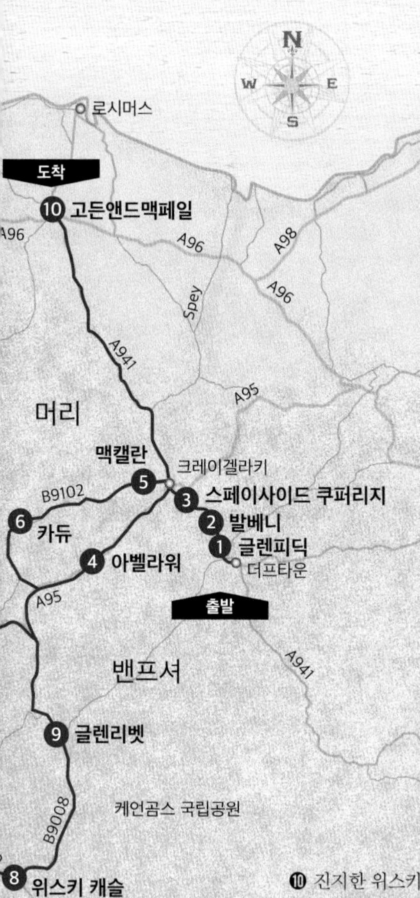

❺ 길을 거슬러 올라가면서 잠시 쉬며 1812년에 건설한 토머스 텔포드 다리를 감상한 다음, B9102 도로를 타고 맥캘란으로 향한다. '프레셔스 투어'는 다양한 맥캘란 위스키의 향을 맡고 맛볼 수 있는 사전 예약 프로그램이다.

❻ B9102 도로를 타고 가다가 만나는 카듀 증류소는 예약 없이도 갈 수 있다. 여기서 만드는 몰트 위스키가 조니 워커 블렌디드 위스키에 들어간다.

셋째 날: 그랜타운온스페이, 위스키 캐슬, 글렌리벳, 고든앤드맥페일

❼ 그랜타운온스페이는 케언곰스 국립공원으로 가는 관문이다. 여러 가지 준비물들을 구하기에 편리하며, 하이스트리트에는 위스페이드램이라는 작은 위스키 판매점이 있다.

❽ 그랜타운에서 토민토를 향해 서쪽으로 이동한다. 그곳에 스카치 싱글 몰트 위스키를 훌륭하게 갖춘 상점인 위스키 캐슬이 있다.

❾ 글렌리벳 웹사이트(www.theglenlivet.com)에서 미리 '가디언' 등록을 해두면 평소에 마시기 어려운 위스키들을 시음하는 비밀의 방에 들어갈 수 있다. 스페이사이드의 가장 오래된 합법 증류소들을 프리 투어로 만날 수 있다. 사흘짜리 위스키 학교는 더 풍부한 경험을 제공한다.

❿ 진지한 위스키 팬들을 위한 종착지는 엘긴에 있는 상점인 고든앤드맥페일이다. 인기 많은 위스키, 구하기 힘든 위스키, 그리고 고든앤드맥페일이 보유한 방대한 위스키로 자체 병입한 특별한 위스키 등을 만날 수 있다.

고든앤드맥페일

여행의 개요

소요 날짜: 3일
이동 거리: 145킬로미터
이동 수단: 자동차, 버스, 택시
증류소: 8곳

GLENGOYNE

글렌고인

스코틀랜드

스털링셔 덤고인
www.glengoyne.com

캠시 펠스 지역은 한때 위스키 밀수의 온상이었다. 1823년의 주세법이 시행되기 이전에 스털링셔 부근에는 최소 18개의 불법 증류소가 있었다. 그중에는 조지 코넬도 있었는데, 그의 번풋 증류소는 1833년 마침내 면허를 얻기에 이른다. 이후 이름이 글렌권으로 바뀌었고 1905년에 글레고인으로 변경되었다. 그 이전까지는 블렌딩 회사인 랭 브라더스 ☛

« 글렌고인 10년

싱글 몰드: 하이랜드, 40% ΛBV

피트가 가미되지 않은 위스키로 맑은 향과 풀의 아로마가 있다. 입안에서 견과류의 달콤함이 느껴진다.

글렌고인 12년 캐스크 스트렝스

싱글 몰트: 하이랜드, 57.2% ABV

비냉각 여과를 거친 캐스크 스트렝스 제품이다. 헤더, 페어 드롭, 마지팬의 풍미가 있는 달콤한 향이 가볍게 난다. 맥아와 시리얼, 흑후추 맛을 느낄 수 있다.

GREAT WHISKIES

G

소유였다가 1960년대에 로버트슨앤드 백스터가 매입했으며, 지금은 에드링턴 소유이다.

2001년에 선보인 글렌고인의 신제품은 처음으로 스코틀랜드산 오크 캐스크를 사용했다. 2년 뒤 증류소는 블렌딩과 병입을 하는 업체인 이언매클라우드앤드코에 팔렸다. 출시하는 싱글 몰트 위스키의 수가 크게 늘었고, 핵심 제품군에 싱글 캐스크 병입 위스키가 자리하고 있다.

글렌고인 21년 »

싱글 몰트: 하이랜드, 43% ABV

식후주로 마시기 좋은 풍성한 맛의 위스키로, 브랜디 버터, 시나몬, 달콤한 스파이스가 느껴진다.

글렌고인 18년

싱글 몰트: 하이랜드, 43% ABV

밀크 초콜릿, 바닐라, 멜론, 자몽의 향이 있다. 시나몬, 생강, 아몬드, 오렌지 마멀레이드가 어우러진 풍부한 맛.

GLENKINCHIE
글렌킨치

스코틀랜드
이스트로디언 트라넨트 펜케이틀랜드
www.malts.com

스코틀랜드의 시인 로버트 번스는 에든버러 남쪽 구불구불한 농경지를 "내가 본 가장 눈부신 옥수수의 고장"이라고 묘사했다. 이곳이 바로 펜케이틀랜드이며, 여기에 존 레이트와 조지 레이트가 1825년 글렌킨치 증류소를 설립했다.

디아지오는 1988년에 글렌킨치 10년을 오리지널 '클래식 몰트'의 하나로 선정했다. 새로운 위스키들이 최근 추가되고 있는데, 10년은 12년으로 대체됐다.

« 글렌킨치 12년
싱글 몰트: 로랜드, 43% ABV

달콤한 풀의 아로마가 있고, 스모크 향이 희미하게 스친다. 입안에서는 시리얼 풍미가 뚜렷하게 번진다. 피니시에는 스파이스가 살짝 느껴진다.

글렌킨치 20년
싱글 몰트: 로랜드, 58.4% ABV

먼저 버번 캐스크에서 숙성한 다음 브랜디 배럴에서 다시 숙성한다. 입안을 감미롭게 코팅하는 듯한 질감이 느껴진다. 스파이시한 풍미와 과일 조림의 향이 풍부하다.

THE GLENLIVET

더 글렌리벳

스코틀랜드
밴프셔 발린달로크
www.theglenlivet.com

19세기 초 글렌 리벳 지역은 가을 수확을 마친 뒤에 밀주를 만드는 골짜기였다. 스페이사이드의 이 작은 구석에 적어도 200개에 달하는 불법 증류기가 있었다. 불법 증류업자 중 하나였던 조지 스미스가 1824년에 허가 받은 증류소, 글렌리벳을 세웠다. 그는 불법 업자들과 관계를 끊은 대가로 자신을 보호하기 위해 권총을 지니고 다녀야 했다.

스미스는 1853년 기준이 되는 블렌디드 위스키인 올드 배티드 글렌리벳을☛

더 글렌리벳 12년 »

싱글 몰트: 스페이사이드, 40% ABV

신선한 나무와 부드러운 과일의 향기와 함께 감귤류와 헤더의 향을 품고 있다. 라이트바디와 미디엄바디 사이에 있고, 피니시는 드라이하고 깔끔하다.

더 글렌리벳 프렌치 오크 리저브 15년

싱글 몰트: 스페이사이드, 40% ABV

12년에 비해 더 부드럽고 더 진하다. 맥아, 크림을 얹은 딸기의 풍미와 함께 스파이스도 느껴진다.

병입하고 있던 에든버러의 앤드류 어셔에게 몰트 위스키를 공급하기 시작했다. 블렌디드 스카치 위스키의 인기가 치솟자 거기에 들어가는 '글렌리벳 스타일'의 몰트 위스키 수요도 급증했다.

글렌리벳은 2001년 페르노 리카에 팔렸는데, 페르노 리카는 글렌리벳의 핵심 상품군을 확대했다. 2009년에서 2010년 사이에 글렌리벳의 생산량은 연간 1,050만 리터로 급격히 증가했다. 이는 페르노 리카의 위스키 부문 회사인 시바스 브라더스가 세계에서 가장 잘 팔리는 싱글 몰트, 글렌피딕을 따라잡으려 애썼기 때문이다. 그리고 2014년 마침내 야망이 이루어졌다.

« 더 글렌리벳 XXV

싱글 볼트: 스페이사이느, 43% ABV

매우 복합적인 맛을 지닌 25년 숙성 위스키로, 호화로운 식후주로 어울린다. 설탕에 절인 오렌지 껍질과 건포도의 향이 있고, 진한 견과와 스파이스 풍미가 있다.

더 글렌리벳 18년

싱글 몰트: 스페이사이드, 43% ABV

스탠더드급 12년보다 훨씬 깊이가 있고 개성이 강하다. 꿀의 풍미가 있고 향긋하며, 긴 피니시에는 견과의 풍미가 드라이하게 이어진다.

GLENLOSSIE

글렌로시

스코틀랜드

모레이셔 엘긴

www.malts.com

글렌로시는 글렌드로낙의 매니저로 일했던 존 더프가 1876년에 세웠다. 한 세기 동안 독립 기업으로 있다가 1919년에 DCL의 일부가 되었다. 이 당시는 블렌디드 위스키 제조를 위해 몰트 위스키를 공급하는 역할에 머물렀다. 하지만 글렌로시의 품질은 업계 내에서 높은 평가를 받았고, '최고급'으로 인정받은 12개 중 하나에 들게 되었다. 현재는 1971년에 지어진 새로운 증류소 마노크모어와 같은 부지를 쓰고 있다.

글렌로시는 1990년부터 10년 숙성 위스키를 생산하고 있다. 한편 고든앤드맥페일 등 여러 곳에서 독립 병입 제품도 나오고 있다.

글렌로시 플로라앤드파우나 10년 »

싱글 몰트: 스페이사이드, 43% ABV

풀과 헤더의 향이 있다. 입안을 매끄럽게 감싸는 질감이 느껴지고, 스파이시한 피니시는 오래 지속된다.

GLENMORANGIE

글렌모렌지

스코틀랜드

로스셔 테인

www.glenmorangie.com

글렌모렌지는 오래된 농가의 증류소로 시작했는데, 1843년에 윌리엄 매더슨이 면허를 취득했다. 당시 그는 발블레어 증류소에 몸담고 있었고, 한동안은 소박하게 운영되었다. 1880년대에 알프레드 바너드는 글렌모렌지에 대해 "우리가 본 것 중에서 가장 오래되고 원시적"이며 "폐허나 다름없다"고 묘사했다.

때마침 외부 투자자가 관심을 보여 증류소는 재건되었다. 20세기 상당한 기간 동안 글렌모렌지의 역할은 하이랜드 퀸과 제임스 마틴 같은 블렌딩 업체에 ☛

« 글렌모렌지 오리지널

싱글 몰트: 하이랜드, 40% ABV

언제나 인기 있는 10년 숙성 위스키. 아몬드 향이 살짝 가미된 꿀의 풍미가 있다.

글렌모렌지 18년

싱글 몰트: 하이랜드, 43% ABV

깊고 균형 잡힌 맛을 지녔다. 말린 과일 향이 있고, 독특한 견과의 풍미는 셰리 버트 숙성을 거치며 얻은 것이다.

몰트 위스키를 공급하는 것이었다. 그러다 1970년대 들어 글렌모렌지는 10년 숙성 싱글 몰트를 위해 캐스크를 만들기 시작했다. 이는 이 회사가 내린 결정 중 가장 훌륭한 것이었다. 1990년대 후반에는 스코틀랜드에서 베스트셀러 싱글 몰트가 되었다.

글렌모렌지의 증류기는 길고 가늘며, 그 결과 가볍고 매우 순수한 스피릿을 생산한다. 이 증류소의 진정한 기술은 우아한 스피릿을 숙성 통과 결합하는 방법에 있다. 실로 글렌모렌지는 '우드 피니시'의 선구자였고 지금도 그렇다. 외국산 숙성 통이 점점 늘어나는 상황에서 실험을 거듭한 끝에, 병입하기 전에 캐스크가 어떻게 숙성된 몰트 위스키를 변화시키고 안정화시키는지 전문가가 되었다.

글렌모렌지 25년 »

싱글 몰트: 하이랜드, 43% ABV

말린 과일, 베리, 초콜릿, 스파이스 풍미가 가득하다. 강렬하고 복합적인 특성을 지녔다.

글렌모렌지 넥타도르(NECTAR D'OR)

싱글 몰트: 하이랜드, 46% ABV

꿀을 품은 꽃의 풍미에, 소테른**프랑스 소테른에서 만드는 화이트와인** 캐스크에서 우러난 스파이스와 레몬타르트 향이 더해졌다.

THE GLENROTHES
글렌로시스

스코틀랜드
모레이셔 로시스
www.glenrotheswhisky.com

로시스는 스페이사이드에 있는 위스키 타운으로서 더프타운에 이어 두 번째로 분주한 곳이지만, 그것을 알아차리기란 쉽지 않다. 증류소들은 눈에 보이지 않는 곳에 있으며 글렌로시스 역시 로시스 강 옆에 조용히 자리 잡고 있다.

1878년에 설립된 글렌로시스는 좋은 품질의 몰트 위스키를 빚어 블렌딩 업자들 사이에서 명성을 쌓아 나갔다. 여분의 위스키가 전혀 없을 것처럼 ☛

« 글렌로시스 1994
싱글 몰트: 스페이사이드, 43% ABV

만족스러운 복합적인 맛을 볼 수 있다. 과일과 토피 향이 부드러운 감귤류의 풍미로 이끌고, 피니시는 온화하다.

글렌로시스 1978
싱글 몰트: 스페이사이드, 43% ABV

2008년에 출시된 매우 희귀한 버전이다. 농축된 크리스마스 푸딩과 당밀의 풍미가 있다. 비단과 꿀처럼 매끄러운 질감에, 여운이 아주 길다.

보였지만, 1987년에 글렌로시스는 첫 번째 싱글 몰트 위스키인 12년을 출시했다. 처음에는 두각을 나타내지 못했다. 당시 시장에는, 특히 스페이사이드에는 12년의 경쟁자들이 넘치고 있었다.

그러나 1994년 글렌로시스 빈티지 몰트가 출시되고 큰 호평을 받으면서 상황은 급변했다. 브랜드 소유주인 와인 거래상 베리브라더스앤드루드는 와인 애호가뿐 아니라 위스키 애호가 역시 빈티지 위스키의 다양성을 좋아한다는 사실을 깨달았다. 2004년 글렌로시스 셀렉트 리저브가 빈티지 제품군의 하나로 출시되었다.

글렌로시스 셀렉트 리저브 »

싱글 몰트: 스페이사이드, 43% ABV

빈티지 표기 없는 샴페인처럼, 복합적인 맛과 향을 만들기 위해 연산이 다양한 위스키들을 혼합하여 만든다. 보리로 만든 엿, 잘 익은 과일, 바닐라, 스파이스의 맛이 있다. 맛보다는 향이 더 달콤하다.

글렌로시스 1975

싱글 몰트: 스페이사이드, 43% ABV

점점 더 찾기 힘들어지고 있는 빈티지로 과일 조림, 토피, 쌉쌀한 초콜릿, 오렌지 껍질이 어우러진 기분 좋은 향이 풍부하다. 중간 정도의 단맛이 나고, 피니시는 만족스럽다.

GLENTAUCHERS
글렌토커스

스코틀랜드
밴프셔 키스 멀번

19세기 말, 블렌딩 업체에 위스키를 공급하려는 증류소들이 많이 생겨났다. 글렌토커스는 뷰캐넌에 위스키를 공급한다는 확실한 목표를 가지고 1897년 설립되었다. 뷰캐넌은 베스트셀러 블렌디드 위스키인 블랙앤드화이트로 점차 발전해 나갔다. 글렌토커스 증류소는 제임스 뷰캐넌과 글래스고에 기반을 둔 블렌더 W. P. 로리의 합작으로 세워졌다. 그들은 애버딘과 인버네스를 잇는 동부 해안 철도와 연결되는 주도로 바로 옆, 이상적인 곳에 자리를 잡았다. 지금은 페르노 리카가 소유하고 있는데, 여전히 블렌딩 업체에 몰트 위스키를 공급하는 데 주력한다.

« 글렌토커스 고든앤드맥페일 1991

싱글 몰트: 스페이사이드, 43% ABV

고든앤드맥페일이 병입한 16년 숙성 위스키. 달콤하고 셰리 캐릭터가 있으며, 스모키 풍미가 은은하다.

THE GLENTURRET
글렌터렛

스코틀랜드
퍼스셔 크리프
www.theglenturret.com

퍼스셔에 있는 작은 증류소로 1775년에 면허를 받았다. 증류소 측은 스코틀랜드에서 지금까지 운영하는 증류소 가운데 가장 오래되었다고 주장한다. 글렌터렛은 페이머스 그라우스(117쪽 참조)의 정신적인 고향으로 알려져 있다. 이들의 관계는 방문객 센터의 전시와 페이머스 그라우스 위스키 스쿨의 연계에서도 알 수 있다. 위스키 스쿨은 깊이 있는 증류소 탐방을 포함하여 몰트 위스키 원데이 관람 코스를 운영한다.

글렌터렛은 타우저라는 고양이 덕분에 더 유명해졌다. 타우저는 3만 마리에 이르는 쥐를 죽여 기네스북에 올랐다.

글렌터렛 10년 »
싱글 몰트: 하이랜드, 40% ABV

꽃과 바닐라 향이 난다. 현재 이 회사의 주력 상품으로 12년을 대체했다.

글렌터렛 피티드
싱글 몰트: 하이랜드, 59.7% ABV

가구용 광택제, 파인애플, 로즈힙 향이 있다. 초콜릿, 바닐라, 올스파이스가 어우러진 과일 맛이 난다.

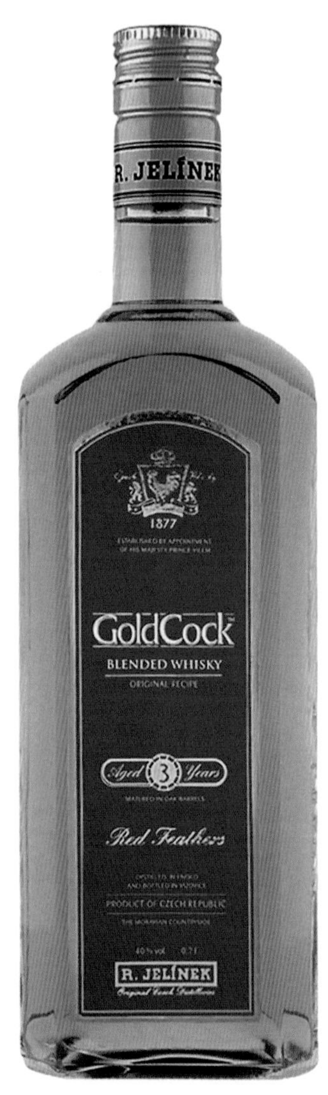

GOLD COCK

골드 칵

체코

비조비체 라조브 472 옐리넥 증류소
www.rjelinek.cz

옐리넥 증류소는 19세기 말에 설립되었는데, 지금은 없어진 체코의 증류소 테셰티체로부터 골드 칵이라는 브랜드를 인수했다. 레드 페더스(Red Feathers)와 12년, 2종류를 생산하며 체코 동쪽의 모라바산 보리와 미네랄이 풍부한 지하수를 사용한다. 어떤 캐스크를 사용하는지는 특정되어 있지 않다.

« 골드 칵 레드 페더스

블렌디드, 40% ABV

가볍고 곡물의 느낌이 나며, 약간의 금속성에 달콤하다.

GOLDLYS

골드리스

벨기에

데인즈 리른세스틴베그 5 필리스 증류소
www.filliers.be

벨기에 플라망 지역의 증류사였던 필리스는 1880년부터 그레인 스피릿을 만들어 왔다. 이 증류소는 2008년에 수년간 숙성을 거친 위스키 2종을 출시해 위스키 업계를 놀라게 했다. 그 이름은 리스강 이름에서 따왔는데, 옷감을 만들기 위해 아마를 강물에 담그면 금빛으로 보여서 '황금의 강'이라는 별명이 붙었다. 골드리스는 맥아, 호밀, 옥수수를 사용하며 증류를 두 번 한다. 처음엔 연속식 증류기를, 두 번째는 단식 증류기를 이용한다. 이는 버번 위스키를 만드는 과정과 비슷하다. 그런 다음 버번 캐스크로 옮겨 숙성하고, 다양한 캐스크를 사용해 피니시한다.

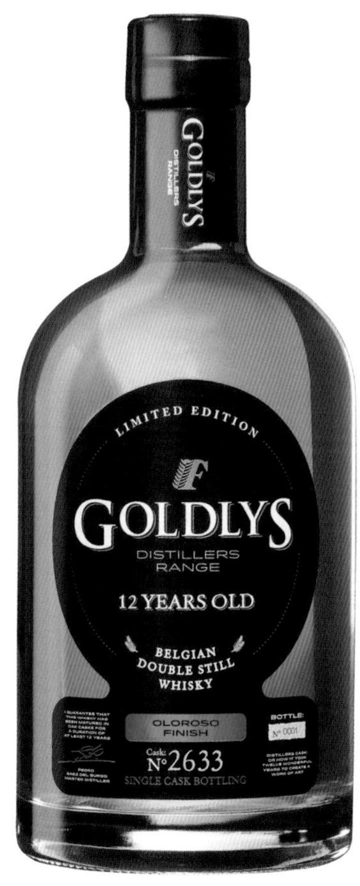

골드리스 12년 올로로소 캐스크 피니시 »

더블 스틸 위스키, 43% ABV

바닐라, 꿀, 감귤류의 향이 있다. 셰리와 건포도의 미끈한 맛이 여운이 긴 피니시로 이어진다.

GRAND MACNISH

그랜드 맥니시

스코틀랜드

소유주: 맥더프 인터내셔널
www.macduffinternational.com

이 브랜드의 긴 역사는 1863년의 글래스고로 거슬러 올라간다. 원래는 식료품과 잡화를 팔던 로버트 맥니시(McNish, 훗날 브랜드명에 a가 슬그머니 들어갔다)가 블렌딩 사업에 뛰어들며 시작되었다.

그랜드 맥니시 오리지널은 로버트 맥니시가 하던 방식대로 40여 가지의 위스키를 블렌딩에 이용한다. 독특하게 생긴 병의 라벨에는 맥니시 가문의 좌우명이 적혀 있다. "Forti nihil difficile.(강한 자에게 어려움이란 없다.)"

« 그랜드 맥니시 오리지널

블렌디드, 40% ABV

오래된 가죽과 잘 익은 과일의 향이 있어서 브랜디와 닮은 아로마를 느낄 수 있다. 바닐라(나무) 영향이 강하게 느껴지며, 단맛이 뚜렷하다. 온화한 스모크 풍미가 어우러진 피니시는 길게 이어지고, 변화하는 묘미가 있다.

그랜드 맥니시 12년

블렌디드, 40% ABV

숙성 기간이 길어지면서 더욱 풍성하고 세련된 풍미가 느껴진다. 피니시는 더욱 강렬하고 오래 지속된다.

GRANT'S

그란츠

스코틀랜드

소유주: 윌리엄그랜트앤드선스
www.grantswhisky.com

이 탄탄한 독립 기업은 1887년에 스페이사이드에 설립된 이래 번영해 오고 있으며, 지금도 개인 소유로 남아 있다. 오늘날에는 글렌피딕과 그 자매 격 싱글 몰트인 발베니로 유명하지만, 블렌딩용으로 쓰이는 키닌비도 생산한다. 이에 더해 거번에 있는 그레인 위스키 증류소, 아일사 베이에 2008년에 문을 연 싱글 몰트 증류소도 갖고 있다. 아일사 베이의 첫 번째 싱글 몰트는 2016년에 ☛

그란츠 시그니처 »

블렌디드, 40% ABV

가벼운 감귤류, 보리, 바닐라, 아몬드 향이 있다. 견과 스파이스, 밀크 커피, 캐러멜 쇼트케이크의 맛을 느낄 수 있다. 피니시에서는 커피 맛이 코코아 가루 맛으로 바뀌고, 이때 오크 풍미도 가볍게 난다.

그란츠 25년

블렌디드, 40% ABV

후끈한 기운과 꽃과 복숭아 향이 나며, 버터, 바닐라, 닮은 가죽, 한 줄기 스모크가 어우러져 농익은 향을 낸다. 신선한 과일, 스파이스, 옅은 바닐라, 생강, 오크의 맛이 있다.

출시되었다. 피트가 강하게 가미되었으며 네 종류의 캐스크에서 숙성된 위스키로 구성되어 있다.

이 회사는 위스키 공급을 엄격히 통제하기 위해 노력하는데, 그럴 만한 이유가 있다. 블렌디드 위스키인 그란츠 패밀리 리저브가 1979년에 이미 100만 케이스라는 벽을 넘었기 때문이다. 블렌디드 위스키 제품군이 진화를 계속하는 가운데, 독특한 삼각형 병과 품질은 변함이 없다.

« 그란츠 에일 캐스크 리저브

블렌디드, 40% ABV

그란츠는 특수한 우드 피니시에 도전하여 큰 성공을 거두었다. 맥주를 담았던 통에서 피니시하는 유일한 스카치 위스키이다. 에일 캐스크 숙성을 거치며 독특하게 크리미하고, 맥아 맛이 풍부하며 꿀맛 나는 위스키가 되었다.

그란츠 셰리 캐스크 리저브

블렌디드, 40% ABV

제조 공정은 획기적인 에일 캐스크 버전과 같은데, 다만 스페인산 올로로소 셰리 캐스크에서 피니시한다. 후끈하고 풍부하며, 과일의 맛이 느껴진다.

GREEN SPOT

그린 스팟

아일랜드

코크 미들턴 미들턴 증류소

아일랜드에 있는 증류소들이 브랜드 구축에 많은 돈을 쏟아붓기 전, 그들은 단순히 위스키 제조에만 관심이 있었고 판매 같은 잡다한 일은 미첼스 같은 중간상에게 맡겼다. 이는 물론 사업적으로 매우 어리석은 판단이었다. 스카치 위스키가 세계적 브랜드로 성장해 가는 동안 아이리시 위스키는 줄어드는 국내 시장에만 집착했다. 1960년대에 아이리시 위스키가 세계 시장 경쟁에 뛰어들었을 때 점유율은 고작 1퍼센트였다. 그린 스팟은 마지막 중간상의 자체 상품이다. 더블린에 기반을 둔 미첼앤드선이 소유하고 있는데, 단식 증류기(pot still)로 미들턴에서 제조한다.

그린 스팟 »

퓨어 팟 스틸 위스키, 40% ABV

그린 스팟의 숙성 기간은 6년에서 8년에 불과하지만, 이 한 잔에는 놀랄 만큼 가볍게 셰리의 피니시를 맛보게 해주는 상쾌한 무언가가 있다. 독특하다.

GUILLON

기용

프랑스

샹파뉴 루부아 51150 아모 드 베르투엘르
www.distillerie-guillon.com

프랑스 샹파뉴에 있는 기용 증류소는 1997년에 위스키 생산을 목적으로 설립되었다. 1999년에 증류를 시작했고 숙성에 다양한 와인 캐스크를 사용함으로써 차별화를 꾀했다. 첫 숙성 과정에는 부르고뉴 와인 캐스크를 사용한다. 이후 바뉠스, 루피악, 소테른 등 달콤한 와인을 담았던 통에서 6개월간 숙성하여 피니시한다. 기용의 위스키는 40% ABV의 프리미엄 블렌디드로 병입된다. 또 싱글 몰트도 다양하게 있는데 42, 43, 46% ABV로 병입된다.

« 기용 퀴베(CUVÉE) 42

싱글 몰트, 42% ABV

보리, 베리류 과일의 향이 있고, 스모크 향이 가볍게 스친다. 더 진한 보리와 사과 맛이 더해지고, 피니시에는 재와 불꽃 풍미가 살며시 느껴진다.

HAIG

헤이그

스코틀랜드

소유주: 디아지오
www.haigwhisky.com

헤이그라는 유명한 이름은 17세기에 시작된 위스키 제조 가문으로 거슬러 올러가는데, 처음에는 가족 농장에서 증류를 했다. 그레인 위스키 증류에 큰 관심을 쏟았으며, 블렌딩에서도 선구자였다. 이 회사에서 만든 딤플(103쪽 참조)은 큰 성공을 거둔 고급 제품이며, 헤이그는 한때 영국에서 가장 잘 팔리는 위스키였다. 하지만 영광의 날들은 가 버렸고, 이제는 디아지오 산하에 들어가 주로 그리스나 카나리아 제도에서 만날 수 있다. 전성기에 이 블렌디드 위스키 광고를 어디서나 볼 수 있었는데, 몇 년간 변치 않았던 광고 문구는 다음과 같다. "Don't be vague, ask for Haig.(헤매지 말고 헤이그)"

헤이그 골드 라벨 »

블렌디드, 40% ABV

희미한 스모키 향이 어우러진 달콤한 향이 있다. 가볍고 섬세하다. 피니시에는 부드러운 나무와 약간의 스파이스 풍미가 있고, 이때 스모크 향이 다시 살짝 드러난다.

HAMMERHEAD
해머헤드

체코

www.stockspirits.com

해머헤드 위스키는 1989년 체코슬로바키아 서부 플젠 인근의 프라들로 증류소에서 만들었다. 이 증류소는 수년간 단식 증류기로 스피릿을 생산하며 싱글 몰트를 실험했다. 이 실험 결과물은 세상에서 유일한 보헤미안 싱글 몰트 위스키로 여겨진다.

스톡 스피리츠가 이 증류소를 매입할 때는 위스키 재고가 있다는 사실을 몰랐다. 2011년에 처음 병입되었고, 이후에도 계속 출시되었다.

« 해머헤드 25년

싱글 몰트, 40.7% ABV

체코산 보리를 원료로 해서 체코산 오크 캐스크에서 피니시한, 매우 마시기 좋은 위스키이다. 견과와 꽃의 향기가 있고, 말린 과일에서 오는 스파이스의 맛이 있다. 피니시에는 오크와 감초 풍미가 있다.

HANKEY BANNISTER

핸키 배니스터

스코틀랜드

소유주: 인버 하우스 디스틸러스

1757년에 핸키와 배니스터가 설립한 이 위스키 브랜드는 현재 인버 하우스 디스틸러스가 갖고 있다. 인버 하우스는 발블레어, 발메낙, 녹두와 같이 뛰어난 품질에 비해 덜 알려진 스코틀랜드 몇몇 증류소들의 싱글 몰트를 취급한다. 핸키 배니스터의 주요 시장은 중남미와 오스트레일리아를 아우르는데, 현재 47개국에 수출된다.

핸키 배니스터 21년 »

블렌디드, 43% ABV

신선하고 매우 풋풋한 향이 나며, 부드러운 크림 같은 토피와 바닐라의 맛이 있다. 맥아의 풍미가 진하고, 피니시는 후끈하게 마무리되어 맛에 깊이를 더한다.

핸키 배니스터 오리지널 블렌드

블렌디드, 40% ABV

곡물, 약간의 레몬과 후추 향이 가볍게 올라온다. 더 진한 곡물과 레몬, 부드러운 토피 풍미가 입안을 크리미하게 만든다.

HANYU

하뉴

일본

사이타마 도아슈조

www.one-drinks.com

하뉴 증류소는 아쿠토 가문이 일본식 소주를 만들기 위해 1940년대에 설립했다. 본격적인 위스키 생산은 1980년에 시작되었는데, 1996년 일본에 금융 위기가 닥쳐 위스키 붐이 사그라들기 전까지 번영을 누렸다. 그리고 2000년에 증류소는 문을 닫았다. 2003년 회사가 매각되기 전, 아쿠토 이치로에게는 증류소의 재고를 확보할 수 있는 몇 달의 시간이 주어졌다.(185쪽 참조)

« 하뉴 1988 캐스크 9501

싱글 몰트, 55.6% ABV

활기와 열정이 느껴지는 위스키로 바닐라, 약간의 감귤류, 약한 카카오버터 풍미가 있다. 일본산 오크통이 달콤쌉쌀한 매력을 더했다. 풍부하고 깊은 맛을 자랑하며, 피니시에는 스모키한 풍미가 있다.

HAZELBURN
헤이즐번

스코틀랜드
캠벨타운 웰 클로스
www.springbankwhisky.com

스프링뱅크 증류소는 캠벨타운 내에 무려 34개에 달하는 증류소가 있던 19세기 위스키 붐 시절을 목격한 위대한 생존자이다. 오늘날 스프링뱅크는 한 지붕 아래 증류소 셋을 거느린, 그 자체로 몰트 위스키 산업의 축소판이다. 스프링뱅크, 자극적이고 스모키한 롱로, 가볍고 순한 헤이즐번, 이렇게 셋이다.

헤이즐번이라는 이름은 캠벨타운에 있던 낡고 버려진 증류소에서 따왔다. 맥아에 피트를 가미하지 않으며, 세 번 증류한다. 스피릿이 처음 생산된 것은 1997년이며, 2005년에 8년 숙성 위스키가 병입되었다. 구할 수 있는 가장 오래 숙성된 제품은 12년이다.

헤이즐번 8년 »
싱글 몰트: 캠벨타운, 46% ABV

로랜드 스타일의 위스키로, 깔끔하고 산뜻한 맛에 맥아 풍미가 은은하다.

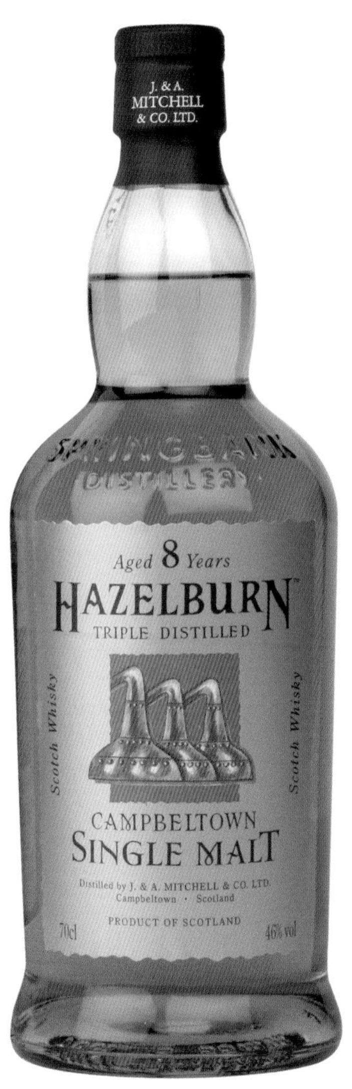

HEAVEN HILL

헤븐 힐

미국

켄터키 루이빌 웨스트 브레킨리지 스트리트 1701
www.heavenhill.com

헤븐 힐은 미국 최대의 독립 증류주 생산업체로서, 가족 소유로 남아 있다. 1996년 화재로 증류소와 저장고가 거의 전소되자, 회사는 디아지오가 소유한 앞선 기술력을 갖춘 루이빌의 번하임 증류소를 매입하여 모든 생산 설비를 그쪽으로 옮겼다.

헤븐 힐은 특히 전통적이고 풀바디에 복합적인 성격을 띤, 숙성이 길고 도수가 높은 버번에 강하다. 에반 윌리엄스(116쪽 참조), 일라이저 크레이그(113쪽)처럼 말이다. 여기에 더해 번하임 오리지널(47쪽), 파이크스빌(287쪽), 리튼하우스 라이(300쪽) 등 다양한 포트폴리오를 갖추고 있다.

« 헤븐 힐

버번, 40% ABV

훌륭한 데다 가격 경쟁력도 갖춘 '입문용' 버번. 오렌지와 옥수수빵의 향이 있고, 달콤하고 입안에서 미끈하다. 바닐라와 옥수수 풍미가 어우러진 균형 잡힌 맛이다.

HELLYERS ROAD

헬리어스 로드

오스트레일리아

태즈매니아 버니 올드 서레이 로드 153
www.hellyersroaddistillery.com.au

1999년에 문을 연 헬리어스 로드는 베타우유협동조합이 소유하고 있다. 현재 약 3,000개의 버번 캐스크에서 위스키가 숙성 중이며, 태즈매니아산 보리로 만든 단식 증류된 보드카도 생산한다. 소유주인 로리 하우스는 우유 가공에서 얻은 경험을 토대로 현대적이고 고도로 자동화된 공장을 운영하는 데 필요한 지식들을 갖추었다.

1820년대에 태즈매니아로 들어가는 도로를 처음으로 건설한 헨리 헬리어의 이름을 따서 증류소 이름을 지었는데, 그때 놓은 길이 지금의 증류소까지 이어져 있다.

헬리어스 로드 오리지널 »

싱글 몰트, 46.2% ABV

라이트바디에 연한 빛깔을 띤 위스키로, 색소를 더하지 않았으며 비냉각 여과로 만든다. 산뜻한 향과 감귤류의 향이 나며, 바닐라 풍미가 있다.

HIGH WEST

하이 웨스트

미국

유타 완십 올드 링컨 하이웨이 27649
www.highwest.com

하이 웨스트는 2007년에 데이비드 퍼킨스가 유타주 파크시티에 설립했다. 하지만 2015년부터는 완십에 있는 블루스카이 랜치에서 6,000리터 용량 단식 증류기를 통해 생산하고 있다. 소유주의 말에 따르면 "세계 유일의 목장에 있는 증류소"이다. 하이 웨스트는 다양한 위스키를 생산한다. 밸리 탄 유타(Valley Tan Utah) 오트 위스키, 버번과 라이 위스키를 섞은 부라이(Bourye) 등이 있다. 이 증류소에서 특히 유명한 제품은 랑데부(Rendezvous) 상표 아래 발매되는 라이 위스키이다.

« 하이 웨스트 랑데부 라이

라이, 46% ABV

16년과 6년의 라이 위스키를 블렌딩해 만든다. 후추와 스파이스, 바닐라, 토피 향이 있다. 강렬하고 달콤하며, 과일과 스모키한 맛이 있다. 피니시는 길며 스파이시하고 캐러멜 코팅이 된 듯한 느낌이다.

HIGHLAND PARK

하이랜드 파크

스코틀랜드
오크니 커크월
www.highlandpark.co.uk

오늘날 하이랜드 파크 증류소가 자리한 오크니섬은 외떨어져 있는 위치 자체가 마케팅에 큰 자산이 되고 있다. 하지만 위스키 주요 시장이자 거대 블렌더들이 모여 있는 본토와 멀리 떨어져 있다는 점은 오랜 기간 증류소 입장에서는 큰 도전이었다. 그럼에도 불구하고 하이랜드 파크는 살아남았으며, 높은 평가를 받는 위스키를 생산하고 있다. 이 증류소는 1798년에 데이비드 로버트슨이 설립하였는데, 1937년부터 하이랜드 ☛

하이랜드 파크 12년 »

싱글 몰트: 하이랜드, 40% ABV

다재다능한 성격을 띤다. 부드러운 헤더꿀과 풍부한 스파이스 맛을 느낄 수 있다. 피트 연기가 감돌며, 피니시는 아주 드라이하다.

하이랜드 파크 18년

싱글 몰트: 하이랜드, 43% ABV

12년보다 더 달콤하며 헤더, 토피, 윤이 나는 가죽 느낌이 있다. 피트 연기의 풍미는 입안에서보다 피니시에서 더 강하게 느껴진다.

디스틸러리스(현재의 에드링턴)에 편입되었다. 오늘날에도 일정 비율의 보리는 플로어 몰팅 방식으로 발아시킨다. 맥아는 가마에서 건조하는데, 이때 현지에서 채취한 피트를 사용한다. 이곳의 피트는 아일라의 것보다 좀더 달콤한 향이 난다.

연산 미표기 제품인 다크 오리진스부터 50년 숙성에 이르기까지 다양한 상품군을 갖추고 있다. 최근에는 한정판도 많이 출시한다.

« 하이랜드 파크 30년

싱글 몰트: 하이랜드, 48.1% ABV

하이랜드 파크의 대표 상품이다. 캐러멜의 달콤함, 그윽한 스파이스, 다크 초콜릿, 오렌지 느낌이 난다. 피니시는 길고 드라이하며, 소금이 느껴지는 스모키한 맛이 난다.

하이랜드 파크 25년

싱글 몰트: 하이랜드, 48.1% ABV

짙은 호박색이 유럽산 오크통에 오랜 기간 숙성을 거쳤음을 보여 준다. 실제로 퍼스트필 셰리 버트에서 절반의 숙성이 이루어진다. 숙성이 긴데도 말린 과일, 향기로운 스모크와 함께 깊은 맛과 견과의 풍미가 있다.

HIGHWOOD
하이우드

캐나다

앨버타 하이리버 사우스웨스트 10번가 114
www.highwood-distillers.com

1974년에 설립된 하이우드는 대개의 캐나디안 위스키와 달리 독립 회사로 남아 있다. 다양한 스피릿을 생산하는데, 캐나다에서 유일하게 오직 밀만 사용하여 연속식 증류기에서 블렌딩의 베이스가 되는 스피릿을 만든다. 2005년에 하이우드는 캐스케이디아, 포터스 증류소를 매입하였다. 포터스는 하이우드와 별개의 브랜드로, 셰리를 섞어 다른 차원의 풍미를 선보인다.

하이우드 »

캐나디안 라이, 40% ABV

밀 스피릿과 호밀 스피릿을 블렌딩했다. 오크와 바닐라 향에는 호밀의 스파이시함, 오렌지 꽃과 꿀 향의 자취가 느껴진다. 오크의 타닌과 견과가 단맛의 균형을 잡아 준다.

HIRSCH

허시

캐나다

유통: 캘리포니아 샌디에이고 프라이스 임포츠

현재는 생산이 중단되었지만 미국 유통업체를 통해 구할 수는 있다. 캐나디안 위스키라고 하면 흔히 '라이' 위스키라고 말하지만, 50퍼센트 이상의 호밀을 함유하고 있어야 진짜 라이 위스키이며 그런 위스키는 얼마 되지 않는다. 허시가 그중 하나인데, 감식가들은 최상의 켄터키 라이 위스키에 견줄 만하다고 말한다. 연속식 증류기로 만들어 스몰 배치로 병입된다. 버번 배럴에서 숙성되어 유통사인 프라이스 임포츠(Preiss Imports)의 선별을 거치며, 노바스코샤에 있는 글렌노라 디스틸러스에서 병입한다. 글렌노라는 글렌 브레턴(128쪽 참소)이라는 싱글 몰트를 생산하고 있다.

« 허시 셀렉션 8년

캐나디안 라이, 43% ABV

솔벤트와 소나무 에센스의 향이 나고, 그 뒤에 달콤한 단풍나무 수액의 향이 이어진다. 캐러멜, 말린 코코넛, 참나무가 어우러진 달콤한 맛으로 풀바디이다. 피니시는 흙냄새가 살며시 나며 달콤쌉쌀하다.

HIRSCH RESERVE

허시 리저브

미국

유통: 캘리포니아 샌디에이고 프라이스 임포츠

허시 리저브는 미국 위스키 역사의 한 조각이다. 스피릿은 펜실베이니아에서 마지막까지 살아남은 믹터스 증류소에서 생산했다. 이 증류소는 1988년 문을 닫았지만, 아돌프 H. 허시가 상당량의 스피릿을 그 몇 년 전에 확보해 두었다. 그는 16년의 숙성을 거친 다음 더 이상의 숙성을 막으려고 스테인리스 스틸 통에 보관했다. 이 위스키는 지금은 프라이스 임포츠를 통해 구할 수 있지만, 시간이 흐르면 영원히 구할 수 없게 된다.

허시 리저브 »

버번, 45.8% ABV

캐러멜, 꿀, 호밀의 복합적인 향이 나고, 그 사이에 스모크 향도 번져 나온다. 기름진 옥수수와 꿀, 오크의 풍부한 맛을 느낄 수 있다. 드라이한 피니시에는 호밀과 더욱 진한 오크 맛이 감돈다.

GREAT WHISKIES

H

HOLLE

홀레

스위스

바젤 라우빌 4426 홀렌 52
www.swiss-whisky.ch

1999년 7월 1일까지 스위스에서는 곡물을 증류해 스피릿을 만드는 일을 엄격히 금지했다. 곡물은 주식으로만 여긴 것이다. 법이 바뀌자 오랫동안 과일 증류주를 만들어 온 바더 가문이 곡물을 이용해 스피릿을 증류하기 시작했다. 이로써 스위스의 첫 위스키 생산자가 되었다.

‹‹ 홀레

싱글 몰트, 42% ABV

맥아, 나무, 바닐라의 부드러운 향과 와인의 풍미가 있다. 화이트와인 캐스크 숙성과 레드와인 캐스크 숙성, 두 종류가 있다. 캐스크 스트렝스 버전의 위스키는 51.1% ABV로 병입된다.

HUDSON

허드슨

미국

뉴욕 가디너 그리스트밀 레인 14
터트힐타운 증류소
www.tuthilltown.com

1825년 뉴욕주에는 1,000개가 넘는 증류소가 있었고, 미국 위스키 생산에서 상당한 몫을 차지했다. 터트힐타운은 오늘날 뉴욕주에 있는 유일한 증류소로, 브라이언 리와 랄프 에렌조가 2001년에 설립했다. 맛이 깊고 풍부한 네 가지 곡물로 빚은 위스키, 맛이 깊고 캐러멜 향이 있는 싱글 몰트 등 네 종류의 '허드슨' 병입 제품을 생산한다. 전통 스카치 위스키를 미국식으로 '재해석'하는 것을 표방한다.

허드슨 맨해튼 라이 »

라이, 46% ABV

지난 80여 년 사이 뉴욕주에서 증류된 첫 위스키이다. 꽃향기와 부드러운 피니시가 있고, 라이의 특징이 두드러진다.

허드슨 베이비 버번

버번, 46% ABV

뉴욕주에서 만들어진 첫 번째 버번 위스키로, 100퍼센트 뉴욕주에서 생산한 옥수수로만 빚는다. 약간 달콤하며, 바닐라와 캐러멜 풍미가 은은하게 퍼지는 부드러운 맛이다.

I.W. HARPER

아이 더블유 하퍼

미국
켄터키 로렌스버그 본드 밀스 로드 1224
포 로지스 증류소
www.iwharper.com

역사적으로 의미도 있고 한때 베스트셀러였던 위스키 브랜드 아이 더블유 하퍼는 유대인 사업가 아이작 울프 베른하임(1848-1945)이 설립했다. 그는 20세기 초 버번 위스키 사업에서 중요한 인물이었다. 이 위스키는 루이빌의 번하임 증류소(47쪽 참조)에서 만든다. 현재 소유주인 디아지오가 포 로지스 증류소에서 연산 미표기 제품과 15년을 생산하고 있다. 이는 최근 일본 시장에서 버번 판매를 선도하는 위스키 중 하나이다.

« 아이 더블유 하퍼

버번, 41% ABV

후추, 민트, 오렌지, 캐러멜, 그리고 갓 탄화된 듯한 향이 어우러져 있는 묵직한 버번 위스키. 우아한 맛에 캐러멜, 사과, 오크의 특성이 더해졌다. 피니시는 드라이하고 스모키하다.

ICHIRO'S MALT

이치로스 몰트

일본
사이타마 하뉴 증류소
www.one-drinks.com

이치로스 몰트는 아쿠토 이치로가 병입한 위스키이다. 그는 하뉴의 설립자인 아쿠토 이소지의 손자로 하뉴의 대표를 지냈었다.(172쪽 참조) 이 위스키는 하뉴 증류소가 문을 닫을 때 이치로가 가까스로 확보한 400개의 하뉴 싱글 몰트 캐스크에서 나온 것이다.

하뉴의 재고는 트럼프 카드의 ☛

이치로스 몰트앤드그레인 »

싱글 몰트, 46% ABV

꿀, 바닐라, 맥아, 살구의 향이 있다. 입에서는 꿀이 더 진하게 느껴지고 감귤류, 생강, 후추, 달콤한 건초 맛이 난다. 피니시에는 후추 풍미가 있는 열대 과일 맛이 난다.

이치로스 몰트: 에이스 오브 다이아몬드, 1986년 증류 2008년 병입

싱글 몰트, 56.4% ABV

세비야 오렌지, 가구 광택제, 장미, 파이프 담배가 느껴지는 숙성된 향이 있다. 희석했을 때는 자두와 모스카텔 와인의 향이 난다. 스파이스와 초콜릿 맛이 혀에 느껴진다.

이름을 딴 53가지 시리즈로 출시되고 있다. 잘 알려져 있듯 이 카드 시리즈는 독특한 브랜딩뿐만이 아니라 높은 품질 덕분에 인상적이다.

카드 시리즈를 증류한 시기는 1985년부터 2000년에 이르기까지 다양한데, 그중 일부는 다른 유형의 배럴, 즉 일본산 오크나 셰리 통에서 2차 숙성을 거쳤다. 병입된 카드 시리즈의 모든 위스키가 매우 희귀하고 소장 가치가 높다.

« 이치로스 몰트 더블 디스틸러리스

블렌디드, 46% ABV

달콤하며 오크의 향이 나고, 톱밥과 은은한 백단나무 향도 맡을 수 있다. 입안에서 맥아와 스파이스가 느껴지는 가운데 오크와 감초 풍미가 번진다.

이치로스 몰트: 에이스 오브 스페이드, 1985년 증류 2006년 병입

싱글 몰트, 55% ABV

노래 '에이스 오브 스페이드'를 부른 밴드의 이름을 따서 '모터헤드 몰트'라고 부르기도 한다. 카드 시리즈 중 아주 오래된 위스키에 속한다. 건포도와 약간의 타르, 당밀 풍미와 함께 대담하고 풍부하며 기름진 맛이다. 입안에서는 쫀득하고 토피 같은 맛이 느껴진다. 피니시에는 말린 자두와 고소한 맛이 난다.

IMPERIAL BLUE

임페리얼 블루

인도

소유주: 페르노 리카
www.pernod-ricard.com

임페리얼 블루는 페르노 리카의 브랜드 중 인도에서 두 번째로 잘 팔린다. 2013년에 약 1,100만 케이스가 팔렸다. 1997년에 출시되었으며, 처음에는 시그램의 브랜드였다가 2001년에 페르노 리카가 시그램을 인수한 뒤 매출이 급증했다. 그 전에는 생산이 50만 케이스 이하였는데 인수 뒤 1년 만인 2002년에 100만 케이스 이상으로 늘어난 것이다. 2008년에는 안드라프라데시 지역에서 생산한 일부 제품이 함량 미달이었다는 내용이 대서특필되기도 했다. 알고 보니 회사에 불만을 품은 노동자들의 사보타주였음이 드러났다.

임페리얼 블루 »

블렌디드, 42.8% ABV

라벨에 '그레인'이라고 쓰여 있지만, 수입한 스카치 위스키와 지역에서 만든 뉴트럴 스피릿을 블렌딩한 위스키이다. 가볍고 달콤하며, 부드럽다.

INCHGOWER

인치고워

스코틀랜드

밴프셔 버키

www.malts.com

인치고워 증류소는 스페이사이드 북쪽, 버키 어항 근처에 자리 잡고 있다. 1871년 알렉산더 윌슨이 문을 닫은 토치니얼 증류소에서 장비들을 가져와 설립했다. 토치니얼은 알렉산더의 아버지인 존 윌슨이 1824년 컬렌 해안가 아래쪽에 세운 증류소였다. 증류기 작동이 멈춰 버린 1930년까지는 가족 소유로 되어 있었다. 그로부터 6년이 지나 지방의회가 단돈 1,000파운드에 증류소를 사들였다가 1938년에 아서벨앤드선스에 팔아넘겼다. 인치고워의 몰트 위스키 대부분이 아서벨앤드선스의 블렌디드 위스키에 쓰인다.

« 인치고워 플로라앤드파우나 14년

싱글 몰트: 스페이사이드, 43% ABV

상쾌하고 신선한 꽃향기가 난다. 새콤달콤한 맛이 나고, 피니시는 짧다.

INVER HOUSE GREEN PLAID

인버 하우스 그린 플래드

스코틀랜드

소유주: 인버 하우스 디스틸러스

오늘날 타이 비버리지(Thai Beverage) 산하에 있는 인버 하우스는 작지만 역동적인 스카치 위스키 회사이다. 2008년 「위스키 매거진」에 의해 '올해의 인터내셔널 증류소'로 뽑혔다. 그린 플래드 라벨은 원래 1956년 미국에서 출시되었던 것으로, 미국에서는 아직도 베스트셀러 10위권에 든다. 20종 이상의 몰트와 그레인 위스키가 블렌딩에 이용되며, 연산 미표기와 12년, 21년 숙성 모두 경쟁력 있는 가격에 구할 수 있다. 인버 하우스의 스페이번, 아녹, 발블레어, 올드 풀트니, 발메낙 등의 싱글 몰트 위스키가 그린 플래드에서 많은 비중을 차지한다.

인버 하우스 그린 플래드 »

블렌디드, 알코올 도수: 40% ABV

캐러멜과 바닐라 풍미가 있다. 가볍고 유쾌하게, 부담 없이 한잔 즐길 수 있다.

INVERGORDON

인버고든

스코틀랜드

로스셔 인버고든 코티지 브레이
www.whyteandmackay.com

스코틀랜드 머리만 해안가에 위치한 인버고든 그레인 증류소는 화이트앤드맥케이가 소유하고 있다. 1961년에 세워져 1963년과 1978년에 증설했다. 1991년에 인버고든 싱글 그레인 10년을 선구적인 공식 병입 제품으로 출시했으나 얼마 후 시장에서 철수하고 만다. 그 결과 지금 구할 수 있는 것은 독립 병입 제품뿐이며, 대부분이 감식가들로부터 매우 높은 평가를 받고 있다.

« 인버고든 웨미스(WEMYSS) 애플우드 베이크 1988

싱글 그레인, 46% ABV

사과주 같은 향에 포도와 호두 풍미가 곁들여 있다. 배, 바닐라, 밀크 초콜릿 맛이 입에서 느껴진다. 아주 짧은 피니시에는 후추 느낌의 오크 맛이 난다.

THE IRISHMAN

아이리시맨

아일랜드

칼로 로열 오크 월시 위스키 증류소

www.irishmanwhiskey.com

아이리시맨 위스키는 버나드 월시와 로즈메리 월시 부부가 2007년에 처음 출시하였다. 이들은 병입 전문가로, 그 전에 '핫 아이리시맨'이라는 상표로 아이리시 커피를 병입해 판매했다. 출시된 위스키로는 아이리시맨 싱글 몰트, 파운더스 리저브, 아이리시맨 레어 캐스크 스트렝스 등이 있다.

아이리시맨 파운더스 리저브 »

블렌디드, 40% ABV

구운 사과, 바닐라, 흑후추의 향이 있다. 시나몬, 복숭아, 캐러멜, 스파이시한 오크 풍미가 입안에 화려한 맛을 가져다준다.

아이리시맨 싱글 몰트

싱글 몰트, 40% ABV

아이리시맨 몰트 위스키가 아무리 시리얼 캐릭터가 강한 훌륭한 맛을 내더라도, 부시밀스를 뛰어넘어 최고에 이르기는 힘들어 보인다. 셰리 맛이 은은하다.

ISLAY MIST

아일라 미스트

스코틀랜드

소유주: 맥더프 인터내셔널

아일라 미스트는 1922년에 '아일라 하우스' 소유주 아들의 21번째 생일을 기념하기 위해 만들어졌다. 헤브리디스 제도에서 온 싱글 몰트들을 블렌딩했으며, 높은 평가를 받는다. 향이 강한 라프로익의 개성이 두드러지는 가운데 스페이사이드와 하이랜드 몰트가 균형을 잡아 준다. 그래서 자연스럽게 강한 피트 향을 좋아하는 사람들이 아일라 미스트 역시 선호한다. 한편, 개성이 부족한 블렌디드 위스키의 훌륭한 대안이 되기도 한다. 맥더프 인터내셔널이 생산하며 피티드 리저브, 디럭스, 12년, 17년 등이 있다.

« 아일라 미스트 디럭스

블렌디드, 40% ABV

스모키한 특성이 있으면서도 순전한 아일라 몰트 위스키보다는 쉽게 마실 수 있는 것을 찾는 사람들에게 알맞다. 피트 풍미 아래 달콤하고 복합적인 맛이 난다.

J&B

제이앤드비

스코틀랜드

소유주: 디아지오

디아지오의 브랜드인 제이앤드비는 스페인, 프랑스, 포르투갈, 튀르키예, 남아프리카공화국, 미국에서 널리 판매되며, 세계에서 가장 많이 팔리는 블렌디드 위스키 중 하나이다.

1749년에 회사가 설립되어 1831년에 알프레드 브룩스가 인수했다. 그는 이름을 '저스테리니 앤드 브룩스'라고 지었다. 회사는 1880년대에 블렌딩을 시작했고, 1930년대에 제이앤드비 레어를 개발했다. 그때는 미국에서 금주법이 폐지되어 가벼운 색깔을 띠면서 맛이 좋은 위스키 수요가 늘어나던 시기였다.

제이앤드비 레어 »

블렌디드, 40% ABV

노칸두, 오크로이스크, 글렌 스페이와 같은 최상급 몰트 위스키들을 블렌딩했다. 섬세한 스모크 향에서 아일라의 영향이 느껴진다. 절제된 피트 향을 배경으로 사과와 배의 달콤함, 바닐라, 꿀의 풍미가 은은하게 퍼진다.

제이앤드비 제트(JET)

블렌디드, 40% ABV

매우 그윽하고 부드러운 위스키로, 스페이사이드산 몰트가 중심에 있다.

JACK DANIEL'S
잭 다니엘스

미국

테네시 린치버그 린치버그 로드 280
www.jackdaniels.com

잭 다니엘스는 전세계에서 주목받는 브랜드로 자리 잡았다. 창립자인 재스퍼 뉴턴 '잭' 다니엘은 어린 시절부터 위스키를 만들려는 시도를 되풀이했다. 그리고 1860년, 열넷이라는 어린 나이에 이미 증류 사업을 시작했다고 알려져 있다.

오늘날 잭 다니엘스는 켄터키에 기반을 둔 회사인 브라운포맨 소유이다.

« 잭 다니엘스 올드 넘버 7

테네시 위스키, 40% ABV

바닐라, 스모크, 감초 향이 강렬하다. 입에서는 미끈한 기침약과 당밀이 느껴진다. 피니시에는 메이플 시럽과 불에 탄 장작의 풍미가 도드라지면서 길게 이어진다. 특별히 복합적이지는 않지만 활기 있고 독특한 맛이다.

잭 다니엘스 싱글 배럴

테네시 위스키, 47% ABV

매력적이고 부드러운 향 속에 복숭아, 바닐라, 견과, 오크 풍미가 있다. 상당히 드라이하지만 깊이 있고 풍부하며 우아하고, 기름진 옥수수, 감초, 맥아, 오크 맛이 느껴진다. 긴 피니시에는 맥아와 오크의 풍미가 있고, 호밀의 스파이시함도 감돈다.

JAMES MARTIN'S

제임스 마틴스

스코틀랜드

소유주: 글렌모렌지

제임스 마틴이라는 이름은 리스 지역의 블렌딩 업체인 맥도널드 마틴 디스틸러스(지금의 글렌모렌지)와 연관이 있는데, 이야기는 1878년까지 거슬러 올라간다. 당시 제임스 마틴은 위스키 사업에 막 뛰어든 상태였다. 세련된 아르데코 양식의 병에 담긴 이 블렌디드 위스키는 늘 높은 평가를 받아 왔다. 좋은 품질의 글렌모렌지 몰트에 맛 좋은 성분들이 추가된 덕분이다. 최근 12년과 20년 제품이 출시되었고, 30년은 전문 소매점에서만 구입할 수 있다.

제임스 마틴스 20년 »

블렌디드, 40% ABV

감귤류 향이 먼저 나며 꿀, 바닐라, 풍부한 미드 리큐어의 향이 뒤를 잇는다. 물을 섞으면 코코넛과 바닐라 풍미가 은은하게 우러나온다. 첫맛은 매우 부드럽고 곡물의 풍미가 드러난다. 복합적인 맛에 활기찬 스파이스, 부드럽고 달콤한 곡물의 느낌이 살아 있다. 균형이 잘 잡혀 있으며, 피니시는 부드럽다.

JAMESON

제임슨

아일랜드

코크 미들턴 미들턴 증류소
www.jamesonwhiskey.com

아이리시 위스키 중 판매고가 가장 높다. 스탠더드 블렌드는 미디엄바디의 팟스틸 위스키와 그레인 위스키를 반반씩 섞은 제품이다. 개성은 부족하지만 가볍고 접근하기 쉽다. 스탠더드 말고도 몇 가지 기막히게 좋은 위스키들이 있다. 골드 리저브는 원래 프리미엄급 면세점용으로 출시되었는데, 지금은 쉽게 구할 수 있다. 여기에 블렌딩되는 몇 가지 ☛

« 제임슨 스탠더드 블렌드

블렌디드, 40% ABV

맥아 향이 매력적으로 다가오지만 일단 마셔보면 기대에 못 미친다. 그레인의 느낌이 제멋대로이고 팟 스틸의 힘을 압도하며, 감귤류 풍미를 남긴다. 셰리의 부드러운 잔향이 느껴지지만, 그 이상은 없다.

제임슨 골드 리저브

블렌디드, 43% ABV

농후하고 미끈하며, 시럽처럼 입안을 코팅해준다. 세련되고 가벼운 풍미가 설탕의 잔미를 뒤덮지는 못한다. 피니시는 활기차고 오래가는데, 마치 기침약과 비슷한 느낌이다.

위스키들은 20년 숙성 이상인데, 퍼스트 필 오크 캐스크에서 짧게 숙성한 팟 스틸 위스키와 섞이게 된다. 아이리시 위스키 중 유일하게 버진 오크를 사용하며, 이 덕분에 아주 달콤하고 바닐라와 같은 좋은 향기가 위스키에 스민다.

제임슨 스페셜 리저브 12년은 올로로소 셰리 버트에서 12년 숙성하며, 여러 수상 경력을 갖고 있다. 캐스크에서 6년 더 숙성한다고 해서 18년 숙성 프리미엄급 위스키의 풍미가 아주 크게 다르지는 않지만, 가격은 두 배로 뛴다.

제임슨 스페셜 리저브 12년 »

블렌디드, 40% ABV

세상을 떠들썩하게 만든 위스키이다. 가죽과 스파이스 향이 은은하게 나고, 입안에서는 놀라울 만큼 부드러운 감촉이 느껴진다. 밀크 초콜릿으로 감싼 말린 과일의 맛과 향이 위대한 위스키 장인의 솜씨를 완성한다.

제임슨 리미티드 리저브 18년

블렌디드, 40% ABV

단식 증류기(pot still)가 세월을 잘 견뎌 내었다. 바디는 단단하면서도 유연하다. 올로로소 캐스크는 맛을 지배하지 않고 세련됨을 부여한다. 달콤한 아몬드, 스파이스가 함유된 퍼지의 풍미가 팟 스틸에서 오는 미끈한 느낌을 보완한다.

위스키 여행

아일랜드

여행과 술을 주제로 글을 쓴 작가 알프레드 버나드가 아일랜드를 찾은 1887년, 그는 무려 28군데의 증류소를 방문했다. 오늘날 여행의 범위는 좁아졌지만 어느 모로 보나 즐길 만한 여행이다. 몇몇 역사적인 위스키 증류소들은 관광객들을 위한 편의 시설을 잘 갖추어 놓았으며, 여행객을 유혹하는 많은 요소들과 아름다운 아일랜드의 풍광이 기다리고 있다.

첫째 날: 자이언츠 코즈웨이, 부시밀스

❶ 장엄한 세계 문화유산인 자이언츠 코즈웨이에서 여행을 출발해 보자. 험준한 해안가를 따라 육각형 현무암 기둥들이 펼쳐져 있다. 부시밀스 근처에 있다.

❷ 대중에 개방된 아이리시 위스키 증류소 중에서 부시밀스만이 지금도 위스키를 생산한다. 여행을 즐기면서 맛 좋은 위스키 샘플을 시음하고, 근처에 있는 부시밀스 인에 들러 훌륭한 음식과 편안한 숙박을 즐겨 본다.

자이언츠 코즈웨이

둘째 날: 쿨리, 올드 제임슨

쿨리 증류소

❸ 쿨리 증류소는 대중에게 개방하지 않는다. 하지만 더블린으로 가는 길에 언덕과 해변이 있는 마을 그리노어는 둘러볼 만하다.

❹ 더블린의 교통난을 피하려면 M50 도로의 9번 교차로에서 도심의 스미스필드까지 LUAS 트램을 이용한다. 올드 제임슨 증류소 근처에 있으며, 가이드 투어가 제공되고 제임슨 위스키를 시음할 수 있다.

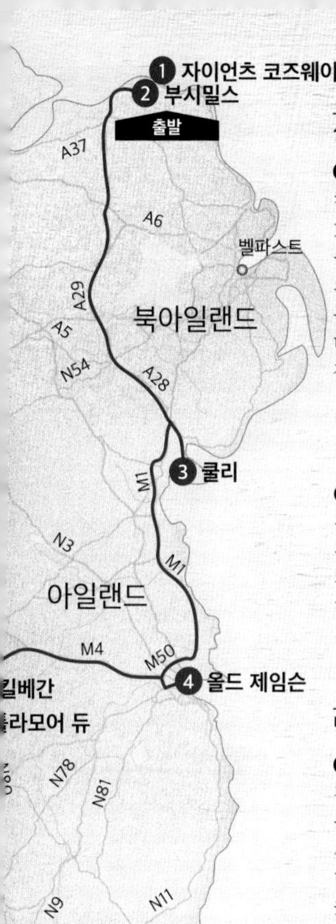

셋째 날: 킬베간, 툴라모어 듀

❺ M50 도로 7번 교차로에서 더블린의 서쪽을 향해 가면 킬베간에 있는 옛 로크 건물이 나온다. 원래의 증류소는 1957년에 문을 닫았지만 지역 주민들이 그 부지를 복원했다. 지금은 킬베간 소형 증류소와 위스키 박물관이 있어서 실제로 작동하는 물레방아, 식당, 가게, 위스키 바를 둘러볼 수 있다. 쿨리는 이곳의 저장고를 빌려 위스키 일부를 숙성한다.

킬베간

❻ 활기찬 툴라모어 타운에는 툴라모어 듀 방문객 센터가 있다. 이 건물은 선박으로 더블린까지 운반되는 위스키 캐스크를 보관하는 창고로 사용되었던 곳이다. 지금은 전통 위스키 제조를 알리는 전시관으로 운영된다. 툴라모어 위스키는 현재 도시 외곽의 클론민치에서 증류하는데, 방문객 센터에서 시음과 위스키 구매가 가능하다.

넷째 날 : 코크, 제임슨 익스피어리언스

❼ 툴라모어에서 코크까지 가는 길은 아일랜드 습지대의 중심부인데, 이 황량한 풍경에는 어느 계절에 가든 묘한 아름다움이 있다. 코크는 먹거리를 즐길 수 있는 도시이다. 유서 깊은 잉글리시 마켓에서 소풍을 위한 도시락을 사는 것도 좋고, 지역 특유의 음식을 맛볼 수 있는 마켓 카페도 갈 만하다. 한잔 하고 싶다면 코크 외곽의 더글러스 빌리지에 있는 사우스 카운티 바앤드카페를 추천한다. 아이리시 위스키를 기념하는 '위스키 코너'를 갖춘 전통 펍이다.

미들턴의 단식 증류기

❽ 미들턴에 있는 제임슨 익스피어리언스에는 아름답게 복원된 18세기의 증류소가 있다. 실외에 전시된 단식 증류기는 세계에서 가장 큰 것으로 유명하다. 기분 전환을 하고 싶으면 아일랜드 음식의 장인인 다리나 앨런이 관리하는 발리말로 하우스가 가까이 있으니 가 보는 것도 좋다.

여행의 개요

소요 날짜: 4일
이동 거리: 600킬로미터
이동 수단: 자동차, 트램, 도보
증류소: 운영 중인 증류소 1곳, 다른 용도로 전환된 증류소 3곳

JEFFERSON'S

제퍼슨스

미국

켄터키 루이빌 맥레인앤드카인(캐슬 브랜드)
www.jeffersonsbourbon.com

트레이 졸러가 자기 조상 대대로 전수된 증류 전통을 이어 가기 위해 루이빌에 맥레인앤드카인을 설립하였다. 이 회사는 아주 작은 규모의 스몰 배치에 담긴 프리미엄급 버번 위스키 생산을 전문으로 한다. 가장 유명한 것이 제퍼슨스와 샘 휴스턴(310쪽 참조)이다.

(310쪽 참조)

« 제퍼슨스 스몰 배치 8년

버번, 다양한 ABV

이 버번 위스키는 금속으로 뒤덮은 저장고에서 숙성되는데, 이는 켄터키의 극단적인 기온을 더욱 두드러지게 해 준다. 즉, 버번이 배럴 깊숙이까지 확장하여 나무로부터 이상적인 향기를 흡수한다. 신선한 향 속에는 바닐라와 잘 익은 복숭아가 감지된다. 입안에서는 부드러움과 달콤함이 느껴지는데, 풍부한 바닐라, 캐러멜, 베리 맛을 자랑한다. 피니시는 아주 우아하며 구운 바닐라와 크림 풍미가 있다.

JIM BEAM

짐 빔

미국

켄터키 클레몬트 해피 할로 로드 149
짐 빔 증류소
www.jimbeam.com

짐 빔은 세계에서 가장 잘 팔리는 버번 위스키 브랜드로, 기원은 18세기까지 거슬러 올라간다. 독일 출생의 농부이자 방앗간을 운영하던 제이콥 빔이 버지니아로부터 서쪽에 있는 켄터키 버번 카운티로 갔는데, 이때 구리로 만든 단식 증류기를 가져갔다고 한다. 그는 1795년에 자신의 위스키 배럴에서 나온 첫 위스키를 돈을 받고 팔았다고 알려져 ☛

짐 빔 화이트 라벨 »

버번, 40% ABV

바닐라와 우아한 꽃의 향이 있다. 처음에는 달콤한 향과 차분한 바닐라 향이 나고, 이어서 드라이하고 오크 느낌이 있는 향이 전개된다. 그것이 점차 약해지면서 피니시에는 가구 광택제와 부드러운 맥아의 풍미로 마무리된다.

짐 빔 블랙 라벨 6년

버번, 43% ABV

캐러멜, 바닐라, 잘 익은 오렌지 향이 있다. 입안에서는 꿀, 퍼지, 감귤류 과일의 풍미가 부드럽게 번진다.

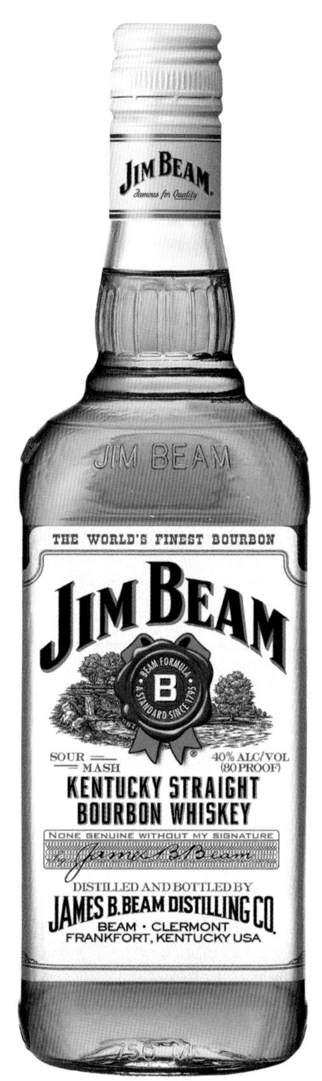

있다. 그리고 워싱턴주의 땅을 물려받게 되자 증류소를 그곳으로 옮겼다.

짐 (제임스 보르가드) 빔은 제이콥 뵘의 증손자이다. 그는 열여섯 살인 1880년부터 가족 기업 운영에 참여하였다. 금주법으로 증류소가 문을 닫을 때까지 사업은 번창했다.

짐 빔은 1933년에 금주법이 폐지되자마자 현재의 클레몬트 증류소를 세웠는데, 이미 70세의 고령이었다. 그는 1947년에 세상을 떠났다. 병에 '짐 빔'이라는 상표가 붙은 위스키가 출시된 지 5년 만이자, 회사가 시카고의 해리 블럼에게 팔린 지 2년 만이었다. 블럼은 회사의 파트너였던 사람이다.

« 짐 빔 데블스 컷

버번, 45% ABV

갓 자른 나무 냄새와 스파이시한 바닐라 향이 있다. 입안에서는 바닐라와 오크 맛이 두드러진 가운데 더 풍부한 바닐라와 스파이스 풍미가 더해진다.

짐 빔 라이

라이, 40% ABV

레몬과 민트 느낌이 감도는, 가볍고 향수를 뿌린 듯한 아로마가 있다. 미끈한 입맛에 부드러운 과일, 꿀, 호밀 풍미가 있다. 피니시는 드라이하고 스파이스 풍미가 있다.

JOHNNIE WALKER

조니 워커

스코틀랜드

소유주: 디아지오

회사의 기원은 1820년 킬마녹 식품점을 매입한 시점까지 거슬러 올라가며, 당시 이름은 '워커스'였다. 1860년대까지는 진지하게 위스키 사업에 뛰어들지 않았다. 존 워커의 아들과 손자가 진취적으로 위스키 사업에 뛰어들어 점차 다양한 위스키를 개발해 나갔다. 이들 위스키들은 '워커스 올드 하이랜드' 블렌디드 위스키를 기초로 했다. 이는 1865년에 처음 선보였으며 오늘날 블랙 라벨의 선조이다. 1925년에 회사는 DCL과 결합했고, ☛

조니 워커 블랙 라벨 »

블렌디드, 40% ABV

회사의 주력 상품이자 고전적인 블렌디드 위스키로 탈리스커, 쿨 일라, 라가불린에서 오는 스모키한 킥이 특징이다. 글렌둘란, 모틀라크, 그리고 스페이사이드산 몰트 몇 가지가 더해졌다.

조니 워커 그린 라벨

블렌디드 몰트, 43% ABV

복합적이고 풍부하며 강렬하다. 후추와 오크, 과일의 향기, 맥아의 달콤함, 은은한 스모크가 특색이다.

1945년에는 '조니 워커'로 이름을 바꾸었다. 그리고 세계에서 가장 잘 팔리는 스카치 위스키가 되었다.

제품군은 조니 워커 레드, 블랙, 더블 블랙, 골드, 플래티넘, 블루 등으로 구성되어 있다. 때때로 일회성, 한정판, 지역 특색을 띤 제품을 내놓는다. 1990년대 초부터 브랜드의 고급화 전략을 썼다. 1992년에 출시된 블루 라벨은 블렌디드 위스키 시장에서 기록적으로 높은 가격에 팔렸다. 뒤를 이은 '킹 조지 V 에디션'의 가격은 블루 라벨의 세 배에 달했고, 그다음에 나온 초특급 제품 1805는 한 잔당 1,000파운드에 팔렸다.

« 조니 워커 골드 라벨

블렌디드, 40% ABV

스모크가 배경에서 우러나오는 가운데 꿀, 신선한 과일, 그리고 토피의 풍미가 있다. 디아지오가 추천하는 방법은 냉장고에서 차갑게 식힌 뒤 마시는 것이다.

조니 워커 블루 라벨

블렌디드, 40% ABV

스파이스, 꿀, 특유의 스모크 향이 은은하게 감돌며, 매끄럽고 향기롭다.

JURA

주라

스코틀랜드
아가일 주라섬
www.jurawhisky.com

주라에 땅을 소유하고 있던 두 사람이 1950년대 후반에 주라 증류소를 부활시킨 것은 증류소가 폐쇄된 지 반세기 만의 일이었다. 다시 문을 열었을 때 위스키 프로필도 달라져 있었다. 과거의 페놀성 강한 몰트는 사라지고, 피트가 약해지고 은은한 맛의 하이랜드 스타일이 더욱 강조된 위스키가 나왔다. 하지만 최근에 주라가 내놓는 한정판 병입 제품 중 일부는 피트 풍미가 아주 강하다.

주라의 핵심 구성으로는 10년 오리진, 16년 뒤라크스 오운(Diurach's Own), 수퍼스티션, 피트가 가미된 프로퍼시(Prophecy) 등이 있다.

주라 10년 »

싱글 몰트: 아일랜드(ISLANDS), 40% ABV

피트가 가볍게 가미된 아일랜드 싱글 몰트로, 최근에 개량된 것으로 보인다.

주라 수퍼스티션

싱글 몰트: 아일랜드, 43% ABV

피트가 강한 숙성 기간이 짧은 것과 긴 싱글 몰트를 섞는다. 스모키한 느낌이 강하면서도 부드러운 질감의 위스키가 완성되었다.

KAVALAN

카발란

타이완
이란현 위안향 위안산로 2단 326호
카발란 증류소
www.kavalanwhisky.com

카발란은 이란현의 옛 이름이다. 캔커피 미스터 브라운으로 유명한 킹카그룹의 대표 리텐차이가 2005년 고향인 이곳에 증류소를 열었다. 이란은 설산과 중앙산맥에서 끊임없이 이어지는 천연 수원을 품고 있는데, 수질이 달고 매끄럽고 촘촘하다. 카발란은 숙성 창고를 여름에는 덥게, 겨울에는 창문을 열어 서늘하게 유지함으로써 온도 차를 극적으로 만든다. 증발량이 많아 장기간의 위스키 숙성에 불리한 타이완의 아열대 기후를 카발란의 기술력을 활용해 역이용한 것이다. 카발란은 연산 미표기 제품을 주력으로 ☛

« 카발란 클래식

싱글 몰트, 40% ABV

카발란 증류소 최초의 정규 라인으로, 타이완에서 가장 높은 건물인 타이베이101을 본떠 병을 디자인했다. 열대 과일과 바닐라, 허브 향에 셰리의 너티한 맛과 망고, 민트가 느껴지며 감귤류와 부드러운 뒷맛이 이어진다. 오크 향이 오래 남는다. 카발란 브랜드의 정체성이 느껴지는 위스키.

삼고 있다. 2008년 12월 카발란 클래식이 정식 출시되었고, 2015년에 솔리스트 비노 바리크가 월드 위스키 어워드(WWA)에서 월드 베스트 싱글 몰트를 수상하였다.

카발란 솔리스트 비노 바리크 싱글 캐스크 스트렝스 »

싱글 몰트, 다양한 ABV

비노 바리크는 고품질 와인 캐스크를 엄선하여 내부를 깎고(Shave) 굽고(Toasting) 다시 태우는(Recharring) 카발란의 STR 공정을 거친 캐스크에서 숙성된다. 그 결과 섬세한 맛과 향이 극대화된다. 달콤한 포도와 참외의 과일 향과 캐러멜 향이 풍부하다. 달콤한 맛과 함께 아몬드와 다크 초콜릿이 감돌고, 스파이시함이 강하게 느껴진다. 피니시는 길게 지속되고 오크와 바닐라의 뒷맛이 남는다.

카발란 솔리스트 올로로소 셰리 싱글 캐스크 스트렝스

싱글 몰트, 다양한 ABV

박찬욱 감독의 「헤어질 결심」에 나온 것을 계기로 한국에서 유명해졌다. 연산 미표기 제품이지만 솔리스트 시리즈는 통입 일자와 병입 일자가 라벨 앞뒤에 각각 적혀 있어 숙성 기간을 확인할 수 있다. 시너가 치고 들어오며 스파이스가 느껴지다가 건포도와 말린 과일, 견과와 바닐라 향이 느껴진다. 아몬드 향이 매력적이다. 말린 과일과 스파이시한 향신료 맛이 느껴지며 오크와 간장, 커피 맛이 오래 남는다.

KENTUCKY GENTLEMAN

켄터키 젠틀맨

미국

켄터키 바즈타운 바턴로드 300 바턴 증류소
www.sazerac.com

켄터키 젠틀맨은 블렌디드 위스키와 스트레이트 버번 두 가지로 나온다. 블렌디드 위스키는 켄터키 스트레이트 버번 위스키와 최고 품질의 곡물로 만든 스피릿을 블렌딩해서 만든다고 생산자는 설명한다.

이 인기 있는 스트레이트 위스키는 미국 남부, 특히 플로리다, 앨라배마, 버지니아 등에서 많은 충성 고객을 거느리고 있다. 켄터키 젠틀맨은 바즈타운에서 생산하는데, 2009년까지는 바턴 브랜즈가 운영하다가 뉴올리언스에 본사를 둔 새저랙에 매각되었다.

« 켄터키 젠틀맨

버번, 40% ABV

대부분의 바턴 위스키에 비해 호밀 비율이 높다. 캐러멜과 달콤한 오크 향을 풍긴다. 미끈하고 풀바디에, 스파이스와 과일 맛이 난다. 호밀, 과일, 바닐라, 코코아 풍미가 길게 이어지고, 향이 풍성하며 비교적 강렬한 피니시로 마무리된다.

KESSLER
케슬러

미국
켄터키주 클레몬트 해피 할로 로드 149
짐 빔 증류소
www.beamsuntory.com

블렌디드 아메리칸 위스키 중 가장 널리 알려져 있고 높은 평가를 받는 케슬러의 기원은 1888년으로 거슬러 올라간다. 줄리어스 케슬러는 이때 처음으로 위스키를 블렌딩하여 미국 서부의 술집들을 떠돌아다니면서 팔았다. 케슬러 위스키는 1930년대 중반에 시그램에 팔렸다가 이후 빔으로 넘어갔다. 그리고 2014년에는 산토리가 매입했다. 지금은 빔 산토리에서 생산하는데, 미국의 블렌디드 위스키 중 두 번째로 잘 팔리고 있다.

케슬러 »

블렌디드, 40% ABV

'비단처럼 부드럽다'는 슬로건에 부응하는 맛이다. 가벼운 과일 향과 달콤한 맛이 있다. 4년 숙성 위스키들을 블렌딩한 결과 감초와 가죽의 아주 복합적인 풍미가 생겨났다.

KILBEGGAN

킬베간

아일랜드
웨스트미스 킬베간 올드 킬베간 증류소
www.kilbeggandistillingcompany.com

킬베간에 있는 증류소 중 가장 이름났던 존로크앤드선스는 1950년대 중반 들어 가동을 멈추었다. 창고에는 원재료가 가득한 채였고 로크 가문의 후손으로 플로와 스위트 자매가 있었으나, 그들은 위스키 제조에 영 흥미가 없었다. 그리고 결국 증류소를 팔아넘기기로 결정했다.

오늘날 킬베간 위스키는 루스에 있는 쿨리 증류소에서 블렌딩하지만 스피릿 숙성과 병입은 현장에서 이루어진다. 현재 소유주는 빔 산토리이며, 킬베간 블렌디드 위스키와 8년이 출시된다.

« 킬베간

블렌디드, 40% ABV

거친 느낌의 블렌디드 위스키로, 꿀과 오트밀 죽의 풍미가 강하다. 다 마신 뒤에는 커피와 다크 초콜릿의 유쾌한 조합이 느껴진다.

킬베간 8년

싱글 그레인, 40% ABV

레몬과 바닐라 향이 있다. 입안에서는 바닐라와 꿀의 부드러운 맛이 느껴지고, 피니시는 드라이하게 마무리된다.

KILCHOMAN

킬호만

스코틀랜드

아일라 브룩라디 록사이드 팜
www.kilchomandistillery.com

전형적인 농가 증류소인 록사이드 팜에서 위스키 생산을 시작한 것은 2005년이다. 보리는 록사이드 농장에서 재배하며 몰팅, 발효, 증류, 숙성에 이르기까지 모든 과정이 현장에서 이루어진다. 농장에 있는 댐에서는 신선한 물이 공급된다.

새로 만든 스피릿의 판매를 시작한 킬호만은 2009년에 3년 숙성 싱글 몰트를 출시하였고, 이어서 몇 가지 한정판 병입 제품들을 선보였다. 그러고는 2012년에 첫 번째 핵심 상품인 마키어 베이(Machir Bay)를 내놓았다. 로크 곰(Loch Gorm), 100% 아일라도 주기적으로 생산된다.

킬호만 마키어 베이 »

싱글 몰트, 46% ABV

달콤한 피트와 바닐라, 연한 소금물, 나무 연기, 해초, 흑후추의 복합적인 향을 갖고 있다. 감귤류 과일, 피트 스모크, 소독제 풍미가 입안에서 부드럽게 느껴진다. 피니시는 길고 달콤하며, 칠리고추와 견과 맛이 감돈다.

KILKERRAN

킬커란

스코틀랜드

캠벨타운 글렌가일 로드
www.kilkerransinglemalt.com

글렌가일 증류소는 원래 1872년부터 1925년까지 운영되었다. 당시 캠벨타운은 스카치 위스키 세계에서 주요한 역할을 맡았다. 이 증류소는 2004년에 다시 문을 열었고 몰트 위스키에 킬커란이란 이름을 붙였는데, 로크 로몬드가 '글렌가일'을 블렌디드 위스키 상표로 이미 등록했기 때문이다. 이는 훗날 '캠벨타운'이 된 초기 정착지 이름이다.

킬커란에서 항시적으로 내놓는 첫 제품은 12년이고, 2009년 이후 해마다 '워크 인 프로그레스(Work in Progress)'라는 한정판 배치를 출시한다. 2014년 '워크 인 프로그레스 6'가 셰리 캐스크 숙성과 버번 캐스크 숙성으로 병입되었다.

« 킬커란 워크 인 프로그레스 6 버번 머추어드

싱글 몰트: 캠벨타운, 46% ABV

레몬그라스, 약간의 소금, 나무 연기, 으깬 생강의 향이 있다. 견과와 스파이시한 스모크가 가볍게 받쳐 주면서, 부드럽고 미끈한 맛에서 열대 과일의 느낌이 온다. 피니시는 그윽하고 드라이하다.

KIMCHANGSOO WHISKY
김창수위스키

대한민국
경기도 김포시 통진읍 김포대로 2435번길 105
김창수위스키 증류소

2020년에 국내 최초의 싱글 몰트 위스키를 목표로 삼아 1인 부티크 증류소로 시작했다. 싱글 몰트 위스키 생산 경험이 전무했던 한국에서 김창수는 스코틀랜드 증류소 102군데를 투어하고, 일본 치치부 증류소 연수에서 익힌 노하우로 증류소를 직접 설계하고 제작했다. 2022년 4월 첫 출시된 위스키 병에는 "우리나라도 위스키 만든다"는 문구가 적혔으며, 국산 싱글 몰트 위스키에 목말라 있던 애호가들의 열렬한 지지를 얻었다.

김포 더 퍼스트 에디션 2024 »

싱글 몰트, 50.1% AVB

2024년 10월에 출시된 첫 정규 제품. 셰리 캐스크, 와인 캐스크 등 엄선된 9종류 캐스크에서 뽑아 블렌딩한 후 캐스크 스트렝스로 병입했다. 달콤하고 크리미한 골든프로미스 몰트와 스코티시 피티드 몰트를 사용했다. 레몬 껍질이 섞인 셰리, 젖은 나무와 숯, 적당한 피트, 캐러멜, 바닐라와 아몬드, 베리류와 무화과 향이 느껴지며 바이지우의 여운이 감지된다. 입에서는 흑사탕의 달콤함이 가득하며 시나몬도 감돈다. 스파이시하고 피티한 피니시가 이어진다.

KI ONE
기원

대한민국

경기도 남양주시 화도읍 녹촌로 259-18
기원 위스키 증류소

재미교포인 도정한 대표가 수제맥주 업체 핸드앤몰트를 성공시킨 뒤 설립했다. 1980년 글렌리벳에서 오크통을 만드는 쿠퍼로 위스키 경력을 시작했던 앤드류 샌드가 지금의 마스터 디스틸러. 증류소가 위치한 남양주 화도는 북한강 맑은 물이 흐르고, 연교차가 60도 가까이나 되어 오크통이 술을 빨아들이고 뱉어 내는 숙성 과정을 강화해 준다. 포사이스에 의뢰해 제작한 증류기를 쓰며, 풍부한 맛과 향을 위해 업계 평균 발효 시간을 훨씬 상회하는 워시를 쓴다. 2020년 ☛

« 기원 배치 1 버진 아메리칸 오크

싱글 몰트, 40% ABV

한국의 매운맛(코리안 스파이시)을 위스키에 담고 싶었다고 한다. 새 오크통의 내부를 강하게 태워 스파이시함을 끌어올리고, 바닐라와 캐러멜 징후를 확보했다. 음식과 페어링하면 더 좋은 맛이 난다. 잔에 코를 대면 스파이시한 향이 올라오며 캐러멜의 단 향과 오크가 느껴진다. 볼륨이 줄어드는 단맛과 함께 시리얼의 고소함, 짠맛과 매콤함, 바나나와 복숭아의 과일 맛이 느껴진다. 피니시에는 바닐라와 매콤함이 이어진다.

첫 증류를 시작해서 2021년 첫선을 보인 '기원'은 당화에서 숙성까지의 모든 과정을 한국에서 진행한 한국 최초의 싱글 몰트 위스키이다.

기원 호랑이 »

싱글 몰트, 46% ABV

2024년 샌프란시스코 국제주류품평회에서 더블 골드를 수상했던 기원 배치 3 올로로소 셰리 캐스크를 모티브로 블렌딩했다. 셰리 캐스크와 와인 캐스크를 사용하여 달콤하고 과일향 풍성한 위스키로 재탄생했다. 잘 익은 자두를 베어물었을 때의 과일 향이 인상적이며 꿀을 바른 듯한 오크 향이 난다. 여기에 셰리의 스파이스와 아몬드 초콜릿 향이 곁들여 있다. 맛은 달콤하고 스파이시하면서 카카오 크림처럼 부드러우면서도 크리미하다. 피니시는 길며 셰리 오크의 간장 향과 '코리안 스파이시'가 느껴진다.

기원 한국 배치 떡갈나무

싱글 몰트, 56.4% ABV

남양주의 연수, 군산 재배 두줄보리 맥아, 국내 개발 효모를 사용했으며, 국산 떡갈나무 캐스크에서 3년 이상 숙성해 여주 도자기 병에 담았다. 그야말로 한국을 담은 위스키. 에스테르와 스파이시한 향이 느껴지다가 사우나의 젖은 나무, 바닐라와 코코넛, 정향, 수박, 후라보노 껌의 향이 난다. 달콤하면서 약간의 생강과 민트, 타닌이 느껴지는 녹차 맛에 부드러워 알코올 도수를 착각하게 한다. 피니시는 코를 시원하게 하는 민트에 '코리안 스파이시'가 이어진다.

KIRIN GOTEMBA

기린 고텐바

일본

시즈오카 고텐바시 시반타 970
www.kirin.co.jp

기린의 고텐바 증류소는 캐나다의 대기업이었던 시그램(314쪽 참조)과의 합작 벤처 기업으로 1973년에 설립되었다. 고텐바의 위스키는 풍미가 가벼운데, 이는 전형적인 시그램의 하우스 스타일이며 1970년대 일본 소비자들이 선호했던 맛이다. 증류소는 기린의 블렌디드 위스키에 필요한 모든 수요에 맞추어야 했으므로 세 가지 그레인 위스키와, 피트가 가미된 것을 포함한 세 가지 몰트 위스키를 만들어 냈다.

« 고텐바 후지산로쿠 18년

싱글 몰트, 40% ABV

'오래된' 후지 고텐바 18년보다는 꽃향기가 풍부하고 차분한 느낌이 있으며, 오크 풍미는 약해졌다. 복숭아, 백합 향이 은은하고, 자몽의 향은 강하다. 곡물이 품고 있는 꿀의 풍미가 다시 나타난다.

후지산로쿠 다루주쿠 50°

블렌디드, 50% ABV

바닐라와 가벼운 오크 향이 살며시 난다. 입 안에서는 맥아와 올스파이스가 감도는 오크 풍미가 느껴진다. 피니시는 짧다.

KIRIN KARUIZAWA

기린 가루이자와

일본

나가노 기타사쿠군 미요타마치 오아자 마세구치 1795-2
www.kirin.co.jp

원래 와이너리였던 곳인데, 1950년대에 위스키 제조업으로 전환했다. 감칠맛 있고 자극적이며 스모키한 스타일을 살리기 위해 지금은 스코틀랜드에서도 거의 사용하지 않는 기법을 썼다. 즉, 골든 프로미스 품종의 보리를 사용해 그 묵직한 특성을 소형 증류기를 통해 더욱 강조했다. 여기에 셰리 캐스크 숙성이 말린 과일의 특성을 더했다. 2012년 부지가 매각되면서 증류소는 생산을 멈추었다. 하지만 최근 들어 가루이자와의 싱글 캐스크 병입 제품이 고가에 팔리고 있으며, 수집 가치가 아주 높다.

가루이자와 1995: 노 시리즈, 2008년 병입 »

싱글 몰트, 63% ABV

호랑이 연고, 제라늄, 구두 광택제, 자두, 기름 바른 나무 향이 뒤섞인 수지 냄새가 강한 위스키이다. 떫은 타닌 맛이 가볍게 나는데, 물을 타면 이 맛이 순화된다. 이국적이고 꽃향기가 느껴진다.

KNAPPOGUE CASTLE

나포그 캐슬

아일랜드

앤트림 디스틸러리 로드 2 부시밀스 증류소
www.knappoguewhiskey.com

제2차 세계대전이 끝난 뒤 나포그성의 소유주는 위스키 캐스크를 사들여 저장고에 보관하기 시작했다. 시간이 흐른 뒤 그는 위스키를 병입하여 가족과 친구들에게 나누어 주었다. 툴라모어 위스키가 채워져 있던 마지막 오리지널 캐스크는 1987년에 병입되었다.

1990년대에 들어 성주의 아들인 마크 앤드루스는 다른 업자들이 하는 것처럼 싱글 빈티지들을 병입하였고, '나포그 캐슬'이라는 상표를 달았다.

현재 내놓고 있는 제품으로 12년(3회 증류한 싱글 몰트), 14년, 16년 트윈 우드 등이 있다.

« 나포그 캐슬 1995

싱글 몰트, 40% ABV

부시밀스 증류소에서 만들었음을 알 수 있는 고급스러운 위스키. 구운 견과의 향이 있으며, 군침 도는 꿀의 달콤함이 입안에 오래 머문다. 하지만 자신만의 캐릭터를 충분히 드러내기에는 숙성 기간이 짧다.

KNOB CREEK

납 크릭

미국

켄터키 클레몬트 해피 할로 로드 149
짐 빔 증류소
www.knobcreek.com

납 크릭은 켄터키에 있는 마을 이름이다. 링컨 대통령의 아버지 토머스 링컨은 이곳에 농장을 소유하고 있었고 지역 증류소에서 일을 하기도 했다. 이 버번 위스키는 1992년에 짐 빔이 '스몰 배치 버번 컬렉션'을 출시하며 소개한 세 가지 버번 중 하나이다. 짐 빔이 증류한 베이즐 헤이든스(38쪽 참조), 올드 그랜드대드(274쪽)와 마찬가지로 호밀 함량을 높여 하이 라이(high rye)로 만들었다.

첫 출시 후 새로운 병입 제품 몇 종이 납 크릭 브랜드에 추가되었는데, 2012년에 선보인 '납 크릭 스트레이트 라이 위스키'도 그중 하나이다. 이것은 이 브랜드의 첫 연산 미표기 제품이다.

납 크릭 9년 »

버번, 50% ABV

달콤하며 톡 쏘는 과일과 호밀이 어우러진 견과의 향이 있다. 맥아, 스파이스, 견과의 맛이 과일 맛과 함께 다가온다. 피니시는 드라이하며 바닐라 풍미가 있다.

KNOCKANDO

노칸두

스코틀랜드
모레이셔 노칸두
www.malts.com

노칸두는 1970년대 후반에 싱글 몰트 위스키로 출시되었다. 이 증류소에서 생산하는 스피릿 대부분은 제이앤드비를 만드는 데 쓰였다.

1898년에 설립된 이 증류소는 계절에 따라 한정적으로 운영했는데, 20세기 초 위스키 산업을 강타한 투기 열풍의 희생물이 되었다. 노칸두는 런던 진 증류업체인 길비스에 인수되었고, 길비스는 몇 차례의 인수 합병을 거쳐 현재 디아지오 산하에 있다. 1968년에 플로어 몰팅이 중단되었으며, 오랜 세월 맥아를 발효해 온 창고는 제이앤드비 영업자들을 위한 회의 공간으로 바뀌었다.

« 노칸두 12년

싱글 몰트: 스페이사이드, 43% ABV

섬세하고 풀향이 있다. 시리얼 캐릭터가 살아 있으며, 질감은 가벼우면서 크리미하다.

노칸두 18년

싱글 몰트: 스페이사이드, 43% ABV

매끄럽고 농익은 질감이 있어 더욱 풍성한 맛을 즐길 수 있다.

KNOCKEEN HILLS

노킨 힐스

아일랜드

www.irish-poteen.com

포틴(poteen 또는 poitín)은 가정용 단식 증류기를 이용해 전통 방식으로 증류하는 투명한 스피릿으로, 아일랜드 전역에서 만들어 왔다. 원래는 발아된 보리나 기타 곡물을 사용했는데, 감자를 사용하기도 했다. 포틴을 생산하는 얼마 남지 않은 증류소 중 하나가 노킨 힐스이다. 여기서 증류된 스피릿은 세 가지 강도로 병입되는데, 3회 증류의 60%, 70%, 그리고 4회 증류를 거친 90% ABV이다. 반드시 희석하여 마셔야 한다.

노킨 힐스 포틴 - 파머스 스트렝스 »

포틴, 60% ABV

깨끗하고 상쾌한 과일 향이 난다. 입안에서는 크리미한 질감이 느껴지고, 감질나게 하는 달콤하고 과즙 풍부한 과일 풍미가 있다. 산뜻하고 입안이 깔끔해지는 피니시.

노킨 힐스 포틴 - 골드 스트렝스

포틴, 70% ABV

일대일에 가까운 비율로 물을 많이 섞어 마시면 귤껍질의 향이 섞인 과일 풍미가 올라온다. 입안이 후끈해지며, 달콤하고 신맛이 느껴진다. 피니시는 드라이하고 과일 맛이 감돈다.

LAGAVULIN
라가불린

스코틀랜드
아일라 포트 엘런
www.malts.com

라가불린은 여러 밀수업자들이 드나들던 오두막이었는데 1817년에 증류소로 발전한 것이라고 전해진다. 1836년에 알렉산더 그레이엄이 임대를 넘겨받았으며, 그는 아일라에서 생산된 위스키를 글래스고의 가게에서 팔았다. 그레이엄의 동업자이자 조카인 피터 맥키가 아일라 몰트를 바탕으로 만든 유명한 블렌디드 위스키, 화이트 호스를 만들어 냈다. 라프로익 측이 그에게 위스키 공급을 ☛

‹‹ 라가불린 16년
싱글 몰트: 아일라, 43% ABV

강렬한 스모키 향에 해초와 아이오딘 향이 어우러져 있다. 입안에서 달콤함이 느껴지다가 피트 풍미의 드라이한 피니시로 이어진다.

라가불린 12년
싱글 몰트: 아일라, 56.4% ABV

처음에 달콤함이 느껴지고 향긋한 스모크가 뒤를 따른다. 맥아와 과일 풍미가 떠올랐다가 피트 풍미가 있는 드라이한 맛으로 마무리된다.

거절하자, 맥키는 라가불린 부지에 몰트 밀(Malt Mill) 증류소를 세웠다. 그의 삼촌이 죽은 뒤 물려받은 땅이었다.

몰트 밀은 1960년대에 철거되었지만, 라가불린은 주력 상품인 16년이 '클래식 몰트'의 창립 멤버가 되는 1988년까지 화이트 호스의 성공을 등에 업고 많은 도움을 받았다.

스카치 위스키 수요가 줄어든 1980년대에 라가불린은 일주일에 이삼 일만 가동했다. 그런데 16년이 지나서는 급증한 수요와 부족한 재고 사이에서 관리자들이 곡예를 부려야만 했다. 수요에 맞추기 위해 라가불린는 일주일 내내 증류소를 가동했고, 블렌디드에 들어가는 위스키 생산을 갈수록 줄였다. 현재는 라가불린 생산량의 85퍼센트가 싱글 몰트로 병입된다고 한다.

라가불린 디스틸러스 에디션 »

싱글 몰트: 아일라, 43% ABV

더욱 풍부하고 맛 좋은 16년 숙성으로, 여기에서도 스모크와 해초의 향이 짙게 느껴진다.

라가불린 21년

싱글 몰트: 아일라, 56.5% ABV

한편에는 찌르는 듯한 스모크 풍미가, 다른 한편에는 셰리 향이 감도는 골든시럽의 온기가 있다. 두 가지 개성이 조화를 이룬다.

LAMMERLAW
래머로

뉴질랜드
카덴헤드 병입
www.wmcadenhead.com

1974년에 윌슨 브루어리와 몰트 엑스트라 컴퍼니가 손잡고 뉴질랜드에서 100년 만에 처음으로 합법적인 위스키를 생산했다. 불행하게도 스테인리스 스틸로 만든 단식 증류기를 사용했고, 거기서 나온 스피릿의 맛은 끔찍했다. 1981년에 시그램이 이 증류소를 인수하여 스피릿의 품질을 대폭 높였다. 10년 숙성 싱글몰트 래머로가 탄생했는데, 인근의 산맥에서 이름을 따왔다. 증류소는 2002년 해체되었고, 캐스크들은 밀퍼드의 소유주가 인수하였다.(255쪽 참조) 카덴헤드(Cadenhead)가 래머로를 병입하여 '월드 위스키' 시리즈로 선보였다.

« 카덴헤즈 래머로 10년
싱글 몰트, 47.3% ABV

가벼운 바디감에, 다소 풋풋한 시리얼 같은 풍미가 있다. 하지만 즐겁게 마실 수 있다.

LANGS

랭스

스코틀랜드

소유주: 이언 매클라우드
www.ianmacleod.com

이 블렌디드 위스키의 핵심은 글래스고 외곽의 증류소에서 생산한 글렌고인 싱글 몰트이다. 글렌고인은 1876년 두 명의 지역 상인인 알렉산더와 개빈 랭이 사들였다. 위스키의 브랜드와 증류소는 나중에 로버트슨앤드백스터에 팔렸다.

이후에 이언 매클라우드가 사들이면서 전환점을 맞이했다. 블렌딩과 병입 사업에서 본격적인 증류 사업으로 옮겨 간 것이다. 오늘날 랭스의 주요 제품은 랭스 셀렉트 12년과 랭스 수프림이다.

랭스 수프림 »

블렌디드, 40% ABV

잘 숙성되어 맥아 아로마가 풍성하며, 셰리 풍미도 은은하다. 풍부한 향과 중간 정도의 단맛이 글렌고인이 중심에 있음을 말해 준다.

랭스 셀렉트 12년

블렌디드, 40% ABV

대황, 조리용 사과, 풍부한 바닐라의 향이 있다. 풍부한 과일의 맛과 레몬타르트의 단맛이 입안을 풍성하게 만든다. 피트 스모크가 살며시 느껴지는 스파이시한 피니시로 이어진다.

LAPHROAIG
라프로익

스코틀랜드
아일라 포트 엘런
www.laphroaig.com

라프로익 특유의 톡 쏘는 듯한 스모키함은 항상 즐거움을 준다. 헴프, 석탄산, 모닥불이 섞인 듯한 맛으로, 크리미하고 칵테일 같은 위스키 맛과는 거리가 멀다. 강렬한 약제 느낌으로 인해 미국의 금주법 시절에도 들여올 수 있었던 몇 안 되는 스카치 위스키 중 하나였다고 한다. '약효가 있는 스피릿'으로 받아들여져서 의사의 처방전으로 구할 수 있었던 것이다. ☛

« 라프로익 10년 캐스크 스트렝스
싱글 몰트: 아일라, 57.3% ABV

타르, 해초, 그리고 소금의 느낌이 나며, 약간의 달콤한 나무 느낌도 있다. 길게 이어지는 드라마틱한 피니시를 통하여 아이오딘과 강한 피트의 외침이 전해 온다.

라프로익 10년
싱글 몰트: 아일라, 40% ABV

10년 제품은 인기가 매우 좋다. 짙은 피트의 스모크와 소금기 머금은 바닷바람 아래로 중심을 이루는 달콤함과 함께, 신선하고 풋풋한 젊음이 느껴지는 맥아의 맛과 향이 전해진다.

라프로익은 1810년 알렉산더와 도널드 존스턴이 설립했는데, 설립 후 5년 동안은 공식적인 생산을 시작하지 않았다. 마찬가지로 유명한 라가불린과 가까이 있었는데, 그것이 항상 좋은 것만은 아니어서 물에 대한 접근을 두고 다툼이 항상 있었다. 하지만 오늘날에 와서는 서로가 존중하는 분위기이다.

라프로익은 플로어 몰팅을 하고 있는 드문 증류소 중의 하나이다. 플로어 몰팅으로 수요의 20퍼센트를 공급한다.

쿼터 캐스크 보통의 4분의 1 크기의 캐스크에서 숙성하는 것와 함께 10년, 10년 캐스크 스트렝스, 셀렉트, 트리플 우드, 그리고 18년과 25년 등이 있다.

라프로익 쿼터 캐스크 »

싱글 몰트: 아일라, 48% ABV

쿼터 캐스크는 라프로익 위스키의 핵심을 이루는 제품군이다. 크기가 작은 캐스크 속에서 숙성이 이루어져 달콤하고 나무 풍미가 있다. 하지만 피트 스모크가 기세를 잡으면 그 앞에 무릎을 꿇는다.

라프로익 25년

싱글 몰트: 아일라, 50.9% ABV

스파이시하며 꽃향기가 있다. 스모크와 바닷바람의 풍미는 피니시에서만 느낄 수 있다. 캐스크 스트렝스도 구할 수 있다.

LARK

라크

오스트레일리아

태즈매니아 호바트 데이비 스트리트 14
www.larkdistillery.com

오늘날 오스트레일리아의 위스키 제조는 태즈매니아에서 부활했으니, 1992년 호바트에 이 작은 증류소가 문을 열면서부터이다. 빌 라크는 태즈매니아에 위스키를 위한 좋은 재료가 갖춰져 있음을 알아차렸다. 보리가 풍부한 넓은 밭, 깨끗하고 풍부한 연수, 피트 늪지, 위스키 숙성에 완벽한 기후 등이 그것이다. 라크는 현재 아내인 린과 딸 크리스티의 도움을 받고 있다. 지역에서 자라는 프랭클린 보리를 쓰는데, 그중 절반을 피트 위에서 다시 건조시킨다. 3-5년의 숙성을 거쳐 싱글 캐스크로부터 병입된다.

« 라크스 싱글 몰트

싱글 몰트, 58% ABV

맥아와 가벼운 피트, 후추 풍미가 있다. 풍부한 맥아, 사과, 오크의 맛이 입안을 부드럽게 채운다. 피니시는 살짝 스파이시하다.

라크스 피엠

블렌디드 몰트, 45% ABV

달콤하고 스모키한 맛과 향. 깔끔하고 약간 스파이시하다. 잘 만든 '보리 슈냅스' 같다.

THE LAST DROP
라스트 드롭

스코틀랜드
www.lastdropdistillers.com

보기 드문 수퍼프리미엄급 블렌디드 위스키로, 업계의 베테랑들인 톰 자고, 제임스 에스피, 피터 플렉의 아이디어에서 탄생했다. 12년 동안 미리 숙성된 오래된 위스키를 무작위로 고르고, 다시 셰리 캐스크에서 36년을 숙성시킨다는 것이었다. 라스트 드롭은 우연적이고 다시는 재연되기 어렵다. 오래전에 없어진 증류소의 위스키부터 가장 연산이 짧은 것으로 알려진 1960년에 증류된 위스키까지 블렌딩에 쓰였다. 한 병의 가격이 1,000파운드가량으로 매겨져 있으며 1,347병만이 출시되었기 때문에 시음 노트를 읽어 보는 것이 이 위스키에 가장 가까이 다가가는 길일지도 모른다.

라스트 드롭 »
블렌디드, 54.5% ABV
무화과, 초콜릿, 바닐라 등이 어우러진 유난히 복합적인 향을 지녔다. 갓 수확한 건초, 말린 과일, 각종 허브, 버터 비스킷의 색다른 조합을 느낄 수 있다.

LAUDER'S
로더스

스코틀랜드
소유주: 맥더프 인터내셔널

'로더스 로열 노던 크림'은 1886년과 1893년 사이 국제 위스키 경연에서 모두 6개의 금메달을 수상했다. 이는 글래스고의 술집 주인이자 위스키 개발자인 아치볼드 로더가 세심하게 연구하고 꾸준히 실험을 거듭한 점을 높이 산 결과였다. 그가 블렌디드 위스키를 개발하는 데는 2년이 걸렸다고 한다. 현재 로더스는 글래스고에서 맥더프 인터내셔널에 의해 블렌딩되고 있다. 그리고 로더가 운영했던 소치홀 스트리트의 술집은 지금도 남아 그를 기념한다. 로더의 블렌디드 위스키는 고향에서는 대중들의 눈에서 멀어져 갔지만, 미국 시카고의 바턴 브랜즈의 수입을 통해 위스키의 가치를 중시하는 소비자들 사이에서 여전히 인기를 누린다.

« 로더스
블렌디드, 40% ABV
음용 및 믹싱을 위해 만든 가볍고 과일 느낌이 나는 블렌디드 위스키.

LEDAIG

레첵

스코틀랜드

멀섬 토버모리 토버모리 증류소

멀섬의 중심지이자 섬의 주요 항구인 토버모리는 원래 레첵이라 불렸다. 존 싱클레어는 1798년에 이곳에서 증류를 시작하면서 레첵이라는 이름을 썼다. 정확히 언제 레첵 증류소가 토버모리 증류소로 바뀌었는지는 알 수 없다. 증류소를 가동한 기간보다 중단한 기간이 훨씬 길었기 때문이다. 최근 들어 증류소는 스프링뱅크와 비슷한 방식을 채택하여 '레첵'이라는 피트 풍미가 강한 웨스트 코스트 위스키와, '토버모리'라는 피트가 가벼운 위스키를 생산한다. 지금은 레첵 10년과 18년, 토버모리 10년과 15년(351쪽 참조)을 구할 수 있다.

레첵 10년 »

싱글 몰트: 아일랜드(ISLANDS), 46.3% ABV

약간 약을 마시는 것 같다. 아주 드라이하고, 탁한 피트 스모크가 다소 느껴진다.

LIMEBURNERS
라임버너스

오스트레일리아

웨스턴 오스트레일리아 올버니 프렌치맨 베이 로드 252 그레이트 서던 디스틸링 컴퍼니
www.distillery.com.au

그레이트 서던 디스틸러리는 2007년에 설립되었는데, 변호사이자 회계사인 캐머런 사임의 아이디어에서 시작되었다. 그는 겨울에 춥고 습하며, 풍력으로 에너지의 75퍼센트를 공급받을 수 있을 만큼 바람이 풍부한 올버니를 증류소 부지로 선택했다. 이곳은 슈냅스와 리큐어 제조에 필요한 원료를 공급해 주는 마거릿 리버 와이너리가 가깝기도 하다. 라임버너스 위스키는 싱글 배럴의 위스키를 병입한 것인데, 첫 제품인 M2는 2008년 4월에 출시되어 수상 경력이 있다.

« 라임버너스 배럴 M11

싱글 몰트, 43% ABV

네 번째 병입 제품으로 '다크 원(The Dark One)'이란 별명이 붙었다. 프랑스산 오크로 만든 브랜디 캐스크에서 숙성을 하고, 세컨드 필 버번 캐스크로 옮겨 담는다.

LINKWOOD

링크우드

스코틀랜드
모레이셔 엘긴
www.malts.com

링크우드 증류소는 시작 단계부터 세밀하게 설계되었다. 곡물을 공급해 주는 보리밭과, 술지게미를 먹어 치울 소 떼로 둘러싸여 있었다. 오늘날 볼 수 있는 건물은 1870년대에 있던 원래의 건물을 허물고 그 자리에 세웠다. 2011년과 2013년 사이에 기존 증류소 대부분이 철거되었고, 새로 건물을 지어 증류기 여섯 대를 설치했다.

링크우드 플로라앤드파우나 12년 »

싱글 몰트: 스페이사이드, 43% ABV

스페이사이드산 위스키의 가벼운 면이 강조되었다. 풀과 풋사과의 신선한 향과 은은한 스파이스 향이 느껴진다. 입안에서 새콤달콤한 맛이 살며시 나고, 피니시는 느리게 진행된다.

링크우드 레어 몰트 26년

싱글 몰트: 스페이사이드, 56.1% ABV

밝고 경쾌한 26년 숙성 위스키. 가볍게 스모키한 맛에는 캐러멜화된 설탕 풍미도 느껴진다. 피니시는 스파이시하고 후끈하다.

LOCH FYNE

로크 파인

스코틀랜드

소유주: 더 위스키 숍

www.lochfynewhiskies.com

유나이티드 디스틸러스(현재 디아지오)의 전 생산 책임자였던 로니 마틴이 개발한 로크 파인은 '로크 파인 위스키스 오브 인버러리'의 독창적인 하우스 블렌디드 위스키이다. 이 유명한 스카치 위스키 전문가의 라이선스 아래 블렌딩되고 병입된다.

약간 달콤하고 스모키하며 마시기가 쉽고 향이 좋다. 주요 위스키 비평가들로부터 찬사를 받았으며, 국제 위스키 경연에서 여러 차례 수상했다. 알코올 도수가 강한 12년 숙성 리큐어도 있다.

« 로크 파인 프리미엄 스카치

블렌디드, 40% ABV

사과 파이 향에 오렌지와 귤의 풍미가 활기를 더했다. 결과, 기름이 연상되는 향기가 은은하며, 스모크가 살며시 느껴진다. 입맛은 부드러우며, 신맛 짠맛 단맛 드라이한 맛이 조화롭다. 피니시는 놀랄 만큼 후끈하다.

LOCH LOMOND
로크 로몬드

스코틀랜드
덤바턴셔 알렉산드리아
www.lochlomondgroup.com

로몬드 호수 남쪽 끝에 있는 로크 로몬드 증류소는 원래 몰트 위스키만 생산했지만 지금은 모든 종류의 스카치 위스키를 만든다. 이 증류소는 1965년에 바턴 브랜즈 오브 아메리카와 던컨 토머스의 합작 벤처로 설립되었다. 20년 후 알렉산더 불럭과 그의 회사, 글렌 카트린 본디드 웨어하우스에 팔렸고, 지금은 익스포넌트 프라이비트 에쿼티가 소유하고 있다. 오늘날에는 몰트 위스키와 함께 그레인 위스키도 생산한다. 이곳 증류기에는 스피릿의 경중을 조절해 주는 장치가 달려 있다.

로크 로몬드 »

싱글 몰트: 하이랜드, 40% ABV

연산 미표기 제품을 경쟁력 있는 가격에 내놓고 있는데, 숙성이 아주 짧을 것으로 추측된다. 가볍고 신선한 풍미가 있으며, 캐스크의 영향은 크지 않다.

LOCKE'S
로크스

아일랜드

루스 쿨리 리버스타운 쿨리 증류소
www.kilbeggandistillingcompany.com

이렇게 훌륭한 증류소가 불과 40년 전에는 거의 버려져 있었다는 사실이 믿기 어렵다. 로크스 위스키 사업이 처음으로 중단되었던 1950년대 초반 이래, 버려진 증류소 건물은 돼지를 치거나 농기구 따위를 보관하는 데 이용되었다. 그러다가 1970년대 후반에 지역 사회가 힘을 합쳐 증류소를 되살렸다. 개조를 거친 뒤 쿨리와 계약을 맺었으며, 먼지에 쌓여 수십 년을 보낸 위스키 통들이 다시 저장고를 향해 구르기 시작했다.

« 로크스 8년

싱글 몰트, 40% ABV

피트가 가미되지 않은 쿨리의 몰트에 피트가 가미된 몰트를 얹었다. 나쁘지는 않지만 다소 둔한 맛이다.

로크스 블렌드

블렌디드, 40% ABV

한 모금만 마셔도 즐겁다. 뜨겁게 데운 상태에서 특히 좋다. 그러면 위스키가 갖고 있던 제한된 성질들이 서로 다툴 필요가 없어지기 때문이다.

LONG JOHN
롱 존

스코틀랜드
소유주: 시바스 브라더스

롱 존은 프랑스, 스칸디나비아, 몇몇 스페인어권 시장에서 상당히 양호한 매출을 올리고 있다. 하지만 시바스 리갈과 발렌타인스가 우세한 지위를 점하고 있는 시바스 브라더스 내에서는 힘을 못 쓰고 있는 것이 사실이다. 19세기 초에 '롱' 존 맥도널드가 설립한 이래, 롱 존은 많은 소유주들을 거쳐 왔다. 이전에는 12년과 15년을 생산하여 마케팅을 펼쳐 왔지만, 오늘날에는 연산 미표기의 스탠더드 버전에 집중하고 있다.

롱 존 12년 »
블렌디드, 40% ABV

호화로운 블렌딩의 롱 존 12년은 비밀스럽고도 전통적인 스타일의 위스키로서 톡특한 개성을 지녀 주목받는다. 라프로익과 하이랜드 파크를 비롯해 48가지 몰트 위스키를 혼합했다고 알려져 있다.

LONGMORN

롱몬

스코틀랜드
모레이셔 엘긴

존 더프, 조지 톰슨, 그리고 찰스 샤이어스가 손을 잡고 1894년에 롱몬 증류소를 세웠다. 무려 2만 파운드, 현재 가치로 환산하면 200만 파운드에 달하는 비용을 들여 증류기 4대를 갖춘 증류소가 들어섰다. 존 더프는 5년 만에 동업자들의 지분을 사들였고, 그 옆에 벤리악 증류소를 새로 지었다.

지금은 시바스 브라더스가 소유하고 있으며, 2012년에 대대적인 확장을 거쳐 연간 450만 리터의 생산 용량을 갖추었다.

« 롱몬 16년

싱글 몰트: 스페이사이드, 48% ABV

버번 캐스크의 영향을 받은 코코넛 풍미가 달콤한 시리얼 아로마로 이어진다. 입맛은 부드럽고 매끄럽다. 상쾌하고 소박한 피니시로 마무리된다.

롱몬 캐스크 스트렝스

싱글 몰트: 스페이사이드, 56.9% ABV

장미수, 부드러운 토피, 레몬, 달콤한 오크 풍미와 함께 꽃향기가 있다. 풍성한 맛이 느껴지고, 피니시는 크리미하고 달콤하다.

LONGROW

롱로

스코틀랜드

아가일 캠벨타운 웰 클로스 스프링뱅크 증류소
www.springbankdistillers.com

1973년, 스프링뱅크 증류소는 주력 위스키 외에 자극이 강하고 스모크가 진한 몰트 위스키를 증류하기로 결정했다. 새로운 위스키에는 '롱로'라는 이름을 붙였는데, 예전 이웃에 있었던 증류소의 명칭이었다. 1985년에 시제품이 나왔고, 1992년에 마침내 정식으로 생산하게 되었다.

오늘날 핵심 라인업은 롱로, 레드, 18년으로 구성되어 있다. 그중 18년은 가끔 소량만 출시된다.

롱로 피티드 »

싱글 몰트: 캠벨타운, 46% ABV

바닐라, 소금물, 피트 스모크 향이 난다. 입안에서 과일나무 과일, 밀크 초콜릿 맛이 느껴진 뒤 소금물과 스모크 풍미가 드러난다.

롱로 18년

싱글 몰트: 캠벨타운, 46% ABV

셰리, 소금물, 무화과, 스파이시한 피트가 어우러진 기름진 향이 난다. 입안에서는 감귤류 과일과 피트 맛이 가득 차고, 훈제 생선과 바비큐 풍미도 있다.

GREAT WHISKIES

L

THE MACALLAN

맥캘란

스코틀랜드
모레이셔 크레겔라키 이스터 엘키스
www.themacallan.com

맥캘란은 엘키스 증류소로 1824년에 처음 허가를 받았다. 작은 규모로 출발하여 로데릭 켐프에게 매각된 1892년에는 연간 생산량이 18만 리터에 불과했다. 증류소는 확장을 하면서도 가족 경영을 유지했는데, 1996년에 하이랜드 디스틸러스(현재 에드링턴의 산하)가 1억 8,000만 파운드에 사들였다. 인수되기 전인 1950년대에 증류소는 재건축되었고☛

‹‹ 맥캘란 골드

싱글 몰트: 스페이사이드, 40% ABV

살구, 복숭아, 퍼지, 그리고 희미한 가죽 향이 난다. 맥아, 호두, 스파이스가 입에서 느껴지며 미디엄바디이다. 피니시는 오크 풍미가 강하고, 지속 시간은 중간 정도이다.

맥캘란 파인 오크 10년

싱글 몰트: 스페이사이드, 40% ABV

스탠더드 10년보다 셰리의 영향이 덜 느껴지는 반면, 신선하고 상쾌하며 몰트 위스키의 개성이 더 도드라진다.

증류기도 21대로 늘어났다. 더 중요한 것은 맥캘란 10년이 스페이사이드에서 싱글 몰트의 선두주자로 자리를 잡았다는 점이다. 이 증류소는 항상 스페인에서 배로 실어 온 셰리 캐스크를 사용해 왔으며, 짙은 호박색과 과일 케이크 풍미는 맥캘란의 상징처럼 되었다. 그래서 2004년에 출시한 '파인 오크' 시리즈는 셰리 캐스크 외에도 버번 캐스크를 사용하는 것으로서 혁신적인 새출발을 알렸다. 그리고 맥캘란의 매력을 분명히 확산하는 결과를 가져왔다.

2012년 맥캘란은 연산 미표기 위스키들로 구성된 새로운 핵심 제품군인 골드, 앰버, 시에나, 루비 등을 선보이기 시작했다.

맥캘란 30년 »

싱글 몰트: 스페이사이드, 43% ABV

식후에 마시기 아주 좋다. 달콤한 향과 셰리의 향이 오렌지 껍질, 정향, 대추야자의 풍미와 어우러지며 긴 피니시로 이어진다.

맥캘란 25년

싱글 몰트: 스페이사이드, 43% ABV

스파이시한 감귤류 향이 잘 익은 말린 과일 풍미와 어우러지는 것은 셰리 캐스크의 힘이다. 뒤이어 혀에서는 우드 스모크가 느껴진다.

MACARTHUR'S
맥아더스

스코틀랜드
소유주: 인버 하우스 디스틸러스
www.interbevgroup.com

아가일 지역의 맥아더 가문은 스코틀랜드의 독립을 위해 로버트 브루스와 함께 싸웠고, 나중에 이 블렌디드 위스키에 가문의 이름을 붙였다. 다수의 블렌딩 회사들과 마찬가지로 블렌딩 수요가 급증했던 19세기 말에 시작되었으며, 1870년 정도의 일이다. 오늘날에는 인버 하우스 디스틸러스가 소유하고 있으며, 회사는 이 위스키를 "캐스크 숙성을 통해 우러난 토피와 바닐라 풍미가 있는 가볍고 부드러운 맛"으로 설명한다. '제임스 맥아더'라는 상표의 독립 병입된 싱글 몰트 위스키와 혼동해서는 안 된다.

« 맥아더스

블렌디드, 40% ABV

향긋한 보리 맥아의 향이 느껴진 뒤 달콤한 감귤류의 향이 이어진다. 미디엄바디에 복합적이지 않은 풍미를 지녔다. 부드럽고 향기로우며, 매끄럽고 농익은 맛이다. 피니시는 상큼하고 여운이 오래간다.

MACKMYRA

마크뮈라

스웨덴

예블레 콜론보겐 2 마크뮈라

www.mackmyra.se

마크뮈라는 1999년 스웨덴의 엔지니어인 마그누스 다르다넬과 친구들이 설립했다. 2006년과 2007년, 6종으로 구성된 '프렐루디움' 시리즈가 출시되었고, 병입 위스키들도 잇달아 나왔다. 브룩스 위스키, 스벤스크 에크(스웨덴산 오크통 숙성), 스모키한 스벤스크 뢱이 핵심 제품군을 이룬다. 여러 장소에서 스피릿을 숙성시키는데, 예블레에서 50킬로미터 남짓 떨어진 옛 보도스 광산의 지하 저장고도 이에 포함된다. **마크뮈라는 2024년 8월 파산 신청을 한 상태이다.**

마크뮈라 스벤스크 에크 »

싱글 몰트, 46.1% ABV

구운 오크 향에 꿀과 감귤류의 향이 어우러진다. 꿀과 감귤류 풍미는 입안에서 더욱 도드라진다. 맥아, 생강, 후추, 스파이시한 오크의 맛도 느껴진다.

마크뮈라 스벤스크 뢱

싱글 몰트, 46.1% ABV

피트 스모크, 감귤류, 바닐라 향이 있다. 입안에서 그을린 피트, 풍부한 감귤류, 은은한 꿀맛이 펼쳐진다. 스파이시한 여운이 있다.

MAKER'S MARK

메이커스 마크

미국

켄터키 로레토 버크스 스프링스 로드 3350
메이커스 마크 증류소
www.makersmark.com

메이커스 마크 증류소는 로레토 인근에 있는 하딘스 크릭의 증류소와 가까운 곳에 있다. 1805년에 설립된 이래 처음의 자리에서 현재까지 가동되는 증류소 가운데 미국에서 가장 오래되었다. 메이커스 마크 브랜드는 1950년대 빌 새뮤얼스 주니어가 개발했고, 지금은 포춘 브랜즈가 소유하고 있다. 미국 위스키로서는 드물게 스코틀랜드식인 'whisky'로 표기하는데, 이는 새뮤얼스가 스코틀랜드인의 후손임을 보여 준다.

« 메이커스 마크

버번, 45% ABV

바닐라와 스파이스가 어우러진 은은하고 복합적이며 깔끔한 향. 장미 향이 희미하게 느껴지고 라임과 카카오 씨앗 풍미도 난다. 미디엄바디에 신선한 과일, 스파이스, 유칼립투스, 생강 케이크의 맛을 느낄 수 있다. 피니시의 특징은 더 풍성한 스파이스, 스모크가 은은하게 느껴지는 신선한 오크 맛이다. 마지막에 복숭아 치즈 케이크 맛이 스쳐 지나간다.

MANNOCHMORE

마노크모어

스코틀랜드
모레이셔 엘긴
www.malts.com

1971년 설립 때부터 마노크모어의 역할은 분명했는데, 당시 영국의 베스트셀러 블렌디드 위스키인 헤이그에 몰트를 공급하는 것이었다. 그런데 14년 후 위스키 과잉 공급의 희생물이 되고 말았다. 큰 증류소들이 위스키 생산을 줄이자 마노크모어도 가동을 중단했고, 1989년이 되어서야 생산을 재개했다. 3년 뒤 플로라앤드파우나의 하나로 첫 공식 몰트 위스키를 출시했다. 1996년에는 블랙 위스키 '로크 두(Loch Dhu)'를 출시해서 애호가들의 환호를 받았다.

마노크모어 플로라앤드파우나 12년 »

싱글 몰트: 스페이사이드, 43% ABV

식전주 스타일의 몰트 위스키로, 향은 가볍고 꽃향기가 난다. 입에서는 화려하고 스파이시한 캐릭터가 잇따라 드러난다.

마노크모어 레어 몰트 22년

싱글 몰트: 스페이사이드, 60.1% ABV

1974년에 증류된 한정판으로, 향기롭고 꽃향기를 물씬 풍긴다. 허브와 후추, 약간의 피트 향이 섞여 있다.

MASTERSTROKE

마스터스트로크

인도

소유주: 디아지오 라디코
www.radicokhaitan.com
www.diageo.com

IMFL(Indian Made Foreign Liquor, 인도산 외국 주류)의 하나인 마스터스트로크 디럭스 위스키는 고급인 '프리스티지' 범주에 들어간다. 디아지오가 2007년 2월에 첫 출시했다. 이 회사는 인도에서 가장 빠르게 성장하고 있는 주류업체인 라디코 카이탄(8쪽 참조)과, 세계 최고의 주류회사 디아지오가 절반씩의 지분을 가지고 설립했다. 마스터스트로크는 그들의 첫 번째 제품이다. 출시된 지 석 달 만에 발리우드의 슈퍼스타 샤룩 칸의 지지를 받았다.

« 마스터스트로크

블렌디드, 42.8% ABV

블레어 아솔 싱글 몰트를 넉넉하게 사용한 덕분에 풍부한 향과 맛을 얻었다. 균형감이 좋으며, IMFL의 특징인 가벼운 피니시가 있다.

MCCARTHY'S
맥카시스

미국

오리건 포틀랜드 NW 윌슨 스트리트 2389
클리어 크릭 증류소
www.clearcreekdistillery.com

스티브 맥카시는 1986년에 클리어 크릭 증류소를 세운 이래 수십 년 동안 위스키 증류를 해 왔다. 스코틀랜드에서 온 피트가 가미된 맥아로 만들고 있어서 이렇게 말한다. "오리건이 스코틀랜드라면 내가 만든 위스키는 싱글 몰트 스카치 위스키라고 할 수 있다."

맥카시스 오리건 »

싱글 몰트, 40% ABV

먼저 셰리 캐스크에서 2-3년 숙성한 다음, 자연 건조로 만든 오리건산 오크 배럴에서 추가로 6-12개월 숙성한다. 은은한 유황, 피트, 바닐라가 어우러진 훈제 청어와 스파이스의 향이 있다. 바디감이 묵직하며 미끈하고 고기 풍미가 있는 스모키하면서 달콤한 맛이 난다. 길게 이어지는 피니시에는 마른 오크, 맥아, 스파이스, 소금 맛이 감돈다.

MCCLELLAND'S
맥클러랜즈

스코틀랜드
소유주: 모리슨 보모어
www.mcclellands.co.uk

맥클러랜즈의 다양한 싱글 몰트 위스키는 스코틀랜드의 주요 위스키 생산지 네 곳을 탐구할 수 있는 기회를 선사한다. 처음 출시된 1986년에 하이랜드, 로랜드, 아일라 제품을 선보였다. 이 위스키들이 큰 성공을 거두자 1999년에 스페이사이드 몰트를 추가로 내놓았다. 회사 측 설명에 따르면 각각의 위스키는 ☛

« 맥클러랜즈 하이랜드

싱글 몰트: 하이랜드, 40% ABV

은은한 나무 향에 달콤한 버터크림과 신선한 바닐라 향이 어우러져 있다. 처음에 느껴졌던 달콤함이 물러나면 신선한 과일과 희미한 라임 풍미가 다가온다.

맥클러랜즈 아일라

싱글 몰트: 아일라, 40% ABV

틀림없는 아일라 위스키라는 것을 향으로 알 수 있다. 나무 스모크와 재, 타르, 바닐라, 감귤류 향이 있다. 바닐라 맛을 배경으로 강렬한 바닷소금, 탄 오크, 피트 스모크 맛이 느껴진다.

생산지의 본질과 개성을 드러낼 수 있게 신중하게 선택된다고 한다. 최근 이 브랜드는 글렌리벳, 글렌피딕, 맥캘란이 경쟁하는 미국 시장에서 4위를 달리고 있다. 맥클러랜즈는 오스트리아, 남아프리카공화국, 일본, 캐나다, 프랑스, 러시아, 네덜란드 등 세계 곳곳에 진출해 있다.

맥클러랜즈 로랜드 »

싱글 몰트: 로랜드, 40% ABV

풍성한 꽃향기와 더불어 육두구, 생강, 감귤류 향이 은은하게 감돈다. 꽃의 풍미가 느껴지는 매우 깔끔하고 우아한 맛이다.

맥클러랜즈 스페이사이드

싱글 몰트: 스페이사이드, 40% ABV

신선한 민트, 자른 소나무, 은은한 다크 초콜릿, 달콤한 몰트의 향이 있다. 처음에는 달콤하고, 점차 견과와 꽃의 풍미가 번져 간다.

MCDOWELL'S
맥도웰스

인도
소유주: 유나이티드 스피리츠
www.unitedspirits.in

스코틀랜드 출신의 앵거스 맥도웰은 인도 마드라스에 1826년 알코올 음료와 시가 전문 판매 회사 '맥도웰'을 설립했다. 맥도웰스 넘버 원은 1968년에 출시되었다. 1971년 인도 고아 폰다 지역에 맥도웰의 위탁을 받은 증류소가 설립되었다. 증류된 스피릿은 버번 캐스크에서 약 3년 숙성을 거친다. 고아는 기온이 높고 습해서 숙성이 빠르게 진행된다고 한다. "아시아 최초로 개발된 토종 싱글 몰트 위스키"라고 홍보되고 있다.

« 맥도웰스 넘버 원 리저브

블렌디드, 42.8% ABV

"스카치 위스키와 엄선된 인도산 몰트 위스키로 블렌딩"했다. 말린 무화과와 달콤한 담배 향이 있으며, 약간의 시차를 두고 자두와 대추야자 향이 드러난다. 처음에는 단맛이 나다가 태운 설탕 풍미가 이어지고, 피니시는 짧다.

맥도웰스 싱글 몰트

싱글 몰트, 42.8% ABV

신선한 시리얼과 과일의 향이 있고, 달콤하고 기분 좋은 감귤류 맛이 난다. 숙성이 짧은 스페이사이드 몰트 위스키와 비슷한 느낌.

MELLOW CORN

멜로 콘

미국

켄터키 루이빌 웨스트 브레킨리지 스트리트
1701 헤븐 힐 증류소
www.heavenhill.com

헤븐 힐 증류소에 의하면 "버번 위스키의 선조이자 가까운 친척인 아메리칸 스트레이트 콘 위스키의 매시빌에 대하여 미국 정부는 최소 80퍼센트의 옥수수를 포함하며, 나머지는 발아된 보리와 호밀을 사용하도록 규정하고 있다"고 한다.

오늘날 헤븐 힐은 이와 같은 고전적 스타일의 위스키를 만드는 유일하게 남은 업체이다. 헤븐 힐은 멜로 콘뿐만 아니라 조지아 문(126쪽 참조)도 병입하고 있다.

멜로 콘 »

콘 위스키, 50% ABV

목재 바니시와 바닐라 향에 꽃과 허브 향이 함께한다. 입안에서는 묵직하고 미끈한 느낌이 나며 토피 사과 같은 과일 맛도 감돈다. 진한 과일, 달고나, 절제된 바닐라 풍미가 피니시를 완성한다. 젊고 활기 넘치는 맛이다.

MICHAEL COLLINS
마이클 콜린스

아일랜드
소유주: 빔 산토리

정치인 마이클 콜린스는 아일랜드에서 명성이 높지만, 아일랜드인 대부분은 이 위스키를 잘 모른다. 이 위스키는 쿨리 증류소가 미국의 수입업체 시드니 프랭크와 합작하여 미국 시장에 팔기 위해 기획한 것이다. 하지만 지금은 미국뿐 아니라 유럽에서도 구할 수 있다.

일반적인 아이리시 위스키와는 달리 두 번 증류하며, 피트가 가볍게 가미되어 있다. 블렌딩에는 몰트 위스키와 버번 캐스크에서 단기간 숙성을 거친 그레인 위스키가 혼합된다.

« 마이클 콜린스 싱글 몰트
싱글 몰트, 40% ABV

풍부한 비스킷 향을 품은 부드럽고 마시기 좋은 위스키이다. 바닐라 풍미가 올라오며, 가벼운 스모크 맛도 난다.

마이클 콜린스 블렌드
블렌디드, 40% ABV

몰트 위스키에 비해서는 덜 인상적이다. 타다 남은 나무의 향이 맛의 중심에 있으나, 피니시의 완성도가 약하다.

MICHTER'S

믹터스

미국

켄터키 루이빌 뉴 밀레니엄 드라이브 2351
믹터스 증류소
www.michters.com

믹터스는 원래 펜실베이니아에서 증류되었는데, 1989년에 당시 소유주가 파산을 선고받고 증류소는 문을 닫았다. 몇 년 뒤 이 브랜드는 사업가 조셉 J. 마글리오코와 딕 뉴먼에 의해 다시 살아났다. 지금은 켄터키 루이빌 샤이블리에 있는 믹터스 증류소에서 생산한다. 많은 종류의 라이 위스키와 버번 위스키는 물론, 블렌딩하지 않은 아메리칸 위스키와 사워 매시 위스키가 믹터스의 상표를 달고 출시되고 있다.

믹터스 US 넘버 원 버번 »

버번, 45.7% ABV

캐러멜, 살구, 시나몬과 함께 매우 스파이시한 향이 있다. 입에서는 달콤함이 느껴지며 더 풍부한 살구, 정향, 흑후추, 스모키한 풍미가 드러난다. 스파이시한 오크의 맛으로 마무리된다.

MIDLETON

미들턴

아일랜드

코크 미들턴
www.irishdistillers.ie

미들턴 지역에서 생산되는 위스키들, 예를 들어 제임슨, 파워스, 패디를 비롯해 아일랜드 디스틸러들의 포트폴리오에 속한 모든 위스키 가운데 실제로 '미들턴'이란 이름이 붙은 것은 이것뿐이다. 1984년 출시된 미들턴 베리 레어는 프리미엄 마켓을 겨냥했으며, 시장이 받아들일 수 있는 선에서 가격이 책정된다. 매년 연말이면 새 빈티지 위스키가 거의 변함 없는 맛으로 시장에 나온다.

« 미들턴 베리 레어

블렌디드, 40% ABV

고급스러운 오크와 대담한 시리얼 풍미가 순수 밀랍으로 만든 높은 줄 위에서 춤추는 듯하다. 풀바디에 유연한 맛이다. 피니시에서는 혀끝에 매끄러운 호두 맛이 감기는 느낌.

미들턴 마스터 디스틸러스 프라이빗 컬렉션 1973

퓨어 팟 스틸 위스키, 56% ABV

올드 미들턴 증류소에서 단식 증류로 생산한 것을 병입한 제품. 단 800병만 출시되었다. 스파이시하고 과일과 꿀의 맛이 나며, 약간 드라이하고 셰리 풍미의 견과 맛도 있다.

MILFORD

밀퍼드

뉴질랜드

오아마루 하버 스트리트 14-16 뉴질랜드
몰트위스키컴퍼니 앤드 프레스턴어소시에이츠
www.thenzwhisky.com

밀퍼드는 원래 뉴질랜드 남섬의 더니든에 있는 윌로뱅크 증류소에서 생산했으며, 소유주는 윌슨 브루어리(224쪽 래머로 참조)였다. 지금은 뉴질랜드 몰트위스키컴퍼니가 밀퍼드와 그보다 이름이 덜 알려진 프레스턴의 상표권을 갖고 있다. 회사는 오아마루에 셀러 도어(Cellar Door)라는 이름의 대형 소매점을 열었는데, 여기에서 다양한 뉴질랜드산 위스키를 접할 수 있다.

밀퍼드 10년 »

싱글 몰트, 43% ABV

종종 스코틀랜드 로랜드의 몰트와 비교된다. 가볍고 드라이하며 향긋하다. 맛은 달콤하고, 이어서 은은한 나무 풍미가 있는 드라이한 맛이 올라온다. 피니시는 짧다.

MILLSTONE

밀스톤

네덜란드

바를러나사우 5111 PW 베버스트라트 6
쥐담 증류소
www.zuidam.eu

약 50년 전에 진 증류소로 출발해서 지금은 쥐담 가문의 2세가 경영을 맡고 있다. 네덜란드의 진인 예네버르를 다양한 연산으로 내놓는데 매우 훌륭하고, 솜씨 있게 빚은 싱글 몰트도 생산한다. 밀스톤의 5년 숙성 싱글 몰트 위스키는 2007년에 소개되었으며 이후 10년과 12년이 잇달아 나왔다. 쥐담은 위스키 숙성에 셰리 캐스크뿐만 아니라 버번 캐스크도 사용한다.

« 밀스톤 5년

싱글 몰트, 40% ABV

바닐라, 나무, 은은한 코코넛과 향과 함께, 과일과 꿀의 우아한 아로마가 있다. 풍부한 꿀의 단맛이 입안에서 느껴지며, 스파이시한 풍미가 약하게 있다. 바닐라 오크의 피니시가 길게 이어진다.

MILTONDUFF

밀튼더프

스코틀랜드

모레이셔 엘긴 밀튼더프

밀튼더프는 엘긴 지역에 있던 50여 개 불법 증류소 중 하나였으며, 1824년에 허가를 받았다. 1936년 조지발렌타인앤드선이 매입했다. 1964년부터 1981년까지 증류소에는 로몬드 증류기 한 쌍이 있었으며, 그 증류기로 싱글 몰트 위스키 모스토위(Mosstowie)처럼 다양한 스타일의 위스키를 생산했다. 현재는 점점 더 찾아보기 힘들다. 페르노 리카는 2005년에 밀튼더프를 사들였고, 거기서 생산하는 580만 리터의 몰트 위스키 대부분을 발렌타인스 파이니스트 블렌딩에 사용한다. 현재 16년 숙성 캐스크 스트렝스가 공식적으로 출시되어 있고, 독립 병입자들이 내놓은 몇 가지 제품들도 있다.

밀튼더프 16년 »

싱글 몰트: 스페이사이드, 52.9% ABV

바닐라와 감귤류의 향이 부드럽게 나는데, 시나몬과 토피 맛으로 이어지며 지속된다. 피니시가 길다.

MONKEY SHOULDER

몽키 숄더

스코틀랜드

소유주: 윌리엄그랜트앤드선스
www.monkeyshoulder.com

윌리엄그랜트앤드선스가 내놓은 블렌디드 스카치 위스키로, '원숭이 어깨'라는 뜻의 기묘한 이름은 몰팅 담당 노동자들의 노동 조건을 표현한다. 축축한 상태의 곡물을 손으로 뒤엎는 작업을 반복하다 보면 어깨가 변형되기도 한다.

위스키 병의 어깨를 장식하고 있는 금속 원숭이가 세 마리이듯, 블렌딩에는 글렌피딕, 발베니, 키닌비 등 세 가지 싱글 몰트가 들어간다. 출시 당시 위스키의 훌륭한 혼합 가능성을 드러냈고, 그래서 이 술이 판매되는 지역에 있다면 칵테일 메뉴에서 마주하게 될 가능성이 높다.

« 몽키 숄더

블렌디드, 40% ABV

바나나, 꿀, 배, 올스파이스의 향이 있다. 바닐라, 육두구, 미세한 감귤류, 그리고 과일의 맛이 난다. 드라이한 피니시에 이어 멘톨이 짧게 폭발하듯 드러난다.

MORTLACH

모틀락

스코틀랜드
밴프셔 키스 더프타운
www.mortlach.com

모틀락의 증류기 6대는 복잡하게 설정되어 있다. 스피릿의 5분의 1이 '위 위치(Wee Witchie)'작은 마녀라 불리는 중간 증류기에서 세 번 증류된다. 이는 스피릿에 풍부함과 깊이를 더하기 위한 과정인데, 이어서 실외에 있는 전통적 형태의 웜텁에서 액체로 응축되어 더욱 탄탄한 스타일의 위스키가 만들어진다.

모틀락은 블렌더들에게는 늘 인기가 높다. 그런데 2014년에 네 가지 새로운 제품이 출시되면서 싱글 몰트 위스키로서 크게 향상된 면모를 선보였다.

모틀락 레어 올드 »

싱글 몰트: 스페이사이드, 43.4% ABV

복숭아, 살구, 밀크 초콜릿, 캐러멜이 느껴지는 신선한 향. 과일 느낌이 향으로 올라오다가 시나몬이 감도는 견과 맛으로 옮겨 간다.

모틀락 25년

싱글 몰트: 스페이사이드, 43.4% ABV

신선한 흙내음이 은은하게 나는데, 여기에는 사과와 희미한 고기 향도 감지된다. 입에서는 맥아, 절제된 스파이스들, 달콤함과 새콤함을 오가는 맛을 느낄 수 있다.

MURREE

머리

파키스탄

라왈핀디 내셔널 파크로드 머리 증류소
www.murreebrewery.com

머리의 소유주는 비무슬림으로, 무슬림 국가에서 알코올 음료를 빚는 유일한 증류소이다. 이곳은 '여행자들과 비무슬림을 위한' 알코올 음료 증류를 특별히 허가받았다.

보리는 영국에서 가져와 플로어 몰팅 및 살라딘 박스를 거쳐 발아된다. 만들어진 스피릿의 일부는 캐스크에, 대부분은 대형 배트(vat, 일부는 오스트레일리아산 참나무로 만든다)에 담은 뒤 냉각 장치를 갖춘 지하 저장고에서 숙성된다.

« 머리 클래식 8년

싱글 몰트, 43% ABV

꽃과 버터의 향과 피니시가 있다. 약간 풋풋한 맛이 나고, 하드캔디 맛도 감돈다. 순수한 몰트 위스키 같지는 않다.

머리 레어리스트 21년

싱글 몰트, 43% ABV

아시아에서 생산하는 위스키 가운데 숙성 기간이 가장 길다. 머리가 지닌 핵심적인 특성이 나무에서 우러난 풍미를 담아 더욱 깊고 진해졌다.

NANT

난트

오스트레일리아

태즈매니아 보스웰 난트 에스테이트

태즈매니아에 있는 난트 에스테이트는 원래 1821년에 설립되었는데, 2004년 키스 배트와 마거릿 배트가 역사적 의미가 있는 농장에 증류소를 세우기 위해 사들였다. 전문가인 빌 라크(228쪽 참조)의 지도 아래 증류소는 2008년 4월부터 생산에 들어갔다.

한정된 수량의 캐스크에 담긴 위스키를 매년 생산할 계획을 가지고 있다. 증류소에서 사용하는 보리와 물은 농장에서 직접 공급을 받으며, 복원한 제분소는 몰트를 제공해 준다. 또한 근사한 방문객 센터를 새로 지었다.

난트 더블 몰트 »

블렌디드 몰트, 43% ABV

태즈매니아에 있는 다른 증류소들로부터 공급받은 엄선된 캐스크 2종의 몰트를 섞은 것이다. 이를 통해 미래에 선보일 난트 위스키가 어떠할지 미리 짐작할 수 있다. 자두와 크림소다 풍미가 감도는 달콤한 맛과 과일 맛이 있다. 미디엄바디에, 부드럽다.

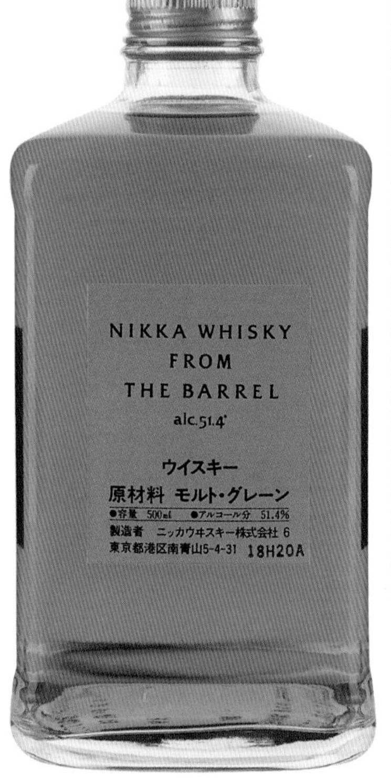

NIKKA – GRAIN & BLENDS

닛카-그레인 앤드 블렌드

일본

미야기 센다이 아오바쿠 닛카 1,
홋카이도 요이치군 요이치마치 구로가와초 7-6
www.nikka.com

닛카는 일본에서 두 번째로 큰 증류 회사로, 1933년 다케쓰루 마사타카가 설립했다. 카리스마 넘치는 증류사 다케쓰루는 스코틀랜드에서 위스키 제조법을 익혔는데, 스페이사이드의 롱몬과 캠벨 ☛

« 닛카 위스키 프롬 더 배럴

블렌디드, 51.4% ABV

향이 먼저 도드라진다. 가벼운 꽃향기와 적절한 강도의 복숭아 향, 그리고 로즈마리 오일과 송진을 닮은 풍미가 올라온다. 입에서는 단맛이 가볍게 느껴지는데 약간의 바닐라, 은은한 체리 풍미가 있다. 피니시에는 풍부한 스파이스가 있다. 최고의 블렌디드 위스키이다.

닛카 올 몰트

블렌디드 몰트, 40% ABV

단식 증류된 몰트와 코피 증류기(coffey still)로 연속 증류된 100퍼센트 몰트를 블렌딩한 것이다. 바나나 향과 함께 달콤하고 드라이한 오크의 향이 있다. 맛은 부드럽고 미끈하다.

타운의 헤이즐번을 거쳤다. 이후 일본 홋카이도에 돌아왔다. 그곳은 여러 가지 조건들이 스코틀랜드와 매우 흡사했다. 그는 이곳에 요이치 증류소를 세웠다. 닛카는 현재 두 개의 몰트 증류소를 미야기와 요이치에서 운영 중이다. 그레인 위스키 공장도 갖고 있는데 블렌디드와 싱글 몰트를 포함하여 여러 가지 스타일의 위스키 목록이 점점 늘어나고 있다.

최근 닛카는 수출 시장에 집중하고 있다. 블렌디드 위스키들이 해외로 많이 나가 있지만 상업적으로 집중하고 있는 것은 닛카 미야기쿄(264쪽 참조)와 닛카 요이치(266쪽)의 브랜드로 나오고 있는 싱글 몰트 위스키이다.

닛카 퓨어 몰트 레드 »

블렌디드 몰트, 43% ABV

닛카는 '퓨어 몰트 시리즈'라고 이름 지은 블렌디드 몰트 위스키들을 내놓고 있다. 그중 하나인 레드는 담백하고 향긋한데 파인애플, 싱싱한 사과, 배, 그리고 순한 아몬드 같은 오크 풍미가 슬며시 난다.

닛카 코피(COFFEY) 몰트 위스키

몰트 위스키, 45% ABV

흑후추를 곁들인 레몬을 뿌린 듯하며, 바닐라 향이 거침없이 배경에 번진다. 향의 풍미가 맛에도 이어지는 가운데 밀크 커피와 프룬 주스 맛이 더해진다.

NIKKA MIYAGIKYO

닛카 미야기쿄

일본

미야기 센다이 아오바쿠 닛카 1
www.nikka.com

미야기쿄 증류소는 닛카의 두 번째 증류소로, 센다이시와 가까운 곳에 있어서 센다이 증류소라 부르기도 한다. 현재 증류기 8대가 있는 몰트 위스키 증류소, 2가지 다른 설정으로 설치된 그레인 위스키 공장, 아주 넓은 저장고를 갖추고 있다. 주된 스타일은 가볍게 향기롭고 부드러운 과일 풍미를 지닌 위스키이다. 피트가 가미된 스타일도 일부 있다.

« 닛카 미야기쿄 10년

싱글 몰트, 45% ABV

증류소의 주요 특성이 전형적으로 드러나는 위스키로, 배경에 아니스 풍미가 은은하게 깔려 있으며 백합, 가시금작화, 라일락 등의 매혹적인 꽃향기가 올라온다. 균형 잡힌 맛에는 싱싱한 오크와 희미한 버터스카치 풍미가 있다. 피니시에는 소나무가 느껴진다.

닛카 미야기쿄 12년

싱글 몰트, 45% ABV

2년 더 숙성하는 동안 꽃향기가 풍부해졌다. 진한 바닐라 포드(pod) 풍미와 망고나 감처럼 말랑한 열대 과일 향이 있다. 은은한 스모크 느낌과 함께 좋은 구조를 갖추고 있다.

NIKKA TAKETSURU

닛카 다케쓰루

일본

미야기 센다이 아오바쿠 닛카 1,
홋카이도 요이치군 요이치마치 구로가와초 7-6
www.nikka.com

닛카의 창립자인 다케쓰루 마사타카에서 이름을 따왔으며, 좁은 범주의 '블렌디드 몰트' 위스키이다. 퓨어 몰트 시리즈와 같이 닛카의 두 군데 증류소에서 만든 위스키로 구성되어 있다.

닛카 다케쓰루 17년 »

블렌디드 몰트, 43% ABV

시가 상자의 아로마, 광택제와 옅은 가죽의 향 등이 분명하게 느껴지는 스모크가 있다. 희석해서 마시면 신선한 열대 과일의 특성이 드러나는데, 피트 스모크가 본격적으로 나타나기 전에 먼저 입에서 느껴지는 맛이기도 하다.

닛카 다케쓰루 21년

블렌디드 몰트, 43% ABV

수상 경력이 많은 위스키이다. 스모크는 즉각적인 반면 뒤따르는 맛은 더욱 진하고 풍부하며 은밀하다. 잘 익은 베리, 케이크 믹스, 오크, 버섯 혹은 송로버섯 풍미가 오랜 숙성을 느끼게 한다. 과일 시럽, 무화과, 자두, 스모크의 풍미도 있다.

NIKKA YOICHI

닛카 요이치

일본

홋카이도 요이치군 요이치마치 구로가와초 7-6
www.nikka.com

요이치는 분명 재패니즈 위스키이지만 그들의 사촌이라고 할 수 있는 스카치 위스키, 특히 아일라와 캠벨타운의 위스키와 아주 닮았다. 다양한 스타일로 생산되고 있는데, 복합적이고 단단하고 미끈하며 스모키한 몰트로 유명하다.

« 닛카 요이치 10년

싱글 몰트, 45% ABV

맥아 느낌이 희미하게 있다. 처음에 소금을 뿌린 듯한 옅은 스모크의 향이 나는데 캐러멜화된 과일 향도 감돈다. 요이치의 미끈한 특성이 혀를 감싸는 동안 스모크가 향긋한 느낌에서 그을린 느낌으로 변화해 간다. 피니시는 말린 꽃향기로 마무리된다.

닛카 요이치 12년

싱글 몰트, 45% ABV

풀바디에 깊이 있고 탄탄하며 복합적인 것이 요이치의 전형적인 성격을 드러낸다. 피트의 풍미가 석탄의 그을음 같은 성질에 흙냄새의 캐릭터를 더해 준다. 데친 배와 구운 복숭아 풍미가 스모크, 감초, 헤더 풍미에 상쇄되어 균형 잡힌 단맛이 난다.

THE NOTCH

노치

미국

매사추세츠 난터켓 바틀렛 팜 로드 5&7
트리플 에이트 증류소
www.ciscobrewers.com

딘 롱과 멜리사 롱은 1981년에 난터켓 와이너리를 시작했고, 1995년에는 시스코 브루어리를 더했다. 2년 후에는 그 지역 최초로 '트리플 에이트'라는 마이크로 증류소를 설립했다. 첫 번째 싱글 몰트 위스키는 2000년에 나왔다. 비록 스카치 방식으로 생산했지만 스카치 위스키는 아니므로 'not Scotch', 즉 노치라는 이름을 붙였다. 버번 위스키 배럴에서 숙성을 거친 뒤 프랑스산 오크로 만든 메를로 와인 배럴에서 피니시한다.

노치 »

싱글 몰트, 44.4% ABV

아몬드와 과일의 달콤한 아로마에 이어 바닐라와 태운 오크의 향이 난다. 입에서는 농익은 꿀과 배의 맛이 느껴지는데 메를로 와인을 품은 듯하다. 피니시는 길고 허브 풍미가 있다.

OBAN

오반

스코틀랜드
아가일 오반
www.malts.com

오반 증류소의 역사는 오반이 작은 어촌에 불과했던 1793년까지 거슬러 올라간다. '섬으로 가는 관문'이라는 별명이 붙은 이곳은 마을이 현재 증류소를 둘러싸고 있어서 확장을 억제한다. 연간 생산량이 70만 리터에 불과해 위스키 과잉 생산 시기에도 문을 닫은 적 없으며, 설립 이래 꾸준히 가동하고 있다. 공식 연산 미표기 제품인 리틀 베이, 14년 숙성 위스키, 그리고 더블 숙성을 거친 디스틸러스 에디션이 때때로 출시된다.

« 오반 14년

싱글 몰트: 하이랜드, 43% ABV

활기 넘치는 해변 증류소의 특성이 나무통에서 오랜 세월을 지내는 동안 그윽해졌다. 진하고, 말린 과일의 캐릭터가 있다.

오반 디스틸러스 에디션 1992

싱글 몰트: 하이랜드, 43% ABV

서로 다른 캐스크에서 숙성을 거치는 15년 숙성의 몰트 위스키. 강한 셰리 통의 영향을 받아 스파이스와 오크의 풍미가 두드러진다.

OFFICER'S CHOICE

오피서스 초이스

인도

소유주: 얼라이드블렌더스 앤드 디스틸러스

www.abdindia.com

오피서스 초이스는 1988년 출시한 이래 세계에서 가장 큰 위스키 브랜드 중 하나가 되었으며, 18개국에서 구할 수 있다. 최근 몇 년 동안 연간 14퍼센트의 성장률을 기록했는데, 2014년과 2015년 사이에는 2,300만 케이스가 팔렸다. 인도 위스키 시장에서 37퍼센트를 점유하고 있으며, 맥도웰스 넘버 원 리저브와 1위의 자리를 놓고 경쟁한다. 2012년에 나온 블루와 2년 뒤에 나온 블랙 두 종은 '준프리미엄급' 위스키에 속한다. 모든 제품에 인도산 그레인 위스키와 스코틀랜드산 블렌디드 몰트 위스키가 들어간다.

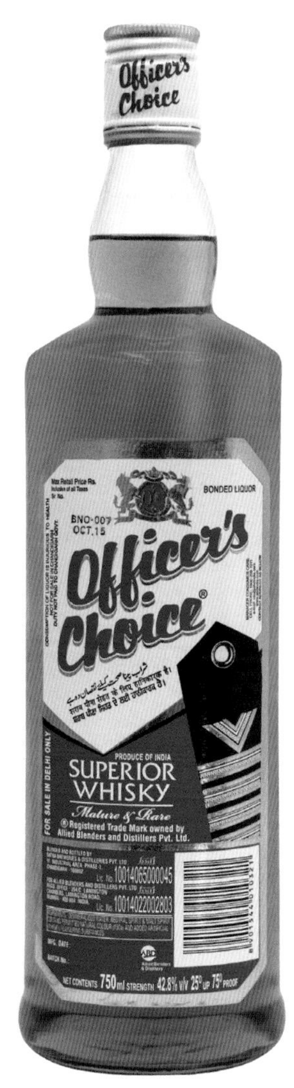

오피서스 초이스 »

블렌디드, 42.8% ABV

활기찬 향에서 럼의 느낌이 살짝 난다. 입에서는 캐러멜과 시나몬 맛이 나고, 피니시는 짧다.

OLD CHARTER

올드 차터

미국

켄터키 프랭크퍼트 윌킨슨 1001
버펄로 트레이스 증류소
www.buffalotracedistillery.com

올드 차터 브랜드의 기원은 1874년까지 거슬러 올라간다. 이 이름은 '차터 오크'라는 참나무와 관련이 있는데, 1687년 당시 코네티컷 식민지 주민들은 영국 왕실의 헌장(charter)을 이 참나무에 숨겨 헌장을 무효화하려고 했다. 버펄로 트레이스 증류소는 1900년대 초에 설립되었으며, 미국 국가 사적지로 등재되어 있다.

« 올드 차터 8년

버번, 40% ABV

처음에는 드라이하고 후추처럼 얼얼한 향이 올라오고, 달콤하며 버터 같은 아로마가 뒤따른다. 과일, 바닐라, 낡은 가죽, 정향의 맛으로 입안이 코팅된다. 피니시는 길고 세련되었다.

OLD CROW

올드 크로

미국

켄터키 클레몬트 해피 할로 로드 149
짐 빔 증류소
www.beamsuntory.com

올드 크로라는 이름은 19세기 스코틀랜드 출신의 화학자이자 켄터키 버번 디스틸러인 제임스 크리스토퍼 크로에서 따왔다.

짐 빔은 1987년에 올드 그랜드대드(274쪽 참조), 올드 테일러(279쪽)와 함께 올드 크로의 브랜드를 내셔널 디스틸러스로부터 사들였고, 이 버번 위스키들과 관계된 증류소 세 곳이 문을 닫았다. 오늘날 모든 제품이 보스턴과 클레몬트에 있는 짐 빔의 증류소에서 생산된다.

올드 크로 »

버번, 40% ABV

순한 스파이스가 감도는 가운데 맥아, 호밀, 자극적인 과일 풍미가 복합적인 향을 낸다. 감귤류와 스파이스 풍미가 전면에 떠오르고 입에서는 스파이스, 맥아, 감귤류 맛이 느껴진다.

OLD FITZGERALD

올드 피츠제럴드

미국

켄터키 루이빌 웨스트 브레킨리지 스트리트
1701 헤븐 힐 증류소
www.heavenhill.com

올드 피츠제럴드는 존 E. 피츠제럴드의 이름에서 따온 것인데, 그는 1870년 프랭크퍼트에 증류소를 세웠다. 프레드릭 스티첼과 필립 스티첼 형제가 회사를 윌리엄라루웰러앤드선스와 합병했을 때 지금의 루이빌로 옮겨 왔다. 그리고 이어서 1935년에 스티첼웰러 증류소를 새롭게 루이빌에 세웠다.

« 베리 스페셜
올드 피츠제럴드 12년

버번, 45% ABV

매시빌에 호밀 대신 약간의 밀을 섞어 만든 복합적이고 균형 잡힌 버번 위스키이다. 진하고 과일과 가죽의 향이 있다. 달콤한 맛과 과일 맛이 나는데 스파이스와 오크가 맛의 균형을 잡아 준다. 피니시는 길고 드라이하며, 바닐라에서 오크로 차츰 넘어간다.

OLD FORESTER

올드 포레스터

미국

켄터키 루이빌 딕시 하이웨이 850
브라운포맨 증류소
www.oldforester.com

올드 포레스터 브랜드의 기원은 1870년 조지 가빈 브라운이 켄터키 루이빌에 증류소를 설립했을 때로 거슬러 올라간다. 처음에는 r이 2개인 'Forrester'라고 표기했는데, 이는 남부연합군의 네이선 베드퍼드 포레스트 장군을 기리기 위해서였다는 말이 전해진다.

올드 포레스터 »

버번, 43% ABV

꽃향기가 도드라지는 가운데 바닐라, 스파이스, 후추, 과일, 초콜릿, 멘톨이 어우러지는 복합적인 향. 입안 가득 과일 풍미가 느껴지며 호밀과 복숭아의 맛이 퍼지, 육두구, 오크와 경쟁하는 듯하다. 피니시에는 더욱 풍부한 호밀, 토피, 감초, 마른 오크가 느껴진다.

올드 포레스터 버스데이 버번(2007)

버번, 47% ABV

2007년 출시된 위스키로 시나몬, 캐러멜, 바닐라, 민트가 어우러진 달콤한 향을 낸다. 풍성하고 복합적인 맛으로 캐러멜, 사과, 바닐라 오크 맛이 난다. 피니시는 길고 후끈하며 깔끔하다.

OLD GRAND-DAD

올드 그랜드대드

미국
켄터키주 클레몬트 해피 할로 로드 149
짐 빔 증류소
www.beamsuntory.com

올드 그랜드대드는 증류사인 베이즐 헤이든(38쪽 참조)의 손자가 1882년에 설립했다. 이 브랜드와 증류소는 결국 아메리칸 브랜즈(현재의 포춘 브랜즈)의 손에 넘어갔는데, 인수 후 증류소는 문을 닫았다. 지금은 클레몬트와 보스턴에 있는 짐 빔 증류소에서 제품을 생산한다.

‹‹ 올드 그랜드대드

버번, 43-57% ABV

상대적으로 호밀 비율이 높으며, 오렌지 및 얼얼한 스파이스의 향이 있다. 바디감은 묵직하고 맛은 풍성하다. 하지만 강도를 고려했을 때 놀랄 만치 부드럽다. 과일, 견과, 캐러멜의 맛이 전면에 부각된다. 피니시는 길게 이어지고 미끈하다.

OLD PARR

올드 파

스코틀랜드

소유주: 디아지오

원래의 '올드 파'는 1483년부터 1635년까지 152년을 살았다는 토머스 파를 가리킨다. 과연 가능한 일인지 의심이 든다면 그가 묻혀 있는 웨스터민스터 사원 '시인 구역'에서 확인해 보길 바란다.

1871년에 당시 유명한 블렌더였던 그린리스 형제가 올드 파라는 이름을 가져다가 디럭스 위스키에 붙였다. 오늘날 이 브랜드는 거대 기업인 디아지오 산하에 있으며 일본, 베네수엘라, 멕시코, 콜롬비아에서 큰 성공을 거두어 왔다. 전통적으로 크래건모어 몰트가 블렌딩의 중심 역할을 해 왔다.

그랜드 올드 파 12년 »

블렌디드, 43% ABV

몰트, 건포도, 오렌지 향이 뚜렷하게 느껴진다. 사과와 말린 과일, 피트의 향도 은은하다. 입에서는 강한 맛을 느낄 수 있는데 맥아, 건포도, 탄 캐러멜, 갈색 설탕의 풍미가 있다.

OLD POTRERO

올드 포트레로

미국

캘리포니아 샌프란시스코 마리포사 스트리트
1705 앵커 디스틸링 컴퍼니
www.anchordistilling.com

프리츠 메이태그는 미국에서 '마이크로 디스틸러리'를 주창해 온 선구자였으며, 1965년 이래 샌프란시스코에서 역사적으로 중요한 앵커 스팀 브루어리를 운영해 오고 있다. 그는 1994년에 샌프란시스코 포트레로 힐에 있는 브루어리에 작은 증류소를 세웠다. 100퍼센트 호밀을 써서 전통적인 개방형 단식 증류기와 스몰 배치로 스피릿을 생산하여 '오리지널 미국 위스키의 재창조'를 목표로 하고 있다.

« 올드 포트레로 에잇틴스 센트리 스타일 위스키

싱글 몰트 라이, 62.55% ABV

위스키 대회에서 수상한 '18세기 스타일' 위스키. 소형 단식 증류기로 증류한 다음 가볍게 그을린 새 오크 배럴에서 1년 동안 숙성한다. 바닐라와 스파이스가 감도는 꽃과 견과류의 향이 있다. 입에서 매끄러움이 느껴지고, 민트, 꿀, 후추 풍미가 있는 피니시는 길게 이어진다.

OLD PULTENEY

올드 풀트니

스코틀랜드

케이스네스 위크 풀트니 증류소
www.oldpulteney.com

1790년대에 윌리엄 풀트니의 지휘 아래 영국어업협회가 위크를 모범적인 어항으로 만들고자 했을 때, 이곳은 작은 시골 마을에 불과했다. 1826년 청어 무역이 호황을 누리게 되자, 지역 증류업자였던 제임스 헨더슨은 새 증류소를 만들면서 풀트니 경을 기념하는 뜻으로 그의 이름을 붙였다.

한 대의 워시 스틸(wash still, 1차 증류기)에는 역류를 증대시키기 위해 커다란 구(ball)가 달려 있고, 윗부분이 평평하게 잘려 있는데 아마도 증류실에 맞게 줄인 것으로 보인다.

올드 풀트니 12년 »

싱글 몰트: 하이랜드, 40% ABV

상쾌하고 짭짤하며 바닷가가 느껴진다. 버번 캐스크 숙성으로 나무의 달콤함이 있다.

올드 풀트니 17년

싱글 몰트: 하이랜드, 46% ABV

과일과 버터스카치 풍미를 더하기 위해 부분적으로 셰리 통 숙성을 거쳤다. 미디엄풀바디에, 피니시는 길다.

OLD SMUGGLER

올드 스머글러

스코틀랜드

소유주: 캄파리 그룹

전해지는 말에 따르면, 금주법 시대에 많은 사랑을 받았던 올드 스머글러는 1835년에 제임스 스토다트와 조지 스토다트가 처음 개발하였다. 비록 그 회사는 오늘날 거의 잊혀졌지만 역사는 이를 셰리 버트에서 최초로 숙성시킨 위스키로 기록하고 있다. 2006년에 캄파리 그룹이 페르노 리카로부터 올드 스머글러와 또다른 블렌디드 위스키 브리마, 주력이었던 글렌 그란트 증류소를 사들였다. 올드 스머글러는 미국과 아르헨티나에서 두 번째로 잘 팔리는 위스키로 중요한 지위를 유지하고 있으며, 동유럽에서의 판매도 호조를 보인다.

« 올드 스머글러

블렌디드, 40% ABV

불쾌감 없이 스모크가 은은한 괜찮은 스카치 위스키. 가성비 있는 블렌디드로, 믹서와 섞어 마시면 좋다.

OLD TAYLOR

올드 테일러

미국

켄터키주 클레몬트 해피 할로 로드 149
짐 빔 증류소

올드 테일러는 에드먼드 헤인즈 테일러 주니어를 기념한다. 그는 켄터키 프랭크퍼트 지역에 있는 증류소 세 곳과 오랜 세월 인연을 맺어 왔다. 그 증류소 중에는 지금의 버펄로 트레이스(66쪽 참조)도 있다. 그는 1897년 제정된 보틀드인본드법(Bottled-in-Bond) 책임자였다. 이 법은 위스키의 품질 보증을 위한 것으로, 주요 내용은 미국 정부의 관인이 찍힌 위스키는 50% AVB(100proof)에 최소 4년의 숙성을 거쳐야 한다는 것이었다. 올드 테일러는 1987년에 포춘 브랜즈가 인수하였다.

올드 테일러 »

버번, 40% ABV

마지팬 느낌이 살짝 도는 가운데 가벼운 오렌지 향이 있다. 달콤하고 꿀맛이 나며, 오크 풍미도 약하게 느껴진다.

OVEREEM

오버림

오스트레일리아

태즈매니아 블랙맨스 베이 올드 호바트 증류소
www.overeem.co.uk

사업가인 케이시 오버림은 영국 여행 중 증류소 15군데 이상을 방문하면서 위스키 증류를 익혔다. 고향인 태즈매니아로 돌아와서 올드 호바트 증류소를 세우고 2007년에 위스키 생산에 돌입했다. 그는 피트가 가볍게 가미된 워시(발효액)를 인근의 라크 증류소에서 조달해 와서 구리 단식 증류기 한 쌍으로 증류를 시작했다. 숙성은 버번, 포트 와인, 셰리 캐스크에서 이루어진다.

2014년에 라크 증류소가 올드 호바트를 오버림 브랜드와 함께 매입하였다.

« 오버림 포트 캐스크 머추어드 - 캐스크 스트렝스

싱글 몰트, 60% ABV

여름 과일과 바닐라 향이 있고, 입에서는 바닐라와 스파이스의 맛이 더 진하다.

오버림 버번 캐스크 머추어드 - 캐스크 스트렝스

싱글 몰트, 60% ABV

견과 느낌의 바닐라와 캐러멜 향이 있다. 잘 익은 사과와 코코넛의 맛이 풍부하다.

P&M

피앤드엠

프랑스

코르시카 퓨리아니 20600 루트 드 라 마라나
브래서리 피에트라, 도멘 마벨라
www.corsican-whisky.com

피앤드엠은 지중해의 섬 코르시카에 있는 두 회사 사이에서 생산적인 협업을 통해 생산된다. 1996년에 브루어리로 출발한 피에트라(Pietra)가 매시를 생산하면, 마벨라(Mavela)는 이를 증류한다. 인근 숲의 참나무로 만든 오크 캐스크에서 싱글 몰트는 숙성된다. 피앤드엠은 싱글 몰트뿐만 아니라 다양한 블렌디드 위스키도 생산한다.

피앤드엠 퓨어 몰트 »

블렌디드 몰트, 42% ABV

복합적이고 향긋한 위스키. 꿀, 살구, 감귤류 과일의 은은한 아로마와 풍부한 맛을 가지고 있다.

PADDY

패디

아일랜드

코크 미들턴 미들턴 증류소
www.irishdistillers.ie

예전에는 아이리시 위스키가 펍에서 이름도 없이 캐스크에서 바로 팔렸다. 펍에서 어떤 위스키를 파는가는 펍과 증류소를 연결해 주던 중개상과 펍 주인과의 유대 관계에 달려 있었다.

패디 플래어티는 1920년대와 1930년대에 미들턴의 코크 디스틸러리 컴퍼니(CDC)의 중개상으로 일했다. 그는 미들턴의 술집에 오면 그곳에 있는 이들에게 술을 무료로 제공했다. 그러자 사람들은 그가 팔았던 CDC의 올드 아이리시 위스키를 '패디 위스키'로 부르기 시작했다.

<< 패디

블렌디드, 40% ABV

몰트 맛이 느껴지는 속이 꽉 차고 잘 숙성된 위스키. 맛이 좋고 스파이시하며, 후추처럼 얼얼한 쾌감이 있다.

PASSPORT

패스포트

스코틀랜드

소유주: 시바스 브라더스

시그램이 개발한 패스포트는 페르노 리카가 2002년에 인수하였다. 본고장인 영국에서 구하기 어렵지만 미국, 한국, 스페인, 브라질 등에서 눈에 띄는 성공을 거두고 있다. 과일 풍미가 있어서 얼음이나 음료를 섞어 마시거나, 칵테일용으로 사랑받는다. 눈에 띄는 복고풍 디자인의 녹색 직사각형 병에 든 패스포트 위스키는 "1960년대 영국의 문화 혁명에 영감받은 젊고 활기찬 개성을 지닌 독특한 스카치 위스키"이다. 블렌딩에는 글렌리벳처럼 기품 있고 유명한 몰트 위스키들이 쓰였다.

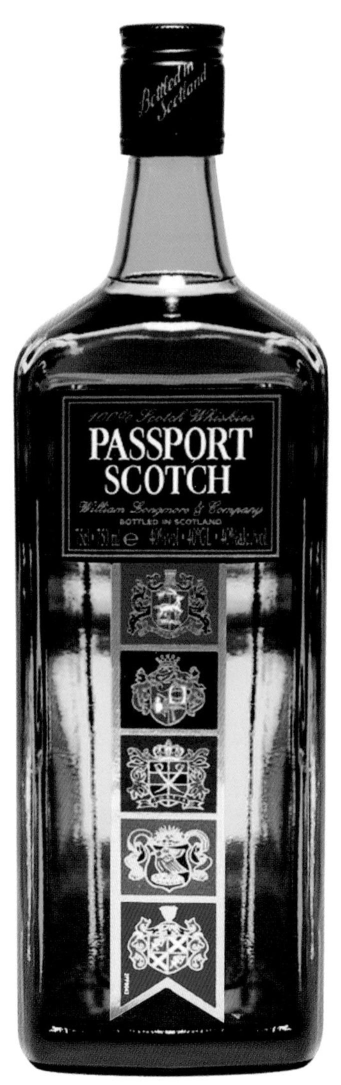

패스포트 »

블렌디드, 40% ABV

과일 맛과 기분 좋게 크리미한 피니시가 있다. 스트레이트로 마시기도 하지만 얼음을 넣어 마시는 것이 일반적이다. 미디엄바디에 피니시는 부드럽고 그윽하다.

PAUL JOHN

폴 존

인도

방갈로르 560 039 마이소르 로드 판타라팔리아
110 존 디스틸러리스
www.pauljohnwhisky.com

폴 존은 인도 고아 지역의 열대 해변에서 만드는데, 히말라야 산기슭에서 자라는 여섯줄보리를 사용한다. 전통적인 구리 단식 증류기로 하루에 최대 3,000리터의 스피릿을 생산할 수 있다. 온도 조절 장치가 있는 저장고에서 캐스크를 숙성하지만, 고아의 기후는 위스키 숙성이 비교적 빨리 이루어지게 한다. 2007년에 첫 번째 싱글 몰트 위스키를 증류했고, 2012년 가을에 첫 출시가 이루어졌다.

« 폴 존 에디티드

싱글 몰트, 46% ABV

커피와 온화한 스모크가 감도는 과일의 향이 있다. 입에서는 갓 베어 낸 풀과 피트의 맛, 그보다 강한 커피 맛이 느껴진다.

폴 존 브릴리언스

싱글 몰트, 46% ABV

꿀, 시나몬, 스파이스의 향이 향긋하다. 맛은 달고 스파이시하며 매끄러운데, 밀크 초콜릿 맛이 은은하게 난다.

PENDERYN

펜더린

웨일스
애버데어 인근 펜더린
www.penderyn.wales

웨일스 지역에서 위스키 역사의 뿌리는 깊다. 펜더린 측은 4세기 무렵 이미 '귀로드(gwirod, 증류주를 뜻하는 웨일스어)'를 생산했다고 말한다. 웨일스에서의 위스키 산업은 20세기 내내 침묵을 지켰다. 펜더린이 설립된 것이 2004년이니, 거의 100년 만에 웨일스에서 소형 증류기가 가동을 시작한 것이다. 증류가 시작된 지 8년이 지난 2008년 6월 당시 왕세자였던 찰스 3세가 펜더린 위스키를 세상에 공개했다. 오늘날 핵심 제품으로 레전드, 피티드, 미스(Myth)가 있다. 이 중 미스는 버번 캐스크에서만 숙성을 한다.

펜더린 레전드 »

싱글 몰트, 41% ABV

열대 과일의 향이 가볍다. 바닐라, 꿀맛과 함께 잘 익은 바나나 맛이 도드라진다. 피니시는 비교적 짧으며, 후추 풍미가 있다.

펜더린 피티드

싱글 몰트, 46% ABV

향긋한 스모크에 이어 바닐라, 풋사과, 상쾌한 시트러스 풍미가 올라온다.

PIG'S NOSE

피그스 노즈

스코틀랜드

소유주: 이언 매클라우드 디스틸러스
www.ianmacleod.com

영국에서 열리는 수많은 농업 박람회나 지역 축제에 가면 낡은 말 운송용 차량에서 피그스 노즈를 파는 모습을 자주 볼 수 있다. 발걸음을 옮기지 마시라. 피그스 노즈는 화이트앤드맥케이의 슈퍼스타 마스터 블렌더인 리처드 패터슨이 재블렌딩하여 새단장을 하고 시장에 나왔다. 피그스 노즈는 이보다 유명한 블렌디드 몰트 위스키 십 딥(316쪽 참조)의 형제 격이다. "돼지의 코만큼 부드럽고 매끄럽다"는 주장에 부응하듯 맛이 풍부하고 마시기 좋은 블렌디드 위스키이다.

« 피그스 노즈

블렌디드, 40% ABV

순하고 감각적인 꽃향기를 복합적인 과일 향이 뒷받침하여 섬세하고 세련된 향을 낸다. 스코틀랜드의 위스키 생산지 네 곳에서 온 몰트의 풍미가 강하게 느껴진다.

PIKESVILLE
파이크스빌

미국

켄터키 루이빌 웨스트 브레킨리지 스트리트
1701 헤븐 힐 증류소
www.pikesvillerye.com

라이 위스키는 두 가지 스타일로 나뉜다. 리튼하우스(300쪽 참조)처럼 스파이시하고 톡 쏘는 맛의 펜실베이니아 스타일, 그리고 더 부드러운 성질을 띤 메릴랜드 스타일이다. 파이크스빌은 현재 생산되고 있는 거의 유일한 메릴랜드 스타일 라이 위스키이다. 이 위스키는 1890년대에 처음 증류를 시작해 1972년에 마지막 증류를 한 메릴랜드의 파이크스빌이라는 지명에서 이름을 따왔다. 그로부터 10년 뒤 이 브랜드를 헤븐 힐이 인수했다.

파이크스빌 수프림 ››

라이, 40% ABV

상쾌한 향에서는 풍선껌, 과일, 나무 광택제 풍미가 있다. 입안에서는 풍선껌, 스파이스, 오크, 바닐라가 더욱 선명하게 느껴진다. 피니시에는 바닐라와 오렌지의 여운이 길게 이어진다.

PINWINNIE ROYALE

핀위니 로열

스코틀랜드

소유주: 인버 하우스 디스틸러스

핀위니 로열 위스키는 초기 기독교 필사본과 왕실과의 관계를 암시하는 듯한 라벨을 두르고 있어 눈에 띄는데, 사실 이처럼 낭만적인 가정을 뒷받침할 만한 물증은 없다.

인버 하우스에서 차지하는 위치를 고려했을 때 덜 알려진 몰트를 중심으로 하고 올드 풀트니, 스페이번, 아녹, 발블레어의 싱글 몰트를 블렌딩에 쓰고 있을 것으로 추정된다. 스탠더드 제품뿐만 아니라 12년 숙성도 있는데, 가벼운 스페이사이드 과일 향과 드라이한 배경을 이루는 나무 풍미, 버터 질감의 몰트를 섞은 것이다.

‹‹ 핀위니 로열

블렌디드, 40% ABV

풋풋하고 활기찬 과일 향이 있다. 질감이 매끄러우면서도 스파이시한 맛이 입에서 느껴진다. 피니시는 불에 탄 듯한 그을음으로 연결된다.

THE POGUES

포그스

아일랜드

코크 스키버린 마켓 스트리트
웨스트 코크 증류소
www.thepoguesirishwhiskey.com

전설적인 밴드 '포그스'가 공인한 아이리시 위스키로, 스키버린에 있는 웨스트 코크 증류소에서 생산한다. 2015년에 출시되었으며, 이를 개발한 사람들은 이렇게 설명한다. "햇빛과 보리를 물에 담가 오크 배럴에서 3년하고도 하루 동안 둔다. 이 위스키는 우리가 누구인지 말해주는 척도이며, 그 요란한 기쁨을 퍼뜨리려는 단 하나의 의도로 만들었다."

포그스 »

블렌디드, 40% ABV

꽃과 견과류 향에는 아몬드와 맥아의 향도 느껴진다. 달고, 매끄럽고, 맥아 맛이 나는 가운데 밀크 초콜릿, 스파이스, 감귤류 과일 풍미가 감돈다.

POIT DHUBH

포치 구

스코틀랜드
소유주: 게일릭 위스키
www.gaelicwhisky.com

1976년 이안 노블 경이 스카이섬 남부의 실업 문제를 해결하기 위해 프라반 나 린느(Pràban na Linne, 게일릭 위스키 컴퍼니로 알려져 있다)를 설립했다. 사업은 꾸준히 성장해 왔다. 포치 구는 비냉각 여과의 블렌디드 몰트 위스키로 8년, 12년, 21년 숙성 제품이 공급된다. 회사 창립 30주년을 맞아 30년 숙성이 한정판으로 출시되기도 했다. 포치 구는 예전 밀주 제조의 성격을 가능한 한 부각시키고자 이렇게 말한다. "우리는 포치 구가 불법 증류소에서 유래하고 있다는 것을 확인해 주지도, 부인도 하지 않겠다." 물론 이는 말도 안 되는 판타지이다.

« 포치 구 8년

블렌디드 몰트, 43% ABV

말린 과일과 가벼운 스파이스 풍미가 달콤쌉쌀한 캐릭터를 선사한다. 드라이하고 나무의 풍미가 느껴지며 피트가 은은히 감돈다.

PORT ELLEN

포트 엘런

스코틀랜드

아일라섬 포트 엘런

아일라의 모든 몰트 위스키 중 가장 많은 숭배자를 거느린 것을 꼽으라면 포트 엘런이다. 1983년에 증류소가 문을 닫은 이래 숭배자의 수는 해마다 증가하고 있다. 1825년 알렉산더 커 맥케이가 설립하여 가족 소유로 운영되다가 1920년대에 DCL로 소유권이 넘어갔다. 이 회사의 불운은 라가불린과 쿨 일라와 같은 계열사가 되었다는 데 있었고, 위스키 경기 침체를 맞았을 때 가장 큰 타격을 입었다. 오늘날에는 몰팅 공장으로 가동 중이며, 여기서 생산한 대부분의 맥아를 아일라의 증류소에 공급한다.

포트 엘런 더글라스 랭 (DOUGLAS LAING) 26년 »

싱글 몰트: 아일라, 50% ABV

버번 캐스크에서 숙성하며, 새 가죽의 향이 얼핏 나는 가운데 달콤한 향과 과일의 향이 있다. 입에서 달콤한 맛이 느껴지며, 놀랄 만한 피트 스모크가 있다. 소금맛이 가볍게 스치며, 타르 피니시가 길게 이어진다.

POWERS

파워스

아일랜드

코크 미들턴 미들턴 증류소

www.irishdistillers.ie

제임슨과 파워스는 더블린의 리피강을 사이에 두고 아주 오랜 세월 서로 마주보고 있었다. 더블린 남쪽에 위치한 파워스 가문은 1817년에 사업을 시작했다. 171년이 흘러 페르노 리카에 인수되기 전까지, 파워스 가문의 일원이 아이리시 디스틸러스 이사회에 참여해 왔다. 블렌디드 위스키가 유명하며, 두 가지 싱글 팟 스틸(단식 증류) 위스키도 생산한다.

« 파워스 골드 라벨

블렌디드, 40% ABV

분명 특별하다. 전형적인 아이리시 위스키의 향이 있어서, 한 모금 마시는 순간 강렬하면서도 부드럽다. 이 위스키의 핵심은 좋은 곡물을 사용해 잘 커팅해 낸 싱글 팟 스틸 위스키라는 것이다. 매혹적인 블렌디드 위스키이다.

파워스 골드 라벨 12년

블렌디드, 40% ABV

파워스의 제품군 가운데 숙성이 길고, 더 다층적인 느낌을 주는 위스키. 스파이스, 꿀, 크렘브륄레 풍미를 띠는 가운데 부드러운 나무와 달콤하고 신선한 과일 맛도 감돈다.

PRIME BLUE

프라임 블루

스코틀랜드

소유주: 모리슨 보모어

동남아시아에서 쉽게 만날 수 있는 블렌디드 몰트 위스키이다. 파란색은 흔히 귀족과 왕족을 표현하는데, 위스키 맛이 지닌 세련됨을 드러내기 위해 프라임 블루라는 브랜드명을 지었다고 알려져 있다. 한창때는 연간 100만 케이스 넘게 팔렸다. 하지만 최근 동아시아의 위스키 취향이 변화하여 다른 브랜드들과의 경쟁이 갈수록 격화되고 있다.

프라임 블루 »

블렌디드 몰트, 40% ABV

바닐라와 발아된 보리의 아로마가 느껴지고, 곧바로 가벼운 코코아 향으로, 다시 헤더와 꽃의 향으로 이어진다. 처음에는 과일 맛이 나고 맥아의 달콤한 맛이 뒤를 잇는다. 피니시는 길다.

QUEEN ANNE

퀸 앤

스코틀랜드

소유주: 시바스 브라더스

더 큰 회사의 위스키 포트폴리오에 편입된 이후에 뚜렷한 역할과 목적을 잃어버린, 이른바 '부모 없는 브랜드'의 한 예가 바로 퀸 앤이다. 퀸 앤은 한때 에든버러의 유명 블렌드 업체인 힐톰슨앤드코의 대표 격이었다. 1884년에 처음 생산을 시작했고, 윌리엄 쇼가 블렌딩을 맡았다. 오늘날에는 시바스 브라더스가 소유하고 있다. 한때 명성을 얻었던 자존심 강한 여타 브랜드와 마찬가지로 퀸 앤은 스코틀랜드 위스키 산업의 합병 과정에서 곤경에 처하고 고립되었으며, 예전에 인기를 누렸던 몇몇 지역에서 간신히 버티고 있다.

‹‹ 퀸 앤

블렌디드, 40% ABV

특별히 개성적인 위스키는 아니다. 맛들이 너무 견고하게 뭉쳐져 있어서 개별적인 향이나 맛을 식별하기가 어렵다. 다른 것과 섞어서 마시기 좋은 스탠더드 블렌디드 위스키.

RAGTIME

래그타임

미국

뉴욕 브루클린 리처드슨 스트리트
뉴욕 디스틸링 컴퍼니
www.nydistilling.com

뉴욕 브루클린에 증류소가 처음 들어선 것은 18세기였지만, 1919년의 금주법 이후 뉴욕에는 오랫동안 합법적인 위스키 증류소가 생기지 않았다. 그러다 마침내 2009년, 브루클린 브루어리의 공동 창업자인 톰 포터와 슬로우푸드 USA의 회장이었던 앨런 캐츠가 뉴욕 디스틸링 컴퍼니를 설립했다. 2015년부터 몇 종류의 진과 함께 래그타임 라이 위스키를 소매점에 내놓기 시작했다. 이것은 스트레이트 라이 위스키로, 매시빌을 보면 호밀 72퍼센트, 옥수수 16퍼센트, 보리 12퍼센트로 되어 있다. 그리고 숙성 기간은 3년 6개월이다.

래그타임 라이 »

라이, 45.2% ABV

호밀 스파이스, 오크, 레드 베리의 향이 있다. 얼얼한 풍미의 호밀, 시나몬, 육두구, 캐러멜의 맛이 가득하다. 피니시는 드라이하고 감초, 스파이스, 오크 풍미가 느껴진다.

REBEL YELL

레벨 옐

미국

켄터키 루이빌 웨스트 브레킨리지 스트리트
1701 헤븐 힐 증류소
www.rebelyellbourbon.com

레벨 옐은 루이빌에 있는 번하임 증류소에서 만드는데, 매시빌을 보면 호밀 대신 밀이 포함되어 있다. 레벨 옐의 레시피에 따라 처음 만들어진 것은 1849년의 일이었다. 미국 남부 주들에서 오랫동안 인기를 누리다가 마침내 1980년대에 세계적으로 공급되기 시작했다. 스탠더드 병입 제품에 더해 아메리칸 위스키와 스몰 배치, 스몰 배치 리저브도 나오고 있다.

« 레벨 옐

버번, 40% ABV

꿀, 건포도, 버터의 향이 감칠맛 있는 버번의 세계로 이끈다. 이어서 자두와 부드러운 가죽이 느껴지는 꿀과 버터 풍미의 고급스런 맛과 향이 난다. 피니시는 길고, 입에서 예상했던 것 이상으로 스파이스의 기운이 강하다.

REDBREAST

레드브레스트

아일랜드

코크 미들턴 미들턴 증류소
www.redbreastwhiskey.com

와인 거래상 길비스는 제임슨 위스키를 숙성하고 병입하여 이름을 레드브레스트라고 지어 팔았다. 이런 방식의 거래는 1968년에 단계적으로 폐지되었지만, 레드브레스트는 인기가 너무 높아 1980년대까지 지속되었다.

1990년대에 아이리시 디스틸러스가 길비스로부터 이 브랜드를 사들였고, 부분적으로 셰리 통에서 숙성시킨 퓨어 팟 스틸 위스키 12년 제품을 재출시했다. 12년 캐스크 스트렝스, 15년과 21년 버전도 있다.

레드브레스트 12년 »

퓨어 팟 스틸 위스키, 40% ABV

의심할 여지 없이 세계에서 가장 훌륭한 위스키 중 하나이다. 생강에서 시나몬까지, 페퍼민트에서 아마씨까지, 감초에서 캠퍼에 이르기까지 향의 범위가 매우 폭넓다. 셰리 풍미가 우아한 피니시를 선사한다.

REISETBAUER
라이제트바우어

오스트리아
키르히베르크테닝 4062 숨 키르히도르퍼구트 1
www.reisetbauer.at

한스 라이제트바우어는 고품질 과일 증류로 이름을 얻었다. 그는 1995년에 위스키 증류를 시작했는데, 발트피어틀러 로건호프 증류소(364쪽 참조)와 함께 오스트리아 최초의 위스키라고 주장한다. 라이제트바우어는 보리 재배는 물론, 몰팅과 발효도 직접 한다. 워시는 두 번의 증류를 거쳐 트로켄베렌아우스레제독일 귀부와인와 샤르도네 캐스크에서 숙성하는데, 이로써 나무가 지닌 과일의 흔적을 흡수한다. 첫 번째 병입 위스키는 2002년에 출시되었다.

« 라이제트바우어 7년
싱글 몰트, 43% ABV

헤이즐넛과 말린 허브를 연상시키는 볶은 아로마의 우아하고 다층적인 향. 빵과 시리얼의 맛이 기분 좋게 느껴진다. 약간 스모키하며, 질 좋은 스파이스 풍미도 있다.

라이제트바우어 12년
싱글 몰트, 48% ABV

7년과 비슷하면서도, 숙성에 쓴 와인 배럴에서 오는 과일의 맛과 향이 더 도드라진다.

RIDGEMONT

리지몬트

미국

켄터키 바즈타운 바턴 로드 300 톰 무어 증류소
www.1792bourbon.com

이 버번 위스키가 2004년 처음 시장에 나왔을 때는 '리지우드(Ridgewood) 리저브'라고 불렀다. 하지만 증류소와 우드포드 리저브의 소유주 브라운포맨 사이에 소송이 벌어져 리지몬트(Ridgemont)로 바뀌었다. 이름에 있는 '1792'는 켄터키가 주로 승격되며 미국의 15번째 주가 된 해에 바치는 경의의 표시이다.

1792 리지몬트 리저브 »

버번, 46.85% ABV

비교적 섬세하고 복합적인 맛을 띠는 8년 숙성 스몰 배치 버번 위스키. 바닐라, 캐러멜, 가죽, 호밀, 옥수수, 스파이스가 어우러진 부드러운 향을 자랑한다. 미끈하고 처음에는 단맛이 느껴진다. 이어서 오크 풍미가 감도는 캐러멜과 스파이시한 호밀의 맛이 펼쳐진다. 상당히 긴 피니시에는 오크와 스파이스가 느껴지고, 캐러멜도 은은하게 이어진다.

RITTENHOUSE RYE

리튼하우스 라이

미국

켄터키 루이빌 웨스트 브레킨리지 스트리트 1701 헤븐 힐 증류소
www.heavenhill.com

한때는 라이 위스키의 심장부로 불리는 펜실베이니아와 연관을 맺었지만, 지금은 켄터키에서 위스키 제조를 이어 나가고 있다. 매시빌은 호밀 51퍼센트, 옥수수 37퍼센트, 보리 12퍼센트로 구성되어 있다.

리튼하우스는 1933년 금주법이 폐지된 직후에 필라델피아의 콘티넨탈 디스틸링 컴퍼니가 출시했고, 이후 헤븐 힐이 인수하였다. 헤븐 힐은 라이 위스키가 거의 잊혀진 시기에도 생산을 지속하였다.

« 리튼하우스 스트레이트 라이

라이, 40% ABV

호밀 아로마가 바로 올라오는데 이때 흑후추, 스파이스, 삼나무도 함께 느껴진다. 입안에서 미끈하고 더욱 스파이시한 호밀, 생강, 바닐라 맛이 나며, 시나몬 풍미로 이어진다.

ROBERT BURNS

로버트 번스

스코틀랜드

소유주: 아일 오브 아란 디스틸러스
www.arranwhisky.com

스카치 위스키 업계는 스코틀랜드의 이미지와 유산을 연상시키는 것이라면 서슴없이 사용하는 경향이 있다. 그러니 그동안 스코틀랜드 국민 시인의 이름을 딴 브랜드를 마케팅에 이용한 적 없었다는 것은 놀라운 일이다. 독립 증류소인 아일 오브 아란(Isle of Arran, 23쪽 아란 몰트 참조)이 이에 착안해 '세계 로버트 번스 협회'와의 협업을 꾀했다. 현재 공식적으로 승인된 블렌디드 위스키와 몰트로 구성된 '번스 컬렉션'을 생산한다.

로버트 번스 블렌드 »

블렌디드, 40% ABV

오크 향이 은은하고 셰리, 아몬드, 토피, 잘 익은 과일 향으로 이어진다. 풍부한 토피, 말린 과일, 케이크 맛이 느껴진다. 피니시는 라이트에서 미디엄 정도이고, 스파이시하다.

로버트 번스 싱글 몰트

싱글 몰트, 40% ABV

풋사과의 향에서 느껴지는 신맛을 바닐라가 누그러뜨렸다. 사과와 감귤류 맛을 균형 있게 잡아 주는 것도 바닐라이다. 가벼운 스타일의 식전주로, 피니시 역시 가볍다.

ROCK TOWN

록 타운

미국

아칸소 리틀 록 메인스트리트 1201
www.rocktowndistillery.com

2010년 필 브랜던이 세운 록 타운은 금주법 이후 아칸소에 처음 설립된 합법적 증류소이다. 증류 과정에 사용되는 모든 옥수수, 밀, 호밀은 증류소로부터 200킬로미터 이내에서 자라는 것들이다. 라이 위스키, 히코리스모크드 **Hickory는 가래나무목의 하나로 숯불 향이 좋기로 유명하다.** 위스키 모두 아칸소 최초의 버번과 함께 이곳에서 만든다. 버번은 작은 새 오크 배럴을 검게 태워 숙성하는데, 아칸소에 있는 통 제조업체 깁스 브라더스 쿠퍼리지에서 만든다. 모든 위스키의 병입은 증류소에서 이루어진다.

« 록 타운 아칸소 버번

버번, 46% ABV

구운 옥수수의 아로마가 감도는 스모키하고 달콤한 향이 있다. 맛은 매끄럽고 달콤한데, 아몬드와 다이제스티브 비스킷 풍미가 있다.

ROGUE SPIRITS

로그 스피리츠

미국

오리건 포틀랜드 NW 플랜더스 1339
로그 브루어리
www.rogue.com

데드 가이(Dead Guy) 에일은 고대 마야의 기념일인 '망자의 날'(11월 1일)을 위해 1990년대 초에 만든 맥주이다. 2008년, 오리건에 터를 잡은 생산자들은 데드 가이 위스키를 출시했다. 여기에는 데드 가이 에일에 사용한 것과 같은 네 가지 몰트를 사용한다. 브루어리에서 나온 발효된 맥아즙인 워트(wort)를 인근의 로그 하우스 오브 스피리츠로 가져와 570리터들이 구리 단식 증류기에서 두 번 증류를 한다. 검게 태운 아메리칸 화이트 오크 캐스크에서 짧게 숙성한다.

데드 가이 »

블렌디드 몰트, 40% ABV

옥수수와 밀, 신선하고 과즙이 풍부한 오렌지 풍미가 감도는 풋풋한 향이 있다. 미디엄드라이의 맛에 과일과 활기찬 맛이 느껴진다. 피니시에는 후추와 시나몬의 특성이 드러난다.

ROSEBANK

로즈뱅크

스코틀랜드
폴커크 카멜론

스코틀랜드의 증류소 중 지속적인 생산을 해 나갈 수 있었던 증류소는 거의 없었다. 위스키 과잉 공급을 맞이한 1980년대와 1990년대에 많은 증류소가 문을 닫았다. 위스키 수요가 회복될 때까지 버틸 수 있는지 없는지를 갈랐던 것은 무엇보다 증류소의 위치였다. 폴커크 근처에 위치한 로즈뱅크는 1993년에 문을 닫았고, 그 자리는 사무실이나 아파트로 재개발되었다. 1840년에 설립된 이 증류소는 1982년에 '애스컷 몰트 셀러(Ascot Malt Cellar)'의 일부로 선정되었다. 불행히도 '클래식 몰트' 시리즈가 탄생하면서 로랜드를 대표하는 위스키로 선택된 것은 로즈뱅크가 아닌 글렌킨치였다.

« 로즈뱅크 더글라스 랭 16년

싱글 몰트: 로랜드, 50% ABV

더글라스 랭(Douglas Laing)의 독립 병입 제품으로, '올드 몰트 캐스크' 컬렉션에 속해 있다. 높은 알코올 도수와 긴 숙성 기간에도 불구하고 신선한 맛과 감귤류 풍미가 살아 있다.

ROYAL BRACKLA

로열 브라클라

스코틀랜드

네언셔 네언 코더

1812년, 윌리엄 프레이저 장군이 핀드혼 강과 머리만 사이에 브라클라 증류소를 설립했다. 그는 위스키 애호가들에 둘러싸여 있었지만 한 해에 팔 수 있는 위스키가 450리터밖에 안 된다는 사실이 불만이었다. 이를 만회라도 하려는 듯, 그는 1835년에 로열 워런트, 즉 왕실 조달 허가를 받은 첫 번째 위스키 증류소라는 타이틀을 얻어 냈다. 오늘날의 로열 브라클라를 프레이저가 알아볼 수 있을지는 불투명하다. 1970년대와 1980년대를 거치며 완전히 현대화되었고, 지금은 바카디가 소유하고 있다. 바카디는 12년, 16년을 선보였고, 2015년에 21년을 출시했다.

로열 브라클라 12년 »

싱글 몰트: 하이랜드, 40% ABV

잘 익은 복숭아, 스파이스, 호두, 맥아, 꿀, 바닐라, 그리고 은은한 허브의 향이 있다. 스파이스, 달콤한 셰리, 그리고 다소 스모키한 과일나무 과일의 맛이 입안을 가득 채운다. 코코아와 생강 맛으로 마무리된다.

ROYAL CHALLENGE
로열 챌린지

인도

소유주: 유나이티드 스피리츠
www.diageoindia.com

이 "희귀한 스카치 위스키와 인디언 몰트 위스키의 블렌드"는 2005년 이래 유나이티드 스피리츠(디아지오 계열)의 일부인 쇼 월리스가 소유하고 있다. '상징적인' 프리미엄급 인디언 위스키로 불리며, 2008년까지 인도에서 가장 잘 팔리는 프리미엄급 위스키였다. 지금은 블렌더스 프라이드(55쪽 참조)가 경쟁자로 등장해 큰 도전을 받고 있다.

« 로열 챌린지

블렌디드, 42.8% ABV

부드럽고 순한 향에는 맥아, 견과, 캐러멜, 가벼운 고무 향이 희미하게 감돈다. 이들 아로마가 맛에서도 충분히 느껴진다. 물을 섞어도 높은 밀도와 풀바디의 맛을 유지하지만, 묵직함은 사라진다. 매우 달콤하고 견과 맛이 약하게 느껴지며 드라이하다. 피니시는 길게 이어진다.

ROYAL LOCHNAGAR

로열 로크나가

스코틀랜드
애버딘셔 발라터
www.malts.com

디사이드 지역에서 유일하게 위스키 제조업을 하고 있는 매력적인 증류소이다. 1845년에 존 베그가 설립했다. 그는 밸모럴성에 새로운 이웃이 생긴 기회를 놓치지 않았다. 즉, 빅토리아 여왕과 앨버트 공에게 자신의 증류소를 둘러보게 한 다음 '로열'이라는 이름을 얻었다. 2013년 트리플 숙성 병입 위스키가 '프렌즈 오브 더 클래식 몰트'디아지오 위스키 팬클럽 한정으로 출시되었다.

로열 로크나가 12년 »

싱글 몰트: 하이랜드, 40% ABV

은은한 가죽의 향이 난다. 점점 더 드라이해지고 산미가 진하게 느껴지며, 피니시는 스파이시하고 백단나무 향이 있다.

로열 로크나가 디스틸러스 에디션 2000

싱글 몰트: 하이랜드, 48% ABV

디저트 와인에 데친 배의 향과 더불어 맥아와 생강 향이 감돈다. 잘 익은 복숭아, 무화과, 생강, 정향의 맛이 풍부하게 우러나며, 견과 스파이스의 맛으로 마무리된다.

ROYAL SALUTE

로열 살루트

스코틀랜드
소유주: 시바스 브라더스
www.royalsalute.com

로열 살루트는 엘리자베스 2세 여왕의 대관식을 기념하기 위해 1953년에 만들었다. 시그램 측은 최초의 수퍼프리미엄급 위스키라고 주장한다.

역사적으로 시바스 브라더스는 희귀하고 숙성 기간이 긴 위스키들을 많이 보유한 것으로 평이 나 있었는데, 그것이 로열 살루트의 토대를 이루었다. 지금은 페르노 리카의 관리 아래 있으면서 매우 높은 평가를 받는 블렌더인 콜린 스콧이 이끈다. 글렌리벳, 아벨라워, 스트라스아일라, 롱몬 등 유명 증류소로부터 싱글 몰트를 공급받고 있다.

« 로열 살루트 21년

블렌디드, 40% ABV
부드러운 과일 아로마가 꽃향기와 원숙하고 꿀맛 나는 달콤한 향과 균형을 이룬다.

로열 살루트 헌드레드 캐스크 셀렉션

블렌디드, 40% ABV
고상하고 크리미하며, 놀랍도록 부드러운 맛이다. 피니시는 그윽하고 오크 풍미가 있으며, 약간 스모키하다.

RUSSELL'S RESERVE

러셀스 리저브

미국

켄터키 로렌스버그 불러바드 증류소

오스틴 니콜스의 마스터 디스틸러인 지미 러셀과 에디 러셀 부자는 와일드 터키(371쪽 참조)로 명성을 얻었다. 러셀은 그들이 만든 스몰 배치 라이 위스키로, 2007년 출시되었다. 에디 러셀은 이렇게 말한다. "우리는 원하는 위스키가 어떤 것인지 알고 있었지만, 한 번도 맛본 적 없는 것이었다. 이것이 바로 그 위스키이다. 깊이 있는 캐릭터와 맛, 그리고 6년에 걸친 완벽한 숙성."

러셀스 리저브 라이 »

라이, 45% ABV

신선한 오크와 아몬드 풍미가 어우러진 과일향이 있다. 풀바디에 도수가 느껴지면서도 매끄럽다. 아몬드, 후추, 호밀의 맛이 지배적이다. 피니시는 길고 드라이하며, 특유의 쌉쌀함이 있다.

러셀스 리저브 10년

버번, 45% ABV

부드러운 가죽, 소나무, 바닐라, 캐러멜 향이 특징이다. 입에서는 더욱 진한 바닐라, 토피, 아몬드, 꿀, 코코넛 맛이 난다. 독특한 칠리 풍미가 길고 스파이시한 피니시에 이어진다.

SAM HOUSTON

샘 휴스턴

미국

켄터키 루이빌 맥레인앤드카인(캐슬 브랜즈)
www.samhoustonwhiskey.com

맥레인앤드카인은 '베리 스몰 배치 버번'으로 가장 잘 알려진 회사이다. 숙성 기간이 다양한 8-12가지 위스키를 블렌딩하여 제퍼슨스(200쪽 참조)와 샘 휴스턴 버번을 만든다.

샘 휴스턴은 1999년에 선보였다. 19세기 파란만장한 삶을 살았던 군인이자 정치인, 새뮤얼 휴스턴의 이름에서 따와 지었다. 그는 나중에 텍사스 공화국의 초대 대통령이 된 인물이다.

« 샘 휴스턴 아메리칸 스트레이트 위스키

아메리칸 위스키, 43% ABV

사과와 연한 캐러멜 향이 난다. 그에 비해 맛은 강한 편이어서 진한 캐러멜과 흑후추 풍미가 올라오는 가운데 매우 단맛이 난다.

SAZERAC RYE

새저랙 라이

미국

켄터키 프랭크퍼트 윌킨슨 1001
버펄로 트레이스 증류소
www.sazerac.com

새저랙 라이 위스키는 해마다 갱신되는 '버펄로 트레이스 앤티크 컬렉션'에 속해 있다. 현재 구할 수 있는 라이 위스키 가운데 숙성 기간이 가장 긴 18년이다. 증류소 측에 따르면 2008년에 출시된 18년 제품은 저장고 1층에서 숙성한 위스키로 만드는데, 장소 덕분에 천천히 그리고 우아하게 숙성될 수 있다고 한다.

새저랙 라이 18년 »

라이, 45% ABV

메이플 시럽과 은은한 멘톨 향이 선명하다. 미끈하고 신선하며 활기 넘치는 맛에는 과일, 후추, 기분 좋은 오크 풍미가 어우러져 있다. 피니시에는 후추 맛의 여운이 느껴지고 다시금 과일 맛이 나며, 마지막에 당밀 맛이 난다.

SCAPA

스카파

스코틀랜드
오크니 세인트 올라
www.scapamalt.com

스카파는 1885년 오크니 제도의 가장 큰 섬인 메인랜드에 설립되었고, 1994년 문을 닫을 때까지 그럭저럭 지속적으로 유지되었다. 3년 뒤에 생산이 재개되었지만, 이웃한 하이랜드 파크의 직원들을 동원한 일시적인 가동이었다. 수년 동안 오크니에서 증류소는 하이랜드 파크만이 살아남을 수 있을 것 같았다. 그런데 스카파의 구원 투수로 얼라이드 도메크가 등장해 2004년 200만 파운드가 넘는 돈을 투자했다. 이후 회사는 시바스 브라더스에 팔렸다.

« 스카파 16년

싱글 몰트: 아일랜드(ISLANDS), 40% ABV

살구와 복숭아, 누가 사탕, 혼합 스파이스의 향이 있다. 미디엄바디에, 캐러멜과 스파이스 맛이 느껴진다. 피니시에는 생강과 버터 풍미가 난다.

SCOTTISH LEADER

스코티시 리더

스코틀랜드

소유주: 번 스튜어트 디스틸러스

www.scottishleader.com

회사 측은 스코티시 리더를 이렇게 설명한다. "국제적인 수상 경력을 가진 블렌디드 위스키로, 진한 꿀맛과 부드러운 맛을 지녔다. 세계 시장에서 지금도 성장을 거듭하고 있다." 블렌딩에 들어가는 핵심 위스키는 딘스톤 싱글 몰트로, 퍼스셔에 있는 딘스톤 증류소에서 만든다. 처음에는 가치를 중시하는 슈퍼마켓 소비자를 타깃으로 했으나, 나중에 패키지를 바꾸면서 다소 고급화되었다. 오늘날 오리지널, 시그니처, 수프림, 12년 숙성을 내놓고 있다.

스코티시 리더 »

블렌디드, 40% ABV

풍미의 특성들이 잘 어우러진 스탠더드 블렌디드 위스키. 특별히 눈에 띄는 점은 없지만, 다른 것과 섞거나 온더록으로 마시기에 좋다.

SEAGRAM'S

시그램스

캐나다

온타리오 이토비코 웨스트 몰 디아지오 캐나다

조셉 E. 시그램은 1860년대에 캐나다 온타리오에서 제분소를 운영했다. 그는 잉여 곡물을 이용하는 한 가지 방법으로서 증류에 관심을 갖게 되었다. 1883년에 이르자 증류는 사업의 핵심으로 자리 잡았고, 그가 유일한 소유주였다. '83'은 그 해를 기념하려고 만든 것이다. 'V.O.'는 'Very Own'을 뜻하며, 한때는 세계에서 가장 잘 팔리는 캐나디안 위스키였다. 현재 디아지오가 캐나다의 시그램 라벨은 물론, 아메리칸 위스키로 판매되는 세븐 크라운(315쪽 참조)도 관리하고 있다.

« 시그램스 V.O.

블렌디드, 40% ABV

페어 드롭, 캐러멜, 약한 호밀 스파이스의 향에 버터 향도 함께한다. 라이트바디에, 달콤하며 살짝 스파이시한 맛이다. 약간 쌉싸름한 맛도 있다.

시그램스 83

블렌디드, 40% ABV

한때는 이 위스키가 V.O.보다 훨씬 인기가 있었다. 지금은 83이 부드러우며 마시기 쉬운 캐나디안 위스키의 표준이 되었다.

SEAGRAM'S 7 CROWN

시그램스 세븐 크라운

미국

인디애나 로렌스버그 앙고스투라 증류소

시그램 세븐 크라운은 가장 유명하고 가장 개성이 강한 블렌디드 아메리칸 위스키로, 시그램의 증류 제국이 무너진 뒤에도 살아남았다. 지금은 카리브해에 터를 잡고 있는 앙고스투라(앙고스투라 비터스로 유명한 업체)가 생산한다. 미국의 위스키 증류 무대에서 상대적으로 신참인 셈이다. 로렌스버그에 있던 옛 시그램 증류소를 인수하고 그곳에서 세븐 크라운을 생산한다. 이 증류소는 미국 최대의 스피릿 생산 능력을 갖추고 있다.

시그램스 세븐 크라운 »

블렌디드, 40% ABV

약간 스파이시한 호밀의 풍미와 함께 우아한 향이 있다. 스파이시한 맛이 나며, 깔끔하고 잘 구조화된 맛이다.

SHEEP DIP

십 딥

스코틀랜드

소유주: 스펜서필드 스피리츠
www.spencerfieldspirits.com

훌륭한 블렌디드 몰트 중 하나. 1970년대부터 존재해 왔지만, 화이트앤드맥케이가 소유한 기간에는 제대로 평가받지 못했다. 2005년에 알렉스 니콜과 제인 니콜이 인수하여 '부모 없는 브랜드'에 옛 영광을 되찾아 주기 위해 노력했다. 그들은 새로운 패키지를 선보이고 글로벌 네트워크 중개인을 임명했다. 그리고 가장 중요한 일은 마스터 블렌더 리처드 패터슨의 지도 아래 위스키를 새로이 만들었다는 점이다. 효과가 나타났다. 질 좋은 퍼스트필 나무통에서 8년에서 12년 동안 숙성을 거쳐 위대한 위스키로 탄생했다.

« 십 딥

블렌디드 몰트, 40% ABV

우아하고 세련된 향을 갖고 있다. 훌륭한 맛이 느껴지며, 순수한 맥아의 풍미를 위풍당당하게 뽐낸다.

SIGNATURE

시그니처

인도

소유주: 유나이티드 스피리츠
www.diageoindia.com

최근 출시된 '시그니처 레어 에이지드 위스키'는 유나이티드 스피리츠가 소유한 맥도웰이 생산한다. 그들의 슬로건은 "성공은 신나는 일"이다. 스카치 몰트와 인디언 몰트 위스키를 블렌딩한 것으로, 회사의 여러 제품 중에서도 가장 빠르게 성장하는 브랜드이다. 2006년 몽드 셀렉션에서 금메달을 받는 등 국제 대회에서 상도 많이 받았다.

시그니처 »

블렌디드, 42.8% ABV

풍부한 향 가운데 약 냄새가 두드러진다. 스트레이트로 마시면 스모크와 약의 풍미를 배경으로 놀랄 만큼 단맛이 나며, 물을 타면 단맛이 약해진다. 라이트바디에 속하는 편이며, 피니시에는 피트와 스모크가 또렷이 느껴진다.

SLYRS
실리스

독일
오츠타일 노이하우스 쉴리에지 83727
바이리시첼러 슈트라세 13
www.slyrs.de

실리스는 1999년에 설립되어 주목받는 위스키를 만들고 있다. 같은 바이에른주에 있으면서 슈냅스를 증류하는 란텐하머가 유통을 맡고 있다. 실리스는 새로 만든 아메리칸 화이트 오크 배럴에서 특정되지 않은 기간 동안 숙성을 거친 다음 병입된다. 셰리 캐스크에서 숙성된 것과 캐스크 스트렝스 버전의 위스키도 출시되고 있다.

« 실리스

싱글 몰트, 43% ABV

은은한 꽃향기와 스파이시한 향이 훌륭하고 마시기 편하게 해준다. 빈티지에 따라 맛이 다르다.

SMÖGEN

스뫼겐

스웨덴

훈네보스트란드 456 93 스텔레르뢰드 욜리덴 1
스뫼겐 위스키
www.smogenwhisky.se

스뫼겐은 스웨덴 서부 해안에 자리한 농장 기반의 증류소로, 2010년에 위스키 생산을 시작했다. 소유주이자 법률가, 위스키 애호가인 페르 칼덴뷔가 직접 증류소를 설계했다. 900리터짜리 워시 스틸과 600리터짜리 스피릿 스틸이 있으며, 연간 약 35,000리터를 생산할 수 있다. 칼덴뷔는 스코틀랜드로부터 피트가 강하게 가미된 몰트를 수입하여 사용한다.

스뫼겐이 첫 출시한 위스키는 2013년에 선보인 스뫼겐 프리뫼르(Primör)이다. 유럽산 오크 캐스크와 보르도 와인 캐스크에서 3년 숙성을 거친 캐스크 스트렝스 버전이다.

스뫼겐 프리뫼르 »

싱글 몰트, 63.7% ABV

훍내에 달콤한 스모크, 소금, 가죽, 코코아 향이 함께 감돈다. 베리와 스파이스가 곁들여져 달콤한 피트의 맛이 난다.

SOMETHING SPECIAL

섬씽 스페셜

스코틀랜드

소유주: 시바스 브라더스

50만 케이스 넘는 판매를 기록하고 남미에서 세 번째로 많이 팔린 프리미엄급 블렌디드로, '특별한 것'이라는 뜻의 이름이 잘 어울린다. 역사는 1912년으로 거슬러 올라가는데, 에든버러에 있는 힐 톰슨앤드코의 책임자들이 만들었다. 블렌딩은 주로 스페이사이드 몰트 위스키로 구성되고, 그 중심에는 특히 높은 평가를 받는 롱몬이 있다. 15년 버전은 2006년에 출시되었다. 독특한 병 모양은 에든버러의 다이아몬드 세공에서 영감을 받은 것이라 한다.

« 섬씽 스페셜

블렌디드, 40% ABV

드라이하고, 과일과 스파이시한 향이 특징인 블렌디드 위스키. 섬세하고 스모키하며, 달콤한 맛이 있다.

SPEY

스페이

스코틀랜드

인버네스셔 킹유시 글렌 트로미
www.speysidedistillery.co.uk

스코틀랜드에서 가장 큰 몰트 위스키 지역의 이름을 딴 스페이사이드 증류소는 연간 생산량이 60만 리터로, 규모가 크지는 않다. 역사도 그리 길지 않아서, 소박해 보이는 외관 가운데 현대식 굴뚝만이 짧은 역사를 말해 준다. 스페이사이드는 1962년 블렌더이자 병입 사업자인 조지 크리스티의 의뢰로 짓기 시작했다. 돌을 하나하나 쌓아 지었으며, 1987년에야 완성되었다. 2012년에 에든버러의 하비스가 이 증류소를 인수했고, 여기서 생산된 싱글 몰트는 2015년부터 스페이라는 이름으로 판매되고 있다.

스페이 12년 »

싱글 몰트: 스페이사이드, 40% ABV

신선하고 상대적으로 가벼운 향에는 구운 보리, 조리용 사과, 견과 느낌의 바닐라 향이 감돈다. 입에서는 바닐라가 더 진하게 느껴지고 호두, 말린 과일, 바삭한 토피 맛도 난다.

SPEYBURN

스페이번

스코틀랜드
모레이셔 아벨라워 로시스
www.speyburn.com

여왕이 알았는지 몰랐는지는 알 수 없으나, 빅토리아 여왕 즉위 60주년(1897)을 기념하는 다이아몬드 주빌리를 위해 충성스런 신하들은 로시스 근처에 새로이 만들어진 스페이번 증류소에서 밤을 새워 가며 위스키를 빚었다. 12월 중순, 창문이 아직 제대로 달리지도 않았고 바깥에서는 눈보라가 휘몰아쳐 들어왔지만, 증류소 관리자는 증류기에 불을 붙이라고 명령했다. 스페이번 증류소는 빅토리아 시대의 우아함을 간직하고 있다. 1991년에 인버 하우스가 사들였다.

« 스페이번 10년

싱글 몰트: 스페이사이드, 40% ABV
25년 솔레라를 포함하여 숙성 기간이 오래된 제품들이 있지만, 스페이번 증류소의 중심 위스키는 10년 숙성이다. 이는 바닐라 퍼지의 풍미를 지녔으며, 피니시는 달콤하고 길다.

SPRINGBANK

스프링뱅크

스코틀랜드
아가일 캠벨타운
www.springbankwhisky.com

스프링뱅크는 공식적으로 1823년에 설립되었는데, 당시 캠벨타운에는 허가받은 증류소가 13개밖에 없었다. 킨타이어 반도 끝에 위치하여 자동차로 가려면 꽤 멀게 느껴지지만, 배로 바다를 가로지르면 글래스고까지 금세 오갈 수 있는 곳이다. 대영제국의 두 번째 도시, 글래스고가 전성기였을 때 스프링뱅크와 같은 증류소들이 늘어나는 갈증을 해소하는 역할을 맡았다.

그 반대편에는 미국이 있었지만 ☛

스프링뱅크 12년 캐스크 스트렝스 2014 릴리스 »

싱글 몰트: 캠벨타운, 54.3% ABV

바닐라와 셰리 향이 있다. 흙 맛이 나는 가운데 순한 피트 스모크, 스파이스, 생강, 캐러멜, 가벼운 셰리 풍미도 있다.

스프링뱅크 10년

싱글 몰트: 캠벨타운, 46% ABV

복합적인 풍미를 지녔다. 잘 익은 감귤류, 피트 스모크, 바닐라가 느껴지며, 짭조름한 소금 맛이 은은하게 깔려 있다.

금주법이 시행되었고, 대형 블렌딩 업자들이 스페이사이드에 관심을 돌리는 바람에 캠벨타운은 빠르게 쇠퇴해 갔다. 하지만 스프링뱅크는 살아남았고, 아마도 지속성 덕분이었을 터이다. 19세기 중반 이후 미첼 가문이 운영해 오고 있는데, 그들은 혁신적인 싱글 몰트 위스키로 매니아층을 형성할 수 있었다.

스프링뱅크는 사용하는 모든 보리를 전통적인 플로어 몰팅 기법으로 자체적으로 발아시킨다. 이어서 무쇠 오픈 매시툰보리에 물을 섞어 맥아즙을 만드는 용기에서 매싱한다.곡물의 전분을 맥아당으로 분해하는 과정 그다음 1차 증류기 워시 스틸에 불이 지펴지고 내부에서 증기 가열된다. 숙성된 스피릿은 그 자리에서 병입된다.

« 스프링뱅크 18년

싱글 몰트: 캠벨타운, 46% ABV

달콤한 체리, 당귀, 살구가 어우러진 풍부한 향을 자랑한다. 세련된 맛 속에서 신선한 과일, 당밀, 스모크, 감초 풍미를 느낄 수 있다. 천천히 드라이하게 마무리되는 피니시로 이어진다.

스프링뱅크 15년

싱글 몰트: 캠벨타운, 46% ABV

달콤한 토피, 설탕에 절인 오렌지 껍질 향이 있다. 입에서는 더욱 이국적이고 새콤달콤한 맛이 난다.

ST. GEORGE
세인트 조지

미국

캘리포니아 앨러미다 2601 모나크 스트리트
세인트 조지 스피리츠
www.stgeorgespirits.com

세인트 조지 스피릿은 1982년 외르크 루프가 설립했다. 증류소는 홀스타인 구리 단식 증류기 2대를 운영하고 있다. 강하게 로스팅된 보리를 많이 사용하는데, 그중 일부는 오리나무와 너도밤나무로 훈연한 것이다. 대부분의 싱글 몰트 위스키는 버번 배럴에서 3년 내지 5년간 숙성된다. 일부는 프랑스산 오크와 포트 와인 캐스크에서 숙성된다.

세인트 조지 싱글 몰트 위스키(LOT 14) »

싱글 몰트, 43% ABV

사과, 달콤한 베리류, 맥아, 코코아의 향이 있다. 밀크 초콜릿, 바닐라, 말린 과일, 스파이시한 오크 맛이 난다.

STEWARTS CREAM OF THE BARLEY

스튜어츠 크림 오브 더 발리

스코틀랜드

소유주: 시바스 브라더스

1831년경부터 생산을 시작한 오래된 브랜드로, 현재 아일랜드에서 아주 잘 팔리고 있다. 스코틀랜드에서도 오랫동안 큰 인기를 누렸는데, 이는 당시 소유주였던 얼라이드가 술집 체인망을 통해 널리 유통한 덕분이었다. 글렌카담의 싱글몰트가 블렌딩의 중심을 이루었다. 소유주의 변천을 겪으면서 글렌카담은 현재 다른 사람의 손에 넘어갔지만, 블렌딩에는 여전히 최대 50가지의 다양한 싱글몰트가 균형을 이루며 포함되어 있는 것으로 알려져 있다.

« 스튜어츠 크림 오브 더 발리

블렌디드, 40% ABV

맥아 느낌의 달콤하고, 부드러우며, 다소 활기찬 향. 숙성이 짧은 스피릿 특유의 과일 맛이 있으며 스파이시하고 날것 같고 약간 스모키한 맛이 있다. 피니시에는 얼얼함이 느껴지며, 드라이하고 태운 나무의 풍미가 있다.

STRANAHAN'S

스트라나한스

미국

콜로라도 덴버 블레이크 스트리트 2405
스트라나한스 콜로라도 위스키
www.stranahans.com

제스 그레이버와 조지 스트라나한이 함께 2004년 3월에 덴버 증류소를 설립했다. 콜로라도 최초의 허가받은 증류소였다. 위스키는 인근에 있는 플라잉 독 브루어리가 생산한 네 종류의 보리 워시를 사용한다. 방돔(Vendome) 증류기로 증류되며, 생산된 스피릿은 안을 태운 새 아메리칸 오크 배럴에 담긴다. 최소 2년 숙성하며, 배치에 따라 병입되는 위스키는 2개 내지 6개의 배럴에서 나온 것들로 이루어진다.

스트라나한스 콜로라도 위스키 »

콜로라도 위스키, 47% ABV

꼭 버번 향 같은데 캐러멜, 감초, 스파이스, 오크가 느껴진다. 꿀과 스파이스가 감돌며 약간 미끈하고 풀바디에 달콤한 맛이 난다. 피니시는 아주 짧으며 오크 풍미가 짙다.

STRATHISLA
스트라스아일라

스코틀랜드
밴프셔 키스
www.maltwhiskydistilleries.com

알렉산더 밀른과 조지 테일러는 1786년 키스에 밀타운 증류소를 설립했다. 이곳에서 생산했던 위스키가 스트라스아일라라고 알려졌는데, 1951년에 그것을 증류소 이름으로 채택했다. 스트라스아일라는 화재, 폭발, 부도를 겪으면서도 오랫동안 살아남았다. 그리고 높은 박공지붕과 두 개의 증류탑이 서 있는, 하이랜드에서 가장 오래되고 멋진 증류소로 자리 잡았다. 1950년에 시바스 브라더스가 사들인 이후 지속해서 시바스 브라더스의 정신적 고향 역할을 해오고 있다.

« 스트라스아일라 12년
싱글 몰트: 스페이사이드, 43% ABV
풍부하고 화려한 향, 스파이시하고 과일 케이크의 캐릭터를 지녔는데 이는 모두 셰리 통의 영향이다. 미디엄바디이며, 피니시에 스모크의 풍미가 은은하게 난다.

STRATHMILL

스트라스밀

스코틀랜드

밴프셔 키스

www.malts.com

지붕에 쌍둥이 탑이 솟아 있는 후기 빅토리아 시대의 멋진 증류소로, 1891년 설립될 당시에는 글렌아일라-글렌리벳 증류소였다. 4년 뒤 런던 기반의 진 증류업자인 길비스가 사들였고, 스트라스밀이라는 이름으로 바꾸었다. 오래된 옥수수 방앗간 자리에 세웠다는 데서 붙인 이름이다. 1909년에 싱글 몰트 위스키를 출시했으나, 스트라스밀의 오랜 역할은 블렌디드 스카치 위스키, 특히 제이앤드비에 몰트를 공급하는 것이었다. 지금도 마찬가지이다.

스트라스밀 플로라앤드파우나 12년 »

싱글 몰트: 스페이사이드, 43% ABV

스트라스밀은 스페이사이드 몰트의 밝고 섬세한 면을 지니고 있다. 여기에 나무에서 비롯한 바닐라 풍미가 감도는 견과와 맥아의 캐릭터가 더해졌다. 입안에서는 아주 부드럽고 중간 정도의 단맛이 난다.

SULLIVANS COVE

설리반스 코브

오스트레일리아

태즈매니아 캠브리지 램 플레이스
태즈매니아 증류소
www.sullivanscove.com

1994년, 지금의 호바트 지역에 작은 증류소가 문을 열었다. 여기서 생산된 몰트 위스키에 원래의 지명인 '설리반스 코브'라는 이름을 붙였다. 2003년에 호바트 외곽의 캠브리지로 이전하면서 소유주도 바뀌었다. 지역에서 키운, 피트가 가미되지 않은 프랭클린 보리의 맥아를 사용한다. 샤랑테 스타일의 단식 증류기에서 증류된 스피릿은 싱글 캐스크로부터 손으로 병입된다. 전국 위스키 경연에서 여러 상을 받았다.

« 설리반스 코브 아메리칸 오크 캐스크

싱글 몰트, 47.5% ABV

처음에 달콤한 향이 나고, 점차 후추와 오크 풍미로 변한다. 맥아와 바닐라 맛이 있다.

설리반스 코브 더블 캐스크

싱글 몰트, 40% ABV

바닐라, 오렌지, 레몬, 꿀, 무화과, 올스파이스의 향이 있다. 부드러운 허브 맛이 꿀, 생강, 말린 과일 맛으로 이어진다. 피니시에는 백후추 풍미가 드러난다.

SUNTORY HAKUSHU

산토리 하쿠슈

일본

야마나시 호쿠토시 하쿠슈초 도리하라 2913-1
www.suntory.co.jp

일본 알프스의 높은 숲에 자리한 하쿠슈는 한때 세계에서 가장 큰 몰트 증류소였다. 산토리 위스키 블렌딩에 들어가는 여러 종류의 몰트를 생산했다. 어디에서도 이곳만큼 다양한 모양과 크기의 단식 증류기를 볼 수 없다. 하쿠슈 싱글 몰트는 지역의 특징을 반영하듯 가볍고 온화하며, 신선하다.

산토리 하쿠슈 디스틸러스 리저브 »

싱글 몰트, 43% ABV

허브 향에 젖은 풀, 솔방울, 오이의 풍미도 감돈다. 이는 맛으로도 이어지며 여기에 한 줄기 스모크와 민트가 함께한다.

산토리 하쿠슈 12년

싱글 몰트, 43.5% ABV

갓 자른 풀, 자라나는 민트, 약간의 아마기름이 느껴지는 매우 시원한 향이 있다. 단맛이 아주 천천히 올라온다. 살구의 과일 맛, 캐모마일 향기가 더해져 민트와 풀의 캐릭터가 더욱 깊어진다.

위스키 여행

일본

도쿄는 위스키 애호가를 위한 여행의 좋은 출발지이다. 무수히 많은 바가 있으며 치치부, 하쿠슈, 고텐바의 증류소로 가는 기차 연결이 원활하다. 더 멀리는 산토리의 주력 증류소인 야마자키까지 철도로 갈 수 있으며, 교토나 오사카를 방문하는 여행과 결합할 수도 있다.

첫째 날: 치치부

❶ 치치부는 2007년에 아쿠토 이치로가 세웠다. 방문객 센터는 없지만, 위스키 애호가라면 사전에 증류소에 연락하여 개별 투어를 할 수 있다.(+81-494-62-4601) 치치부시는 도쿄 이케부쿠로역에서 기차로 90분 거리에 있다. 증류소는 시 외곽에 있으며, 역에서 택시를 이용하여 갈 수 있다.

도리이 신지로는 산토리의 창립자로서 일본에서 존경받는 인물이다. 산토리는 이번 여행에서 만날 야마자키와 하쿠슈 증류소를 운영한다.

여행의 개요

소요 날짜: 6일
이동 거리: 850킬로미터
이동 수단: 신칸센, 로컬 기차
증류소: 4곳

일본
N
W
E
S
마쓰에
Chugoku Expy
교토
야마자키 4
오사카
고베
도착
오카야마
Sanyo Expy
히로시마

센다이
니가타
후쿠시마
Banetsu Expy
Hokuriku Expy
Tohoku Expy
Kanetsu Expy
나가노
출발
1 치치부
도쿄
하쿠슈 2
JR Chuo Line
JR Asigiri Line
혼슈
고텐바 3
Tokaido Shinkansen Line
마일
0 30
0 30
킬로미터

둘째 날: 산토리 하쿠슈

❷ 하쿠슈는 일본 알프스 남부의 멋진 자연 보호 구역에 둘러싸여 있다. 가장 가까운 역은 고부치자와역인데, 도쿄 신주쿠역에서 JR 주오센 특급열차로 2시간 30분 걸린다.

하쿠슈 증류소

셋째 날, 넷째 날: 기린 고텐바

❸ 고텐바에 가려면 도쿄 신주쿠역에서 쾌속열차를 타는 것이 가장 좋다. 이 도시는 후지산을 오르는 주등산로의 시작점이자 기린 고텐바 증류소가 있는 곳이다. 많은 관광객들이 두 곳 모두 들른다. 오후에 등산을 시작해서 해질녘 8부 내지 9부 능선에 도착하면 등산객을 위한 산장이 기다리고 있다. 정상에는 동틀녘 다다른다. 하산 후 버스를 타고 고텐바로 돌아가 증류소 방문을 할 수 있다. 아주 아름다운 증류소는 아니지만 훌륭한 편의 시설을 갖추고 있으며, 옥상 테라스에서 후지산의 멋진 풍광을 볼 수 있다.

후지산과 기차

다섯째 날, 여섯째 날: 산토리 야마자키

❹ 야마자키에 있는 산토리 증류소를 방문하려면 교토나 오사카를 거점으로 하여 그곳에서 신칸센을 타고 가는 것이 가장 좋다. 교토나 오사카에서 로컬 기차를 타고 JR야마자키역에 내린다. 방문객 센터가 대규모로 갖추어져 있으며, 한정 생산된 병입 위스키를 인상적인 시음 바에서 맛볼 수 있다. 인근에 가볼 만한 전통적인 신사도 있다.

야마자키 증류소

SUNTORY HIBIKI

산토리 히비키

일본

야마나시 호쿠토시 하쿠슈초 도리하라 2913-1
www.suntory.co.jp

산토리는 두 증류소, 야마자키와 하쿠슈에서 생산한 몰트로 블렌디드 위스키를 만들어 성장해 왔다. 세계적으로 싱글몰트 위스키를 선호하는 경향이 있지만, 히비키의 위스키들은 여전히 중요한 자리를 차지하고 있다.

« 산토리 히비키 17년

블렌디드 몰트, 43% ABV

오리지널 히비키. 부드럽고 풍부한 향은 농익은 과일, 가벼운 피트, 진한 꽃향기(재스민), 감귤류 풍미를 특징으로 한다. 맛에서는 캐러멜이 든 토피, 블랙 체리, 바닐라, 로즈힙, 그리고 가벼운 오크의 구조가 느껴진다.

산토리 히비키 30년

블렌디드 몰트, 43% ABV

수많은 상을 받은 위스키로 다양한 과일의 콩포트 같은 화려한 풍미를 지녔다. 세비야 오렌지, 마르멜루 젤리, 호두의 향이 있고 나무의 향도 아주 강하다. 이어서 아니스 씨와 펜넬, 진한 스파이스 향이 올라온다. 입에서는 달고 벨벳처럼 부드러운 맛이 느껴지는데 '올드 잉글리시 마멀레이드'의 맛에 이어 달고 복합적인 스파이스가 드러난다.

SUNTORY YAMAZAKI

산토리 야마자키

일본

오사카 미시마군 시마모토초 야마자키 5-2-1
www.suntory.co.jp

1923년에 설립된 야마자키는 일본 최초의 몰트 위스키 증류소를 자처한다. 이곳은 일본 위스키 산업의 시조, 도리이 신지로와 다케쓰루 마사타카의 본거☛

야마자키 12년 »

싱글 몰트, 43% ABV

야마자키의 핵심 제품이 바로 12년이다. 파인애플, 감귤류, 꽃, 말린 허브, 약한 오크가 감도는 신선한 향이 상쾌하다. 달콤하고, 잘 익은 부드러운 과일과 은은한 스모크로 채워진 맛이 난다.

야마자키 18년

싱글 몰트, 43% ABV

야마자키는 숙성이 길수록 오크의 영향을 많이 받는다. 숙성이 짧은 위스키에서 느껴졌던 에스테르 풍미가 18년에서는 잘 익은 사과, 제비꽃, 진하고 달콤한 오크 향으로 대체되어 있다. 이런 느낌은 맛으로도 이어진다. 이끼와 소나무 같은 캐릭터, 그리고 고전적인 야마자키의 풍성함이 입안 가득 느껴진다. 매우 고급스런 위스키이다.

지이기도 하다.

하쿠슈와 마찬가지로 다양한 스타일의 스피릿을 생산한다. 공식적인 싱글 몰트 병입 제품들은 달콤한 과일 느낌의 맛과 향을 내는 데 집중하고 있다. 싱글 캐스크 병입 제품들도 선보인다. 숙성이 긴 제품들은 대부분 셰리 캐스크에서 숙성하는데, 때로는 재패니즈 몰트 위스키의 변화를 위해 일본산 오크통에서 숙성하기도 한다.

« 야마자키 디스틸러스 리저브

싱글 몰트, 43% ABV

향긋하고 우아한 과일 향에는 백단나무 향이 어우러져 있다. 여름 과일, 바닐라, 은은한 스파이스의 맛이 느껴지고, 피니시는 육두구와 시나몬 풍미로 마무리된다.

야마자키 25년

싱글 몰트, 43% ABV

진하고 농축된, 발삼을 닮은 셰리 향이 있다. 여기에 달콤한 건포도, 석류, 당밀, 무화과 잼, 말린 자두, 장미 꽃잎, 사향, 가죽, 불에 탄 나뭇잎 향도 감돈다. 맛은 씁쓸하고, 타닌 맛이 강하다. 아주 드라이하다.

TALISKER

탈리스커

스코틀랜드
스카이섬 카보스트
www.taliskerwhisky.com

탈리스커는 휴 매카스킬과 케니스 매카스킬이 1830년에 스카이섬에 설립했다. 섬 크기로 보나 본토와의 접근성으로 보나, 아일라에는 그렇게 많은 증류소가 있는데 스카이섬에는 전통적으로 증류소가 하나밖에 없었다는 것이 좀 의아하다.

탈리스커는 19세기 내내 고군분투하다가 마침내 1898년, 달유인과 한 팀이 되어 하이랜드에서 가장 큰 증류소가 되었다. 그리고 1916년에는 듀어스, 디스틸러스 컴퍼니, 존워커앤드선스가 포함된 컨소시엄에 인수되었다. 그 이후

탈리스커 10년 »

싱글 몰트: 아일랜드(ISLANDS), 45.8% ABV

서부 해안가에서 생산하는 몰트 위스키를 대표하며, 톡 쏘는 맛과 가벼운 피트의 캐릭터가 있다. 피니시에는 후추 풍미가 있다.

탈리스커 18년

싱글 몰트: 아일랜드, 45.8% ABV

오랜 숙성을 거치는 동안 10년 숙성이 지닌 활력이 완화되었다. 가죽과 아로마틱한 스모크의 향이 있다. 크리미하고 입안을 가득 채우는 질감이 느껴진다.

탈리스커는 조니 워커 레드 라벨을 구성하는 핵심적인 몰트가 되었다.

1928년까지 탈리스커는 아이리시 위스키처럼 세 번의 증류를 거쳤는데, 이는 왜 두 대의 1차 증류기(wash still)가 세 대의 2차 증류기(spirit still)와 짝을 이루고 있는지 설명해 준다. 라인 암(lyne arms)은 독특한 U자 모양으로 되어 역류를 증대시킴으로써 더 깔끔한 스피릿이 만들어지도록 돕는다. 이렇게 나온 스피릿이 웜텁에서 응축된다는 사실은 얼핏 모순되는 것처럼 보이기도 한다. 왜냐하면 웜텁은 더 묵직하고 유황 성분이 많은 스피릿이 나오게 하는 경향이 있기 때문이다. 이유가 어떻든 증류기는 잘 가동되고 있는 것으로 보이며, 탈리스커는 많은 상을 받았고, 수많은 팬을 보유하고 있다.

« 탈리스커 디스틸러스 에디션 1996

싱글 몰트: 아일랜드, 45.8% ABV

아모로소 셰리 캐스크에서 숙성을 마감한다. 후추와 스파이스의 캐릭터가 감미롭고, 말린 과일의 진한 맛에 의해 부드러워졌다.

탈리스커 57° 노스

싱글 몰트: 아일랜드, 57% ABV

증류소가 있는 곳의 위도(57° north)를 이름으로 붙였다. 풍부한 맛에는 과일과 스모크, 후추, 스파이스의 풍미가 있다. 피니시는 길다.

TAMDHU

탐두

스코틀랜드

모레이셔 아벨라워 노칸두
소유주: 이언 매클라우드 디스틸러스
www.tamdhu.com

탐두는 소나무로 만든 아홉 개의 워시백, 증류기 세 쌍, 더니지 저장고와 선반형 저장고 등 대규모 시설을 갖추었다. 자동화된 몰팅 시설인 살라딘 박스는 탐두의 흥미로운 특징이었으나 지금은 사용하지 않는다. 증류소는 2010년에 문을 닫았으며, 소유주인 에드링턴은 증류소를 2011년에 이언 매클라우드에 팔았다. 그리고 이듬해 생산이 재개되었다. 셰리 캐스크 숙성의 영향이 강하게 느껴지는 10년 제품이 중심을 이룬다.

탐두 10년 »

싱글 몰트: 스페이사이드, 40% ABV

부드러운 셰리 향이 있다. 감귤류, 섬세한 스파이스, 더욱 달콤한 셰리 맛에 가죽의 풍미가 곁들여진다. 흑후추의 맛으로 마무리된다.

탐두 배치 스트렝스(배치 1)

싱글 몰트: 스페이사이드, 58.8% ABV

바닐라, 토피, 밀크 초콜릿, 달콤한 셰리의 향이 있다. 입에서는 마멀레이드, 맥아, 시나몬, 후추 맛이 느껴진다. 피니시에는 셰리와 육두구 풍미가 있다.

TAMNAVULIN

탐나불린

스코틀랜드

밴프셔 발린달로크

www.tamnavulinwhisky.com

지금은 화이트앤드맥케이의 일부인 인버고든 디스틸러스는 1966년에 리벳 강변 어퍼 스페이사이드의 그림처럼 아름다운 자리에 대규모 증류소를 새로 짓기로 결정했다. 증류기 여섯 대가 연간 400만 리터의 순수 알코올을 생산할 수 있는 규모였다. 하지만 1995년 탐나불린은 문을 닫고 말았다. 소유주가 다른 증류소들에 집중하기로 결심했던 것으로 보인다. 2007년 UB그룹이 화이트앤드맥케이를 사들였고 현재 탐나불린 증류소는 가동 중이다.

2016년, 탐나불린 50주년을 기념하여 20년 만에 처음으로 싱글 몰트가 출시되었다.

« 탐나불린 12년

싱글 몰트: 스페이사이드, 40% ABV

가벼운 식전주 스타일의 위스키로, 드라이하고 시리얼 캐릭터와 민트 향이 있다. 이른바 '증류사의 한 모금(Stillman's Dram)'으로 일컬어지는 스탠더드 제품이며, 종종 숙성이 더 긴 버전이 추가된다.

TANGLE RIDGE
탱글 리지

캐나다
앨버타주 캘거리 사우스이스트 34번가 1521
앨버타 증류소

앨버타 증류소(13쪽 참조)에서 생산하며, 앨버타의 다른 위스키와 마찬가지로 호밀로만 만드는데 그중에서도 더욱 달콤하다. 1996년에 출시되었으며 새로운 프리미엄급 캐나디안 위스키 중 하나이다. 오크통에서 10년의 숙성을 거친 다음 쏟아 내서 엄선된 통에서 약간의 바닐라와 셰리를 입힌다. 그리고 다시 캐스크에 담아 향이 어우러지게 한다.

이 위스키의 이름은 유명한 탐험가이자 화가, 작가인 메리 섀퍼(1861-1939)가 캐나다 록키산맥에서 발견한 석회암벽의 이름에서 따왔다.

탱글 리지 더블 캐스크 »

캐나디안 라이, 40% ABV

버터스카치와 태운 캐러멜 향이 있다. 입에서는 벨벳처럼 매끄러운 감촉과 매우 달콤한 맛이 나고, 셰리 풍미도 은은하다. 하지만 복합적이지는 않다.

TÉ BHEAG

체이 벡

스코틀랜드

소유주: 게일릭 위스키
www.gaelicwhisky.com

비록 스코틀랜드가 아닌 곳에서 블렌딩되고 병입되지만, 포치 구를 생산하는 스카이섬에 있는 프라반 나 린느(게일릭 위스키 컴퍼니)의 또 다른 브랜드이다. 체이 벡은 '작은 숙녀'라는 뜻인데, 상표에 그려진 배의 이름이다. 또한 게일어로 '한 모금'을 의미하기도 한다. 이 블렌디드 위스키는 프랑스에서 인기가 높으며, 국제 위스키 경연에서 여러 차례 메달을 땄다. 비냉각 여과로 만들며 8년 내지 11년 숙성된 아일라, 아일랜드(Island), 하이랜드, 스페이사이드의 몰트로 블렌딩된다.

« 체이 벡

블렌디드, 40% ABV

감귤류의 향과 풍성하고 기분 좋은 향, 우아한 피트와 은은한 시리얼이 어우러져 신선한 향이 난다. 입에서는 무게감이 느껴지는데 감초의 좋은 맛과 토피 같은 풍부함, 약간의 피트 풍미가 함께한다.

TEACHER'S
티처스

스코틀랜드
소유주: 빔 산토리
www.teacherswhisky.com

이 유서 깊은 브랜드의 기원은 윌리엄 티처가 글래스고에 식료품 가게의 문을 연 1830년까지 거슬러 올라간다. 당시 다른 위스키 사업가들처럼 그도 곧 증류주 사업에 진출했다. 그의 아들들이 사업을 물려받았고, 블렌딩이 점점 더 중요해졌다. 1884년 '티처스 하이랜드 크림'이란 상표가 등록되었고, 이 단일 브랜드가 사업의 핵심이 되었다. 이들이 내놓은 위스키는 하나같이 개성이 강했는데, 글렌드로낙과 아드모어로부터 공급되는 싱글 몰트를 중심으로 블렌딩했다. 오늘날 남미에서 꾸준히 인기를 얻고 있다.

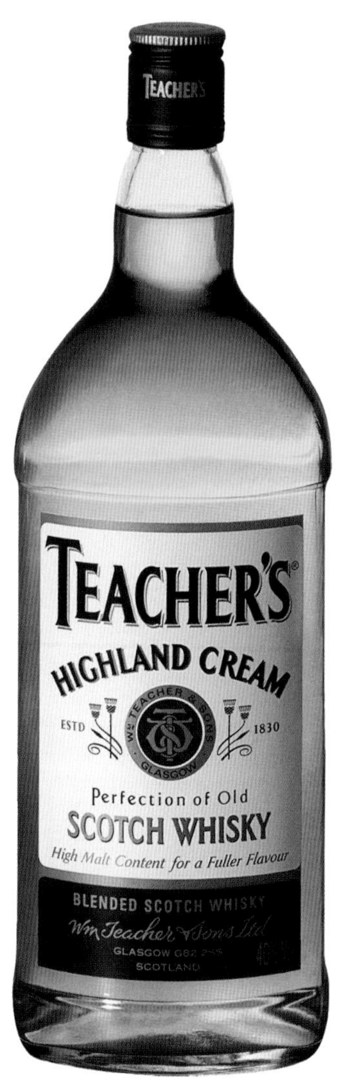

티처스 하이랜드 크림 »

블렌디드, 40% ABV

퍼지와 캐러멜 향이 감돌며 풍미 가득하고 미끈하다. 입에서는 토피와 감초 맛이 느껴진다. 균형 잡히고 부드러운 질감을 느낄 수 있다. 피니시는 매우 짧고, 입을 상쾌하게 만들어 준다.

TEANINICH
티니닉

스코틀랜드
로스셔 알네스
www.malts.com

하이랜드 알네스 마을로 가는 증류소 순례객들 대부분은 이 증류소의 이웃에 있는 더 유명한 증류소인 달모어에 가느라 티니닉이 근처에 있다는 것도 모르고 지나친다. 하지만 티니닉은 휴 먼로가 1817년 설립한 이래 거의 쉼 없이 조용히 증류를 계속해 왔다. 티니닉의 역할은 블렌딩에 들어가는 스피릿을 공급하는 일이었다. 누구도 위스키 애호가들에게 싱글 몰트 위스키를 판매하는 일에 관심을 기울이지 않았던 시절인 1992년에 증류소의 소유주 UDV(지금의 디아지오)가 10년 제품을 내놓았다.

« 티니닉 플로라앤드파우나 10년
싱글 몰트: 하이랜드, 43% ABV

증류소에서 공식적으로 증류하여 병입하는 유일한 이 위스키는, 두드러진 맥아 향과 함께 가구 광택제와 풀의 향을 갖고 있다.

티니닉 고든앤드맥페일 1991
싱글 몰트: 하이랜드, 46% ABV

짙은 호박색을 띠고 있다. 민트, 담배, 정향, 그리고 나무 스모크의 향과 함께 과일케이크 향이 나는 몰트 위스키.

TEELING
틸링

아일랜드
더블린 8 뉴마켓 13-17 틸링 증류소
www.teelingwhiskey.com

2015년 성 패트릭의 날에 1,000만 유로를 들여 만든 틸링 증류소가 문을 열었다. 더블린에서 위스키를 생산하는 것은 1974년 이래 처음이었다. 틸링 형제는 도시에 기반을 둔 현대적인 증류소를 세우고 싶어 했다. 개조된 저장고 두 동이 연이어 있고, 4톤 용량의 매시툰, 두 개는 소나무이고 네 개는 스테인리스 스틸로 만든 여섯 개의 워시백, 세 대의 단식 증류기를 갖추고 있다. 현재 연간 생산량은 20만에서 25만 리터이다.

틸링 싱글 그레인 »
싱글 그레인 위스키, 46% ABV

스파이시한 과일 향이 감도는 달콤한 향. 입 안에서는 스파이시한 맛이 두드러지는데, 붉은 베리와 드라이한 타닌 풍미가 함께한다.

틸링 스몰 배치
블렌디드, 46% ABV

럼 캐스크에서 피니시했다. 달콤한 럼의 향을 배경으로 바닐라와 스파이스 향이 올라온다. 가볍고 스파이시한 나무 풍미가 감도는 가운데 부드럽고도 달콤한 맛이 느껴진다.

TEERENPELI
티렌펠리

핀란드

라티 하멘카투 19 티렌펠리
www.teerenpeli.com

티렌펠리 증류소는 헬싱키에서 북쪽으로 한 시간 거리에 있는 라티의 작은 브루어리에서 1998년 시작되었다. 2002년, 소유주인 안시 퀴싱은 인근 레스토랑을 사들여 그 아래에 있던 옛 주차장 자리로 증류소를 옮겼다. 2010년까지는 브루어리의 워시를 사용했다. 이후 새로이 매시툰을 설치했고, 방문객 센터도 만들었다. 현재 핀란드에서 가장 규모가 큰 증류소로, 연간 4만 리터를 생산할 수 있다.

« 티렌펠리 3년 넘버 원

싱글 몰트, 43% ABV

곡물(보리), 바닐라, 오크의 풍미가 풍부하며, 바디감은 약간 진한 편이다.

티렌펠리 6년

싱글 몰트, 43% ABV

핀란드어 티렌펠리는 '추파'를 뜻하며, 이름에 걸맞게 부드럽고 매혹적이다. 바닐라 스펀지 케이크와 구운 사과의 향이 있으며, 허브와 스파이스가 흥미로운 조합을 보인다. 입안에서는 경쾌함이 느껴진다.

TEMPLETON RYE

템플턴 라이

미국
아이오와 템플턴 이스트 3번가
www.templetonrye.com

스콧 부시가 만든 템플턴 라이 위스키는 2006년 시장에 나왔다. 인디애나에 있는 1,150리터 용량의 구리 단식 증류기에서 증류하여, 검게 태운 새 오크통에서 숙성한다.

부시는 이 위스키가 금주법 시대의 레시피를 따른 맛이라는 점을 자랑한다. 대공황 시기 동안 템플턴 지역의 농부들은 악화하는 농업 수익을 만회하기 위해 라이 위스키를 불법적으로 증류했다. 얼마 후 '템플턴 라이'는 품질 좋은 스피릿으로 널리 명성을 얻게 되었다.

템플턴 라이 스몰 배치 »

라이, 40% ABV

밝고 상쾌하며, 부드럽게 달콤한 맛이다. 피니시는 부드럽고 오래 지속되며, 후끈하다.

THOMAS H. HANDY
토머스 H. 핸디

미국

켄터키 프랭크퍼트 윌킨슨 1001
버펄로 트레이스 증류소
www.buffalotracedistillery.com

토머스 H. 핸디 새저랙은 '버펄로 트레이스 앤티크 컬렉션'에 새로이 추가된 위스키이다. 새저랙 칵테일을 만들 때 라이 위스키를 처음으로 사용한 뉴올리언스의 바텐더 이름에서 따왔다. 물을 타지 않고, 여과를 하지 않은 스트레이트 라이 위스키이다. 증류소에 따르면 위스키 배럴들은 저장고 M의 5층에서 6년 5개월 동안 숙성을 거쳐서 "풍미가 매우 뛰어나며 크리스마스 케이크를 떠올리게 하는 맛"이라고 한다.

« 토머스 H. 핸디 새저랙 2008 에디션

라이, 63.8% ABV

여름 과일과 후추의 향이 있다. 부드러운 바닐라와 후추 풍미의 호밀이 멋지게 조화를 이루는 맛이다. 피니시는 미끈하고, 스파이시한 오크 풍미가 있으며, 길고 안락감을 준다.

THREE SHIPS

쓰리 십스

남아프리카공화국

드라켄스타인 7655 웰링턴 이스트
제임스 세지윅 증류소
www.threeshipswhisky.co.za

사업가인 제임스 세지윅 선장의 이름을 딴 제임스 세지윅 증류소는 1886년경에 설립되었으나, 위스키 생산을 시작한 것은 1990년부터이다. '쓰리 십스'라는 브랜드는 원래 수입한 스카치 위스키와 남아프리카공화국 고유의 위스키를 블렌딩한 것으로, 이러한 전통은 셀렉트와 프리미엄 셀렉트 버전에서 계속 이어지고 있다. 다른 제품으로 한정판 10년 숙성 싱글 몰트 위스키가 있는데, 이는 남아프리카공화국 최초의 싱글 몰트이며 2003년 첫 출시 이후 후속 출시가 세 번 있었다. 그리고 '스페셜 릴리스'는 남아프리카공화국의 위스키로만 만든 최초의 블렌디드 위스키이다.

쓰리 십스 10년 »

싱글 몰트, 43% ABV

꽃향기가 나며 약간의 소금물과 보리, 신선한 배의 향이 감돈다. 잘 익은 복숭아, 꿀, 부드러운 스파이스가 어우러진 세련되고 맥아 풍미가 느껴지는 맛이다.

TINCUP

틴컵

미국

콜로라도 덴버 틴컵 위스키
www.tincupwhiskey.com

틴컵은 콜로라도에 본사를 둔 스트라나한스 위스키 디스틸러리(327쪽 참조)의 공동 창업자인 제스 그레이버가 창업한 위스키 벤처 기업이다. 그레이버는 1972년 이래 위스키 증류를 해 오고 있는데, 그 전에는 건설회사 대표, 소방관, 로데오 선수를 지낸 바 있다. 그는 더욱 강력하고 스파이시한 맛의 버번 스타일 위스키를 시장에 내놓기로 결심했고, 그 결과가 틴컵이다. 매시빌 중 호밀 비중이 높은 하이라이(high rye) 위스키로, 인디애나 로렌스버그에 있는 MGP 증류소에서 공급을 받는다. 미국 골드러시 당시 금을 찾는 사람들이 주석(tin) 잔에 위스키를 마시던 때를 떠올리게 하는 이름이다.

« 틴컵 아메리칸 위스키

아메리칸 위스키, 40% ABV

따끈한 사과 파이, 꿀, 생강이 어우러진 풍성한 스파이스 향을 느낄 수 있다. 입에서는 시나몬, 토피, 더 진한 사과 맛이 난다. 피니시에는 캐러멜과 활기찬 스파이스 풍미가 있다.

TOBERMORY

토버모리

스코틀랜드

멀섬 토버모리

www.tobermorydistillery.com

설립 이후 오랜 세월 가동을 멈추었던 것을 생각하면 토버모리가 살아남은 것은 기적과도 같다. 1790년대에 지역의 사업가인 존 싱클레어가 설립했으며, 1837년에 그가 숨진 뒤 증류소도 멈추었다. 1880년대에 잠시 재개되었지만 산발적인 가동에 불과했고, 1930년부터 1972년까지 다시 문을 닫았다. 그리고 현재의 소유주 번 스튜어트가 1993년에 인수할 때까지 가끔씩 가동되었다.

토버모리 10년 »

싱글 몰트: 아일랜드(ISLANDS), 46.3% ABV

신선하고 피트가 가미되지 않은, 해안에서 생산한 위스키. 멀(Mull)섬의 피트 성질이 있는 호수 물로 인해 스모키한 캐릭터를 은은하게 띤다고 주장하는데, 그게 사실이라 해도 효과는 미미하다.

토버모리 15년

싱글 몰트: 아일랜드, 46.3% ABV

셰리 캐스크에서 숙성한 덕분에 과일 케이크 향이 풍부하고 마멀레이드 향도 은은하다. 스파이시한 캐릭터가 혀에 느껴진다. 비냉각 여과로 만든다.

TOMATIN

토마틴

스코틀랜드
인버네스셔 토마틴
www.tomatin.com

토마틴은 1974년에 확장을 거쳐 23대의 증류기로 연간 1,200만 리터의 순수 알코올 생산력을 갖춘 몰트 위스키 산업의 거인으로 등장했다.

설립은 1897년으로, 초대형 규모에 도달하기까지는 시간이 좀 걸렸다. 두 대였던 증류기는 1956년이 되어서야 네 대로 늘었다. 이후 성장에 속도가 붙어 1970년대에 이르러 최고점을 찍었으나, 마침 전쟁 이후 첫 번째 슬럼프가 닥쳤다. 토마틴은 사업 청산인이 왔을 때인 1985년까지 독립 증류소로서 고군분투했다. ☛

« 토마틴 12년

싱글 몰트: 하이랜드, 40% ABV

농익어 속이 부드러운 스페이사이드 스타일의 몰트 위스키. 2003년에 출시되어 기존의 핵심 제품이었던 10년을 대체했다.

토마틴 18년

싱글 몰트: 하이랜드, 43% ABV

짙은 호박색은 과일과 시나몬 풍미를 끌어내는 셰리의 강력한 영향력을 보여 준다.

1년 뒤 증류소는 오랜 고객이었던 두 곳, 다카라 슈조와 오카라앤드코에 팔렸고 이로써 일본인 손에 넘어간 첫 번째 스코틀랜드 증류소가 되었다.

증류기 11대를 줄이고 생산량도 500만 리터로 줄었지만, 싱글 몰트 위스키를 병입할 용량은 아직 충분하다. 토마틴의 주요 병입 위스키로 12년, 18년, 30년, 연산 미표기의 레거시가 있다. 한편 피트가 가미된 몇 가지 버전이 2013년부터 쿠보칸(Cù Bòcan) 라벨을 달고 출시되고 있다.

토마틴 레거시 »

싱글 몰트: 하이랜드, 43% ABV

맥아, 꿀, 후추, 은은한 당밀의 향이 어우러져 향기롭다. 입에서는 상쾌하고 과일의 맛이 느껴진다. 드라이한 피니시에는 파인애플, 후추, 약간의 칠리 풍미가 있다.

토마틴 30년

싱글 몰트: 하이랜드, 49.3% ABV

식후주 한 모금으로 알맞은 관능적인 맛의 위스키. 풍부한 향과 셰리 풍미가 있고, 위스키의 눈물(legs)이 인상적이다.

TOMINTOUL

토민툴

스코틀랜드
그램피언 발린달로크 커크마이클
www.tomintoulwhisky.com

토민툴은 1964년에 문을 열었다. 블렌디드 위스키 판매가 크게 늘어 위스키 산업이 자신감에 차 있던 시기였고, 그와 같은 블렌디드 위스키에 몰트를 공급하는 것이 토민툴의 역할이었다. 이는 앵거스 던디가 2000년에 이 증류소를 매입한 뒤에도 계속되었는데, 그는 자신의 블렌디드 위스키를 위한 몰트 위스키가 필요했다. 연간 생산량 330만 리터 중 싱글 몰트가 차지하는 비중은 극히 작지만, 싱글 몰트 제품 수는 크게 증가하였다. 숙성이 가장 긴 제품은 2015년에 출시된 40년이다.

« 토민툴 10년

싱글 몰트: 스페이사이드, 40% ABV
식전주 스타일의 우아한 위스키. 나무와 가벼운 시리얼 캐릭터에서 유래하는 바닐라의 풍미가 은은하다.

토민툴 16년

싱글 몰트: 스페이사이드, 40% ABV
숙성이 더 길어지면서 오렌지 껍질의 아로마와 더 진한 견과와 스파이스 캐릭터가 생겼다. 또한 더욱 깊고 조화된 질감을 선사한다.

TORMORE

토모어

스코틀랜드

모레이셔 그랜타운온스페이 어드비

www.tormoredistillery.com

토모어는 1958년에 대규모로 설립되었다. 이는 전 세계적인 블렌디드 스카치 위스키 수요 급증을 맞이한 위스키 산업의 자기 확신을 상징하는 것이었다. 구리로 덮인 지붕과 거대한 굴뚝이 솟아 있는 증류소는 스페이사이드의 A95번 도로 옆에 자리하고 있다. 왕립학술원 회장을 지낸 건축가 앨버트 리처드슨이 돈을 아끼지 않고 지은 건물이다. 지금은 시바스 브라더스(페리노 리카)의 소유이며, 2014년에 14년과 16년 위스키를 출시했다.

토모어 14년 »

싱글 몰트: 스페이사이드, 43% ABV

톡 쏘는 베리, 바닐라, 스파이스, 아몬드 향이 있다. 입에서는 부드럽게 느껴지고 감귤류 맛이 나는데 토피와 생강 맛도 감돈다. 피니시는 후추 풍미로 마무리된다.

TULLAMORE D.E.W.

툴라모어 듀

아일랜드

www.tullamoredew.com

1901년에 아이리시 위스키의 전 세계 판매량은 최고조에 달해 1,000만 케이스나 팔렸다. 이 무렵에 윌리엄스 가문이 툴라모어 증류소 운영권을 손에 쥐었다. D. E. 윌리엄스라는 이름은 브랜드명 Tullamore D.E.W-illiams로서 여전히 사용된다. 1954년에 증류소가 팔렸고, 여러 차례 변화를 거친 끝에 2010년 윌리엄그랜트앤드선스의 손에 넘어갔다. 이 회사는 툴라모어 외곽에 대규모 증류소를 새로 지었다. 툴라모어 듀는 제임슨 위스키에 이어 세계에서 두 번째로 잘 팔리는 아이리시 위스키이다.

« 툴라모어 듀

블렌디드, 40% ABV

지극히 일차원적이다. 화끈거리는 버번 느낌 일색으로, 특별히 추천할 만하지는 않다.

툴라모어 듀 12년

블렌디드, 40% ABV

다른 툴라모어 블렌디드 위스키들로부터 한 걸음 크게 진전되었으며 프리미엄급 제임슨 위스키를 연상시킨다. 팟 스틸, 셰리, 오크가 훌륭한 삼위일체를 이루었다.

TULLIBARDINE

툴리바딘

스코틀랜드

퍼스셔 블랙포드

www.tullibardine.com

툴리바딘은 한동안 가동 중단 상태에 있었으나 2003년 독립 컨소시엄이 인수하여 재가동을 시작했다. 2011년에 프랑스의 가족 경영 음료회사인 피카르뱅에스피리튀외가 인수하여 2013년에는 완전히 새로운 제품들을 내놓았다. 2년 뒤 툴라바딘 저장고에서 가장 오래된 캐스크인 1952년부터 숙성된 위스키가 병입되어 '커스토디언(Custodian) 컬렉션'으로 첫 출시되었다.

툴리바딘 225 소테른(SAUTERNES) 피니시 »

싱글 몰트: 하이랜드, 43% ABV

감귤류 과일, 바닐라, 백후추, 은은한 허브 향이 있다. 감귤류 맛이 맥아 맛으로 옮겨 가는 동안 오렌지, 밀크 초콜릿, 지속적인 스파이스의 풍미가 함께한다.

툴리바딘 소버린(SOVEREIGN)

싱글 몰트: 하이랜드, 43% ABV

퍼지, 바닐라, 갓 벤 달콤한 풀 향이 감도는 꽃향기가 특징이다. 입에서는 과일과 맥아의 맛이 느껴지고 코코아, 바닐라의 풍미도 함께한다. 피니시는 스파이시하다.

THE TYRCONNELL

티르코넬

아일랜드

루스 쿨리 리버스타운 쿨리 증류소
www.kilbegganwhiskey.com

초창기 티르코넬 위스키의 맛을 기억하고 있는 사람을 찾기는 어려울 것이다. 이를 생산했던 '앤드루A.와트 앤드 컴퍼니오브데리시티' 증류소는 1925년에 문을 닫았다. 이 위스키의 이름은 경주마에서 따온 것이었는데, 당시 미국에서 인기가 아주 높았다. 양키 스타디움에서 벌어진 초창기 야구 경기 필름에서 '올드 티르코넬'이라 적힌 광고판을 볼 수 있다. ☛

« 티르코넬 싱글 몰트

싱글 몰트, 40% ABV

쿨리 증류소의 베스트셀러 몰트 위스키로, 이유는 간단하다. 어느 아이리시 위스키보다 사랑스러운 향이 있다. 재스민, 허니서클, 맥아 맛 밀크비스킷 향이 함께한다.

티르코넬 10년 포트 캐스크

싱글 몰트, 46% ABV

포트 와인의 영향으로 향이 슬며시 바뀌고, 스파이스 풍미가 올라갔다. 바디에 무화과 롤, 크리스마스 푸딩의 아로마가 있다.

그러나 아일랜드 내전과 미국 금주법 시행이 결합되면서 와트를 비롯하여 많은 아일랜드 증류소들이 1922년에 스코틀랜드의 증류회사인 DCL로 넘어갔다. DCL은 자신들의 핵심인 스카치 위스키 브랜드를 지키기 위해 아일랜드 증류소들을 사들인 뒤 무자비하게 폐쇄했고, 아일랜드 위스키 산업을 굴복시켰다. 티르코넬은 쿨리 증류소의 창립자인 존 틸링 박사가 1992년에 그의 첫 번째 싱글 몰트 위스키를 병입하여 내놓을 때 되살리기로 결정한 첫 번째 브랜드였다. 이 브랜드는 현재 빔 산토리가 소유하고 있다.

티르코넬 셰리 캐스크 »

싱글 몰트, 46% ABV

나무 풍미의 피니시가 훌륭하다. 맥아와 과일향의 셰리가 아름답게 어우러져 있다.

티르코넬 마데이라 캐스크

싱글 몰트, 46% ABV

마데이라 와인과 아이리시 위스키가 훌륭한 조화를 이루었다. 후끈한 기운의 시나몬과 혼합 스파이스가 입안에서 춤을 추는 듯하다.

VAN WINKLE

밴 윙클

미국

켄터키 루이빌 브라운스보로 로드 2843
www.oldripvanwinkle.com

전설적인 인물, 줄리안 P. '패피(Pappy)' 밴 윙클은 W.L.웰러앤드선스에서 세일즈맨이었고 올드 피츠제럴드 버번 위스키로 유명해졌다.

밴 윙클은 스몰 배치의 숙성 위스키를 전문으로 한다. 밴 윙클의 버번 위스키는 값싼 호밀이 아닌 밀로 만든다. 밴 윙클이 선호하는 방식인 오랜 숙성을 거치면 위스키는 더 부드럽고 더 달콤한 ☛

« 패피 밴 윙클스 패밀리 리저브 15년

버번, 53.5% ABV

달콤한 캐러멜과 바닐라의 향에 숯과 오크 향도 감돈다. 풀바디에 깊고 부드러운 맛을 낸다. 피니시는 길고 복합적인데 스파이시한 오렌지, 토피, 바닐라, 오크가 어우러진다.

올드 립 밴 윙클 10년

버번, 45% ABV

캐러멜과 당밀의 향이 강하다. 깊고 그윽한 맛에는 꿀과 풍부하고 스파이시한 과일 풍미가 있다. 피니시는 길며, 커피와 감초 맛이 함께한다.

풍미를 품게 된다고 설명한다. 모든 위스키는 산에서 자란 오크의 내부를 태운 배럴에서 최소 10년 이상 숙성된다.

2002년 이후 버펄로 트레이스(66쪽 참조)가 '패피' 밴 윙클의 손자인 줄리안 밴 윙클과 손을 잡고 위스키 제조와 유통을 맡아 왔다. 최근에 나온 위스키들은 여러 증류소에서 생산하고 있다. 그리고 지금은 가동을 멈춘 밴 윙클의 올드 호프먼 증류소에서 숙성을 한다.

밴 윙클 패밀리 리저브 13년 »

라이, 47.8% ABV

아주 독특하게 숙성한 라이 위스키이다. 과일과 스파이스의 향이 강력하다. 바닐라, 스파이스, 후추, 코코아가 입안을 채운다. 긴 피니시에는 캐러멜과 블랙 커피가 조화를 이룬다.

패피 밴 윙클스 패밀리 리저브 20년

버번, 45.2% ABV

버번 위스키치고 숙성이 매우 긴 편으로, 시간의 시련을 견디어 왔다. 달콤한 바닐라와 캐러멜 향에 건포도, 사과, 오크 향이 더해진다. 입안에서 버터 풍미가 풍부하고, 당밀과 약간 탄 맛도 난다. 피니시는 길고 복합적이며, 탄 오크가 은은하게 느껴진다.

VAT 69
배트 69

스코틀랜드
소유주: 디아지오

전성기에 배트 69는 전 세계 베스트셀러 10위를 기록했으며, 1950년대와 1960년대에는 영화와 책에서 자주 언급되기도 했다. 1882년에 출시되었고 사우스 퀸스페리에 자리한 독립 블렌더인 윌리엄샌더슨앤드코의 주력 브랜드이기도 했다. '배트 69'라는 이름은 시험을 거친 100가지 블렌디드 위스키 중 69번 통(vat)의 위스키가 가장 뛰어난 평가를 받은 데에서 유래했다. 현재 소유주인 디아지오는 조니 워커와 제이앤드비를 우선시하고 있다. 배트 69가 베네수엘라, 스페인, 오스트레일리아에서 연간 100만 케이스 이상 팔리고 있지만, 이제 영광의 시절은 지났다고 봐도 무리는 아닐 것이다.

« **배트** 69
블렌디드, 40% ABV
가볍고 균형감 좋은 스탠더드 블렌디드 위스키. 처음에 바닐라 아이스크림의 달콤한 자극이 두드러지고, 기분 좋은 맥아 풍미가 바탕을 이룬다.

W.L. WELLER

W.L. 웰러

미국

켄터키 프랭크퍼트 윌킨슨 1001
버펄로 트레이스 증류소
www.buffalotracedistillery.com

버펄로 트레이스 증류소에서 증류하는 W.L. 웰러는 더욱 부드러운 맛을 내기 위해 밀을 2차 곡물로 사용한다.

윌리엄 라루 웰러는 19세기 켄터키의 뛰어난 증류사였는데, 그의 회사는 1935년에 결국 스티첼 형제의 회사와 합병되었다. 그 후 스티첼-웰러 증류소가 새롭게 루이빌에 만들어졌다.

W.L. 웰러 스페셜 리저브 »

버번, 45% ABV

신선한 과일, 꿀, 바닐라, 토피 향이 특징이다. 입에서는 잘 익은 옥수수와 스파이시한 오크 맛이 풍미 가득하게 느껴진다. 피니시의 길이는 중간 정도이고, 달콤하며 시리얼과 기분 좋은 오크 맛이 있다.

WALDVIERTLER

발트피어틀러

오스트리아

로건라이스 3 위스키엘리브니스벨트 J. 하이더
www.whiskyerlebniswelt.at

발트피어틀러 로건호프 증류소가 생산하는 싱글 몰트는 두 종류로 J.H. 싱글 몰트, J.H. 스페셜 싱글 몰트 '캐러멜'이 있다. 또 라이 위스키는 세 종류 있는데 J.H. 오리지널 라이, J.H. 퓨어 라이 몰트, J.H. 스페셜 퓨어 라이 몰트 '누가'이다.

발트피어틀러는 인근 만하르츠베르거의 오크로 만든 캐스크를 사용한다. 3-12년 숙성을 거쳐 싱글 캐스크를 병입하여 내놓는다. 보드카, 진, 브랜디 등 다른 스피릿도 만드는데, 유럽 증류소로서는 드물게 위스키에 주력하고 있다.

« 발트피어틀러 J.H. 스페셜 퓨어 라이 몰트 '누가'(NOUGAT)

라이, 41% ABV

온화하고 달콤한 꿀이 가벼운 바닐라의 맛과 완벽하게 조화를 이룬다.

발트피어틀러 J.H. 스페셜 싱글 몰트 '캐러멜'(KARAMELL)

싱글 몰트, 41% ABV

스모키하고 드라이한 맛에 진한 캐러멜 풍미가 함께한다.

WAMBRECHIES

왕브르시

프랑스

노르파드칼레 왕브르시 59118 뤼드라 디스틸리 1
www.distilleriedewambrechies.com

왕브르시는 1817년 진(jenever, 예네버르)을 만드는 증류소로 출발했으며, 지금은 이 지역에 남아 있는 증류소 세 곳 중 하나이다. 이 증류소는 한 종류의 몰트 위스키와 예네버르 맥주뿐만 아니라, 다양하고 인상적인 진들을 생산한다. 왕브르시 위스키는 3년과 8년 숙성의 병입 제품이 있는데, 숙성이 짧은 쪽은 가볍고 꽃향기가 나며, 숙성이 긴 쪽은 더욱 깊고 스파이시한 캐릭터를 지녔다. 12년 숙성 위스키 2종도 출시되었다.

왕브르시 8년 »

싱글 몰트, 40% ABV

아니스 씨, 새 페인트, 바닐라, 시리얼이 느껴지는 우아한 향이 있다. 질 좋은 맥아의 성질이 느껴지는 부드러운 입맛이다. 스파이시한 피니시에는 생강 가루와 밀크 초콜릿 풍미가 감돈다.

WHISKY CASTLE

위스키 캐슬

스위스

엘핑언 5077 슈로스슈트라세 17
www.whisky-castle.com

캐저스 슈로스(Käsers Schloss, 증류소의 스위스식 이름)는 루이디 캐저와 프란시스카 캐저가 소유하고 있다. 이 부부는 2000년에 위스키 생산을 시작했다. 그리고 2006년부터는 사업을 확장하여 위스키 디너, 위스키 컨퍼런스와 같은 테마 이벤트를 개최했다. 그들이 만든 위스키의 영국식 이름이 '위스키 캐슬'이고, 이 이름으로 여러 위스키가 출시되고 있다. 더블 우드, 테루아, 스모크 발리(프랑스산 새 오크통 숙성), 스모크 라이, 풀 문, 샤토(샤토 디켐 와인 캐스크 숙성) 등이 있다.

« 위스키 캐슬 풀 문

싱글 몰트, 43% ABV

보름달이 뜰 때 훈연과 발아를 거친 보리로 만들어서 '풀 문(Full Moon)'이라는 이름이 붙었다. 달콤한 아로마와 맛을 내는 젊은 위스키이다.

WHITE HORSE

화이트 호스

스코틀랜드

소유주: 디아지오

한창때 화이트 호스는 연간 200만 케이스 이상 팔리며 세계 판매 10위권 안에 들었다. 화이트 호스를 이끌었던 천재는 '가만히 있지 못하는' 피터 맥키였다. 사람들은 그를 가리켜 "3분의 1은 천재, 3분의 1은 과대망상증 환자, 3분의 1은 괴짜"라고 말했다. 그는 이 가족 기업을 1890년에 인수하여 탁월한 블렌더이자 사업가로서 남들이 부러워하는 명성을 얻었다.

화이트 호스는 지금도 100개국 이상에서 팔리고 있다. 12년 디럭스 버전인 '화이트 호스 엑스트라 파인'은 가끔씩 눈에 띌 뿐이다.

화이트 호스 »

블렌디드, 40% ABV

라가불린의 탄탄한 풍미와 올트모어와 같은 유명한 스페이사이드 몰트의 뒷받침을 받는 화이트 호스는 복합적이면서 만족감을 준다. 길게 이어지는 피니시에 상쾌한 곡물, 깔끔한 맥아, 흙내 나는 피트가 어우러지는 스타일리시하고 흥미로운 블렌디드 위스키이다.

WHYTE & MACKAY

화이트앤드맥케이

스코틀랜드

www.whyteandmackay.com

글래스고에 기반을 둔 화이트앤드맥케이는 19세기 후반에 블렌딩을 시작했다. 주력 상품인 스페셜 브랜드는 스코틀랜드에서 사랑받는 위스키로 자리 잡았고, 오늘날에도 인기는 여전하다. 최근 몇 년 사이 소유주가 여러 차례 바뀌고 경영권이 인수되는 등 큰 혼란을 겪었다. 2007년 5월 인도의 대기업인 UB그룹이 사들였으며, 2014년에는 엠페라도에 매각되었다. ☛

« 화이트앤드맥케이 스페셜

블렌디드, 40% ABV

향이 풍부하고 깊으며, 균형감 있다. 입에서는 꿀이 든 부드러운 과일 맛이 풍성하게 느껴진다. 부드럽고 풍부한 풍미의 피니시는 길게 이어진다.

화이트앤드맥케이 써틴

블렌디드, 40% ABV

셰리 오크의 풍미가 은은하게 감도는 짙고 견고하며 풍부한 향. 병입되기 전 꼬박 1년 동안 '매링(marrying)' **각기 다른 통의 위스키들을 섞어 두는 것**을 거쳤고, 대단한 근성이 길러졌다. 융합이 잘 이루어진 블렌디드 위스키.

이런 변화 속에서도 흔들리지 않은 것은 높은 평가를 받는 마스터 블렌더 리처드 패터슨이다. 그는 1970년에 회사에 합류해 수많은 상을 받았다. '새로운' 40년 제품을 창조했을 뿐만 아니라, 위스키 숙성에서 몇 가지 혁신을 이끌어냈다.

스페이사이드와 하이랜드에서 온 몰트를 블렌딩의 핵심으로 사용한다. 달모어와 주라섬에서 생산하는 몰트가 회사의 주력 싱글 몰트이며, 프리미엄 블렌디드 위스키에서 달모어의 영향을 뚜렷이 느낄 수 있다. 모든 블렌디드 위스키가 아주 부드럽고 균형이 잘 잡혀 있다.

화이트앤드맥케이 30년 »

블렌디드, 40% ABV

화이트앤드맥케이의 주력 상품으로 짙은 마호가니 색을 띤다. 깊고 풍부하며 오크 풍미가 있다. 셰리의 영향을 강하게 받았는데, 후추 맛은 달콤한 풍미로 인해 그윽해졌다.

화이트앤드맥케이 올드 럭셔리

블렌디드, 40% ABV

맥아 풍미와 섬세한 셰리의 영향으로 풍성한 꽃다발 향기가 난다. 그것들이 모두 맛으로 녹아들었다. 질감은 부드럽고 실크 같으며, 피니시는 후끈하다.

THE WILD GEESE

와일드 기스

아일랜드

www.thewildgeesecollection.com

와일드 기스, 즉 '야생 기러기'는 17세기 후반부터 20세기 초반까지 유럽 대륙의 군대에 복무하러 떠난 아일랜드의 귀족과 병사들을 가리킨다. 이 이름은 귀족뿐만 아니라 지난 400년 동안 아일랜드를 떠나야 했던 모든 남자와 여자를 아울러 일컫는 역사적인 표현이다. 디아스포라와 이주는 아일랜드 역사에서 가슴 아픈 주제였으며, 지금도 해소되지 않았다. 와일드 기스는 이처럼 아일랜드 역사를 추념하는 의미를 띠고 있으며, 그에 걸맞은 훌륭한 위스키를 만들어 냈다.

« 와일드 기스 클래식 블렌드

블렌디드, 40% ABV

하드캔디의 향이 있다. 몰트가 큰 영향을 끼치지는 않고, 그레인이 피니시까지 여운을 이끌어 간다.

와일드 기스 레어 아이리시

블렌디드, 43% ABV

맛이 풍부하고 몰트의 기운이 느껴지며, 바디에는 약한 스파이스와 레몬 풍미가 있다. 피니시에는 말린 오크 맛이 난다.

WILD TURKEY

와일드 터키

미국

켄터키 로렌스버그 US 하이웨이 62 이스트
불러바드 증류소
www.wildturkeybourbon.com

불러바드 증류소는 로렌스버그 인근 켄터키강 위쪽의 와일드 터키 언덕에 자리하고 있다. 1905년에 리피 삼형제가 설립했는데, 그들 가족은 1869년경부터 위스키를 만들어 왔다. 와일드 터키라는 브랜드가 생겨난 것은 오스틴 니콜의 사장인 토머스 맥카시와 관련이 있다. ☛

와일드 터키 81프루프 »

버번, 40.5% ABV

스파이시한 옥수수, 바닐라, 오크, 커피 향이 있다. 진한 캐러멜과 꿀, 여기에 시나몬과 올스파이스 맛도 더해져 있다.

와일드 터키 101프루프

버번, 50.5% ABV

지미 러셀은 50.5% ABV(101프루프)가 와일드 터키를 병입하는 데 최적의 알코올 도수라고 주장한다. 도수가 높은 위스키로서는 놀랄 만큼 부드럽고, 풍부한 아로마가 있다. 풀바디에 진하고, 탄탄한 맛을 지녔다. 바닐라, 신선한 과일, 스파이스, 황설탕, 꿀맛도 함께한다. 오크 풍미가 점점 강하게 올라오지만 피니시는 부드럽다.

그가 1940년에 야생 칠면조(wild turkey) 사냥을 가면서 101프루프(50.5% ABV)짜리 스트레이트 버번 위스키를 회사 창고에서 챙겨 갔는데, 이때부터 이 이름을 마음에 품었다고 한다.

오늘날 와일드 터키는 전설적인 마스터 디스틸러인 지미 러셀의 감독하에 증류된다. 그는 세계 최장기 현역 마스터 디스틸러이며, 러셀가의 4대에 속하는 그의 아들 에디도 이 증류소에서 일한다. 2015년, 와일드 터키 브랜드와 함께 35년을 일해 온 에디 역시 당당히 '마스터 디스틸러'의 이름을 얻었다.

« 와일드 터키 레어 브리드

버번, 다양한 ABV

견과, 오렌지, 스파이스, 꽃향기가 어우러진 복합적인 향이 강한 첫 인상을 준다. 꿀, 오렌지, 바닐라, 담배, 민트, 당밀이 향 못지 않게 복합적인 맛을 형성한다. 피니시는 길고 견과 풍미가 있으며, 스파이시하고 후추 맛 나는 호밀이 함께한다.

와일드 터키 켄터키 스피릿

버번, 50.5% ABV

오렌지와 호밀의 신선하고 매혹적인 향이 있다. 아몬드, 꿀, 토피, 진한 오렌지, 은은한 가죽 풍미가 감도는 복합적인 맛이 난다. 피니시는 길고, 점차 사라지다가 당밀처럼 달콤해진다.

WILLIAM LAWSON'S

윌리엄 로슨스

스코틀랜드

소유주: 존듀어앤드선스(바카디)
www.williamlawsons.com

로슨스 브랜드의 역사는 1849년까지 거슬러 올라가지만, 현재의 '본가' 증류소는 1960년에 세워진 맥더프이다. 로슨스는 큰형 격인 듀어스와 함께 관리된다. 연간 100만 케이스 이상을 프랑스, 벨기에, 스페인, 남아프리카공화국 일부에서 팔고 있다. 맥더프의 싱글 몰트인 글렌 데브론이 블렌딩에서 높은 비중을 차지한다. 맥더프는 듀어스 그룹의 위스키 중 셰리 통 숙성을 가장 많이 사용해서, 풍미 가득하고 짙은 황금색을 띠는 스타일 강한 블렌디드 위스키가 나왔다.

윌리엄 로슨스 파이니스트 »

블렌디드, 40% ABV

약간 드라이한 향에는 우아한 오크 풍미가 감돈다. 균형 잡힌 맛 속에 상큼한 토피 애플이 감지된다. 미디엄에서 풀바디로, 무게감을 넘어서는 펀치가 있다.

윌리엄 로슨스 스코티시 골드 12년

블렌디드, 40% ABV

로슨스의 스탠더드 위스키보다 풍부한 풍미가 느껴지며, 좀더 고급 몰트로 블렌딩했음을 짐작할 수 있다.

위스키 여행

켄터키

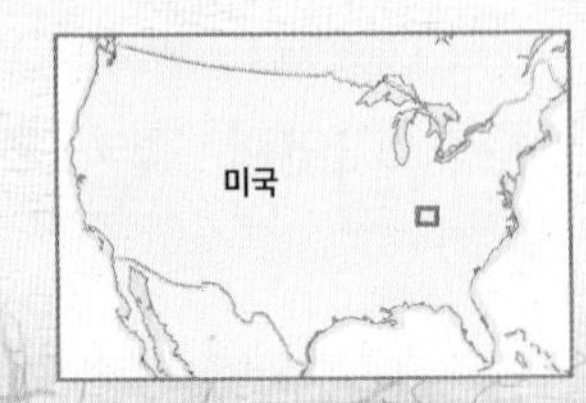

켄터키는 미국 버번 위스키 생산의 심장부로, 유명한 아메리칸 위스키의 상당수가 이곳에서 나온다. 대부분의 증류소가 방문객 센터를 운영하며 이 역사적인 스피릿에 대해 알리고 있다. 이들 증류소를 여행하는 것은 켄터키의 아름다움을 경험할 수 있는 대단한 여정이다.

첫째 날: 버펄로 트레이스, 우드포드 리저브

우드포드 리저브의 숙성 중인 배럴들

❶ 켄터키의 주도인 프랭크퍼트는 버펄로 트레이스의 본거지로, 호텔과 레스토랑이 즐비하다. 증류소의 대규모 방문객 센터는 일년 내내 문을 연다.

❷ 우드포드 리저브는 베르사유라는 근사한 마을과 가까운데, 이곳에서는 켄터키의 유명한 '블루 그래스'를 먹여 말을 기른다. 이 증류소 여행의 하이라이트는 구리로 된 단식 증류기이다.

둘째 날: 와일드 터키, 포 로지스

❸ 와일드 터키의 불러바드 증류소는 켄터키강 너머의 언덕에 장엄하게 자리잡고 있다. 연중 관람객들에게 생산 시설 관람을 개방한다.

❹ 포 로지스 증류소는 스페인 미션 양식으로 지어 아주 매력적이다. 증류소의 문을 닫는 여름을 제외하고 가을부터 봄까지 관람이 가능하다. 미리 예약하면 콕스 크릭에 있는 저장고도 방문할 수 있다.

와일드 터키의 상징물

여행의 개요

소요 날짜: 5일
이동 거리: 137킬로미터
이동 수단: 자동차
증류소: 8곳

셋째 날: 헤븐 힐, 바턴, 오스카 게츠

❺ 바즈타운은 '버번 위스키의 수도'로 유명하며, 지역 증류소 방문에 훌륭한 기지 역할을 한다. 잘 갖춰진 버번 바가 있는 올드 탤벗 태번의 방을 예약하면 좋다. 이어서 헤븐 힐 버번 헤리티지 센터로 향한다. 위스키가 숙성되고 있는 창고 방문이 포함되어 있으며, 헤븐 힐의 위스키 두 종류를 맛볼 수 있다.

바즈타운의 헤븐 힐 증류소

❻ 바즈타운의 다운타운에 위치한 '바턴 1792' 증류소는 그동안 이웃한 증류소들에 비해 주목을 거의 받지 못했다. 하지만 현재는 최신식 방문객 센터를 세워 위스키 생산 구역을 포괄적으로 둘러볼 기회를 제공한다.

❼ 오스카 게츠 위스키 박물관은 톰 무어와 몇 블록 떨어져 있다. 여기에는 보기 힘든 옛날 위스키병, 밀주를 빚던 증류기, 링컨 대통령의 주류 면허장 원본 등 위스키 관련 물품들이 소장되어 있다.

넷째 날: 메이커스 마크

❽ 역사적으로 중요한 메이커스 마크 증류소는 매리언 카운티 로레토 인근의 하딘 크릭 위쪽에 자리 잡고 있다. 증류소 부지에 275종의 나무와 관목이 자라고 있어 눈에 띈다. 가이드 투어가 매일 진행된다.

짐 빔의 클레몬트 증류소

다섯째 날: 짐 빔

❾ 짐 빔의 클레몬트 증류소가 제공하는 투어를 따라가면 증류소 부지와 운영 중인 저장고, 하트만 쿠퍼리지 박물관 등을 관람할 수 있다. 방문객 센터인 아메리칸 아웃포스트에서는 짐 빔에서 버번을 만드는 과정을 찍은 영화를 상영한다. 또 200년 넘는 버번 위스키 역사를 기념하는 수집품을 전시하고 있다.

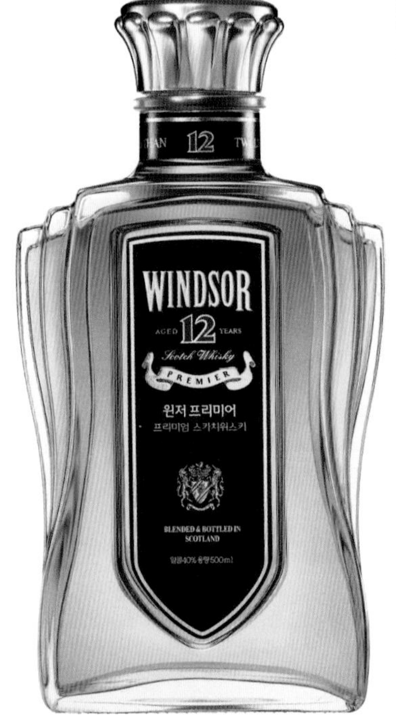

WINDSOR

윈저

스코틀랜드

소유주: 윈저 글로벌

'윈저'라는 이름은 영국 왕실을 드러내는 단어이다. 그리고 브랜드 패키지는 경쟁이 치열한 한국 시장에서 이 위스키의 고급스러운 위치를 강조한다. 윈저는 원래 시그램과 한국의 생산업체인 두산의 협력 아래 개발되었다. 이후 디아지오가 시그램의 지분을 인수하여 2000년에 처음으로 수퍼프리미엄급 위스키를 출시했다. 윈저 17년이 한국에서 인기를 휩쓸며 위협을 가하자 경쟁사에서는 그와 비슷한 제품을 내놓으며 대응했다.

« 윈저 12년

블렌디드, 40% ABV

바닐라, 나무, 가볍고 신선한 과일의 향이 있다. 풋사과 맛이 나는 가운데 꿀, 진한 바닐라, 스파이스 풍미가 느껴진다. 부드러운 피니시로 이어진다.

윈저 17년

블렌디드, 40% ABV

크렘브륄레의 풍부한 향이 느껴지는 가운데 과일과 맥아의 향이 감돈다. 입에서는 신선한 과일과 꿀의 맛이 나고, 크리미한 바닐라 오크 풍미도 있다.

WINDSOR CANADIAN

윈저 캐나디안

캐나다

앨버타주 캘거리 사우스이스트 34번가 1521
앨버타 증류소

온타리오주 윈저시의 하이람 워커 증류소에서 만드는 것으로 오해할 수도 있겠으나, 실은 앨버타 증류소(13쪽 참조)에서 생산한다. 영국 왕실을 떠올리게 하는 '윈저'가 붙었지만, 절대로 376쪽에서 소개한 '스카치 위스키' 윈저와 혼동해서는 안 된다. 앨버타에서 만드는 여느 위스키들처럼 윈저 캐나디안 역시 전적으로 호밀을 바탕으로 만든다.

윈저 캐나디안 »

블렌디드 캐나디안 라이, 40% ABV

꿀, 복숭아, 잣, 그리고 정향의 향이 있다. 미디엄바디에 달콤한 맛이 나는데, 시리얼과 나무 풍미가 함께한다. 소박한 성질의 위스키로, 가격에 비해 품질이 좋다.

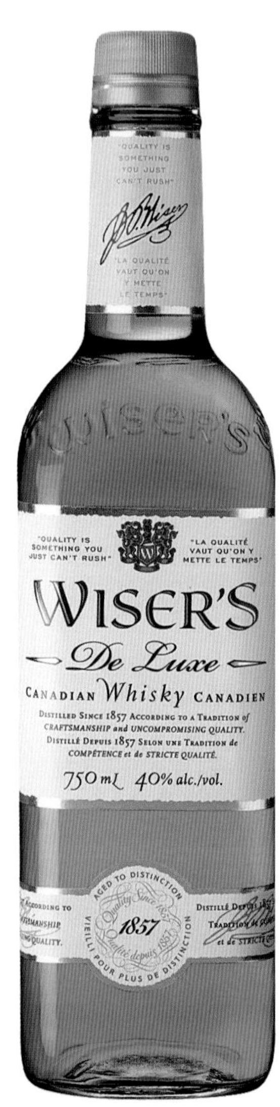

WISER'S

와이저스

캐나다
온타리오 워커빌 리버사이드 드라이브 이스트
하이람 워커 증류소
www.jpwisers.com

존 필립 와이저는 시카고 세계 박람회에서 자신의 상표에 '캐나디안 위스키'라는 표현을 최초로 사용한 증류업자로 알려져 있다. 1900년대 초까지 그의 증류소는 캐나다에서 세 번째로 컸으며, 아시아와 미국으로 위스키를 수출했다.

1917년 그가 세상을 떴고, 몇 년 뒤 회사는 하이람 워커가 인수했다. 생산도 워커빌에 있는 하이람 워커 증류소로 옮겨 갔다. 오늘날 와이저는 캐나다에서 다섯 번째로 잘 팔리는 캐나디안 위스키이다.

« 와이저스 디럭스

블렌디드, 40% ABV

과일과 스파이스의 향이 나는 가운데 시리얼과 아마유, 바닐라, 토피의 향이 감돈다.

와이저스 스몰 배치

블렌디드, 43.4% ABV

바닐라, 오크, 버터스카치의 향과 맛이 풍부하게 난다. 알코올 도수가 약간 높아지면서 풍미와 질감이 더욱 풍성해졌다.

WOODFORD RESERVE

우드포드 리저브

미국

켄터키 베르사유 맥크래켄 파이크 7855
www.woodfordreserve.com

우드포드 리저브는 전체 생산량 중 일부를 위해 증류를 세 번 거치고 구리 단식 증류기 세 대를 사용한다는 점에서 버번 위스키 증류소 중에서도 독특한 존재이다. 증류액은 우드포드 리저브가 소

우드포드 리저브 디스틸러스 셀렉트 »

버번, 45.2% ABV

고상하면서도 탄탄한 향을 자랑하는데, 밀크 초콜릿을 입힌 건포도, 말린 과일, 태운 설탕, 생강, 그리고 가죽용 비누 향을 느낄 수 있다. 맛 역시 복합적이다. 향긋하고 과일 느낌이 나는 맛에는 라즈베리, 캐모마일, 생강이 감돈다. 피니시에는 바닐라 여운이 길고 후추 느낌의 오크 맛이 난다.

우드포드 리저브 더블 오크드

버번, 45.2% ABV

오렌지와 퍼지 향을 배경으로 오크, 캐러멜, 다크 베리류의 향이 난다. 흑후추, 바닐라, 캐러멜, 꿀의 맛이 길게 이어진다.

유하고 있는 별도로 설치된 연속식 증류기에서 얻는다.

2005년 마스터스 컬렉션에 속한 첫 번째 병입 제품이 '포 그레인 버번(Four Grain Bourbon)'이라는 이름으로 출시되었다. 2년 뒤에는 소노마커트러 피니시(Sonoma-Cutrer Finish)가 라인업에 추가되었다. 또 2008년에는 '마스터스 컬렉션 1838 스위트 매시'가 출시되었다. 이는 현재의 우드포드 리저브 증류소가 건설된 해를 기념하는 동시에, 버번 위스키 생산에서 역사적으로 중요한 '스위트 매시' 기법을 기념하기 위해서였다.

« 우드포드 리저브 마스터스 컬렉션 1838 스타일 화이트 콘(WHITE CORN)

버번, 45.2% ABV

맥아, 사과, 혼합 견과, 팝콘의 부드러운 향이 있다. 입에서는 새 가죽, 진한 팝콘, 스파이시한 레몬, 후추의 맛이 난다.

우드포드 리저브 스트레이트 라이

라이, 45.2% ABV

호밀, 흑후추, 배, 신선한 오크가 어우러진 가벼운 향이 있다. 후추 풍미의 맛에 호밀, 맥아, 꿀이 감돌고, 민트 맛도 은은하게 난다.

WRITERS TEARS

라이터스 티어스

아일랜드

칼로 더블린로드 디어파크 비즈니스파크
에퀴티하우스 월시 위스키 증류소
www.walshwhiskey.com

라이터스 티어스는 단식 증류기(pot still)로 생산한 아이리시 위스키로, 이를 만든 월시 가족은 아이리시맨이라는 브랜드도 만든다.(191쪽 참조) 2009년에 선보인 라이터스 티어스는 팟 스틸 위스키와 몰트 위스키만 함유하며, 그레인 위스키는 쓰지 않는다.

월시 가족은 최근 2,500만 유로를 들여 칼로에 새 증류소를 완공했다. 단식 증류기와 연속식 증류기를 동시에 갖추었으며, 연간 위스키 800만 병을 생산할 수 있는 규모이다. 아이리시맨과 라이터스 티어스의 생산 라인을 모두 이곳으로 옮겼다.

라이터스 티어스 팟 스틸 블렌드 »

블렌디드, 40% ABV

꿀과 감귤류 과일이 느껴지는 부드러운 향. 순하고 마시기 쉬우며 맥아, 캐러멜, 사과 풍미가 길게 이어지면서 후끈한 느낌을 준다.

부록

ABV(Alcohol by Volume)/프루프(proof): ABV는 섭씨 15도에서 전체 용량에 포함된 알코올 용량으로 단위는 %이다. 미국에서는 ABV가 아닌 프루프를 쓰는데, 프루프는 ABV의 2배로 표기된다. 프루프의 유래지인 영국은 또 다르다. 미국식 계산법인 프루프/2가 아닌 1.75를 쓰기 때문에 글렌 파클라스 105는 60% ABV가 된다.

그레인 위스키(grain whisky): 주로 호밀, 밀, 옥수수, 귀리 등의 곡물을 연속 증류하여 만드는 위스키. 보리를 아예 쓰지 않는 것은 아니다. 전분을 맥아당으로 바꾸는 매싱 과정에 필요한 효소를 제공하기 위해 맥아 보리가 일부 포함된다. 그레인을 써서 하나의 증류소에서 구리 증류기로 증류해 3년 이상 숙성한 것은 싱글 그레인 위스키로 부른다.

뉴트럴 스피릿(neutral spirit): 중성 증류주. 곡물, 사탕무 등 발효가 가능한 재료로 칼럼 스틸에서 정제한 고농축 에탄올로 97.2% ABV까지 뽑아낼 수 있다. 필요에 따라 희석하여 블렌디드 위스키, 진, 리큐어 등의 제조에 사용한다. 보통은 향료가 첨가되지 않은 도수 높은 증류주를 일컫는다.

더니지(dunnage) 저장고: 전통 방식의 숙성 창고로, 흙바닥에 목재를 쌓고 오크통을 2~3층 높이로 보관하는 방식이다. 현대에는 철재로 만든 선반을 써서 10층 이상 적재하는 랙(rack)형 저장고도 사용한다.

독립 병입자(independent bottler): 증류소에서 생산한 위스키 원액을 구입하여 자체 노하우에 따라 숙성과 병입을 독립적으로 행하는 회사. 대표적으로 더글라스 랭, 고든앤드맥페일, 컴퍼스 박스, 카덴헤드 등이 있다.

드램(dram): 25~35ml의 한 잔. 한모금에 마실 수 있는 양의 단위.

디럭스 블렌딩(delux blending): 장기 숙성 위스키와 몰트 위스키의 함유 비율이 높은 블렌디드 위스키. 더 값이 비싼 위스키가 블렌딩에 사용되며 보통 15년 이상 숙성된 몰트 위스키를 50% 이상 쓴다.

라이 위스키(rye whisky): 호밀을 사용하여 빚는 위스키로 미국에서는 금주법 이후 사라졌다가 21세기에 믹솔로지스트들과 칵테일 역사가들에 의해 부활했다. 그레인 위스키에 속하며 아메리칸 라이 위스키는 매시빌에 호밀이 최소한 51% 이상 포함되어야 한다.

라인 암(lyne arm): 증류기의 증기가 다시 액체로 응축되도록 헤드에서 응축기로 연결되는 구부러진 모양의 증류관. 일반적으로 수평이거나 수평에 가깝지만, 설계에 따라서 각도가 가팔라져 일부가 증류기로 다시 내려가 재증류된다.

레그(leg): '위스키의 눈물'이라고도 부른다. 술이 잔의 벽을 따라 흘러내릴 때 점도, 바디, 도수, 당분 등의 힌트를 얻을 수 있다.

마이크로 디스틸러리 운동(micro distillery movement): 크래프트 디스틸러리 운동이라고도 한다. 지역을 기반으로 하는 고품질, 소량 생산의 부티크 스타일 주조 운동. 1970년대 영국에서 시작되어 미국에서 마이크로 브루잉 트렌드로 확산되었다. 프리츠 메이테그가 이끈 미국의 앵커 브루잉 컴퍼니, 진 업계의 애플이라고 불리는 런던의 십 스미스가 대표적이다. 프리츠 메이테그는 맥주도 씹듯이 음미할 수 있다고 주장했다.

매링(marrying): 각기 다른 통에서 숙성된 위스키들을 병입 전에 섞어 두는 과정.

매시빌(mashbill): 위스키를 만들 때 사용하는 곡물의 비율.

매시툰(mash tun): 당화조. 맥아즙(wort)을 만드는 매싱을 할 때 쓰는 용기. 이곳에서 분쇄한 맥아와 뜨거운 물을 3차례에 걸쳐 혼합한다.

배치(batch): 위스키가 생산된 한 회차의 생산분을 말한다. 스몰 배치(small batch)는 생산량이 적다는 뜻으로 소량의 고품질 위스키라는 뜻이다. 하지만 스몰 배치의 양에 관한 규정은 없다.

버번 위스키(bourbon whiskey): 미국에서 옥수수 51% 이상을 사용해 만들고, 안을 까맣게 태운 새 오크통에서 숙성해 병입 도수가 40도를 넘어야만 하는 등의 규정을 따라야만 버번 위스키라고 부를 수 있다. 2년 이상 숙성하면 스트레이트 버번이라 부를 수 있다.

버진 오크(virgin oak): 숙성에 사용한 적이 없는 새 오크통을 버진 오크로 부르고, 셰리나 버번을 숙성하는 데 썼던 오크통을 처음으로 재사용하는 경우를 퍼스트필이라 일컫는다.

부티크 증류소(boutique distillery): 작은 규모의 개성적인 위스키 생산자. 주로 고품질의 개성과 희소성을 담은 싱글 배치를 소량 생산한다. 마이크로 디스틸러리도 소규모의 부티크 증류소에 속한다.

블렌디드 몰트 위스키(blendid malt whisky): 여러 증류소에서 만든 몰트 위스키들만을 혼합한 위스키. 과거에는 배티드 몰트(vatted malt) 또는 퓨어 몰트(pure malt)라고 불렀다.

블렌디드 위스키: 그레인 위스키에 몰트 위스키를 블렌딩해 만드는 위스키. 제품마다 맛의 중심을 잡는 핵심 역할을 하는 몰트 위스키를 키(key) 몰트 또는 코어(core) 몰트라고 한다.

비냉각 여과(non chill-filtered)/내추럴 컬러(natural colour): 내추럴 컬러는 맛있게 보이기 위한 캐러멜 색소를 타지 않았다는 뜻이다. 비냉각 여과는 지방산 등이 저온에 응고되는 헤이즈 현상을 방지하기 위해 거치는 냉각 여과를 하지 않았다는 뜻이다. 비냉각 여과된 위스키에 차가운 물이나 얼음을 넣으면 뿌연 헤이즈 현상이 일어난다.

사워 매시(sour mash)/스위트 매시(sweet mash): 위스키 발효액인 매시를 만들 때 산도 조절과 제품의 일관성을 확보하기 위해 이전 배치의 매시를 발효에 일부 재사용하는 방식을 사워 매시라 부르고, 사워 매시를 쓰지 않고 매번 새로운 물만 사용하는 방식을 스위트 매시라고 한다.

살라딘 박스(saladin box): 자동으로 보리를 뒤집으며 발아시키는 몰팅 시스템 또는 공간으로, 이를 박스 몰팅이라 부른다. 스코틀랜드 증류소 중 탐두가 유일하게 자체 박스 몰팅 설비를 갖추고 있다.

샤랑테 증류기(charentais still): 와인을 증류해 브랜디를 만들 때 쓰는 단식 증류기. 아궁이에 솥을 얹은 형태이며 코냑 지방의 전통 증류기로 알렘빅(alembic)이라고도 한다.

스몰 배치 버번 컬렉션(Small Batch Bourbon Collection): 짐 빔에서 출시하는 버번 컬렉션으로 베이커스, 베이즐 헤이든스, 납 크릭, 부커스로 구성되어 있다.

스피릿 스틸(spirit still): 2차 증류기. 위스키 증류에서 1차 증류기인 워시 스틸에서 넘어온 약 20도의 로 와인(low wine)을 받아 숙성되기 전의 증류 원액인 약 70도의 스피릿을 뽑아낸다. 크기는 워시 스틸보다 작다.

싱글 팟 스틸 위스키(single pot still whiskey): 전통 아이리시 기법으로 만든 위스키를 말하며, 맥아 보리(몰트)와 맥아 없는 보리(그레인)로 구리 단식 증류기에서 세 차례 단식 증류한 위스키. 과거엔 퓨어 팟 스틸 위스키라 했으나 2011년 이후 사용하지 않는다. 단일 증류소에서 그레인을 쓰지 않고 몰트만 증류한 것은 싱글 몰트 위스키이다.

연속식 증류기(continuous still)/단식 증류기(pot still): 연속식 증류기는 기둥 모양이라 칼럼 스틸(column still)이라고도 부른다. 이니어스 코피가 개량해서 코피 스틸(coffey still), 코피가 1830년에 얻은 디자인 특허로 페이턴트 스틸(patent still)로도 부른다. 96%의 높은 ABV 수준에 빠르게 도달하도록 하며 보드카 같은 중성 증류주를 생산하거나 대규모 증류에 적합하다. 단맛을 뽑아내기에 좋다. 반면 단지(pot) 모양으로 생겨서 팟 스틸이라도 부르는 단식 증류기는 배치별 작동으로 제한된 양만 뽑아낼 수 있고, 생산 후에는 반드시 청소가 필요하다.

올로로소(oloroso): 스페인 헤레스 지방의 주정 강화 와인인 셰리의 한 종류로 스파이시하면서 견과의 풍미가 돋보인다. 스카치 위스키 증류소에서는 이 통에 위스키를 숙성하며, 보통 이런 위스키를 셰리 캐스크라고 부른다.

워시 스틸(wash still): 1차 증류기. 발효액인 워시를 받아 로 와인을 생산하며 많은 양을 처리해야 해서 2차 증류기보다 크다.

워시(wash)/워시백(washback): 맥아즙을 효모와 섞어 발효해서 얻는 알코올 7~8%의 맥주와 같은 발효액이 워시이며, 워시를 만드는 용기를 워시백이라 한다.

웜텁(worm tub): 기체를 액체로 냉각시키는 수조형 전통 콘덴서로 벌레를 닮은 모양이다. 증기가 구리와 덜 접촉하여 묵직한 위스키가 나오고, 유황 냄새가 난다.

위스키 로크(whisky loch): 1980년대 위스키 업계 전반의 재고 과잉을 이르는 말. 1960년대 호황으로 인한 증류소 난립과 1970년대 과잉 생산이 쌓여 남아도는 위스키로 호수를 채우고도 남는다는 자조적인 뜻.

위트 위스키(wheat whisky): 밀을 주 재료로 사용하여 빚는 위스키. 매시빌에 밀이 최소 51% 이상 포함되어야 한다. 버번, 라이와 함께 아메리칸 위스키를 대표한다.

차링(charring): 오크통 내부를 검게 태우는 방법으로 방수 효과가 있으며 나무의 당분과 바닐라 향 등 나무의 천연 화합물을 끌어내는 작용을 한다.

캐스크 스트렝스(cask strength): 오크통에 있는 원액 그대로 물을 타지 않고 병입한 위스키. 아메리칸 위스키에서 주로 쓰는 언 컷(uncut), 배럴 프루프(barrel proof), 배럴 스트렝스(barrel strength), 스트레이트 프롬 더 배럴(straight from the barrel) 모두 같은 뜻이다.

캐스크(cask): 오크통. 증류한 원액을 캐스크에 담아 숙성하는데, 이 과정에서 위스키 특유의 향과 풍미를 얻게 된다. 크기별로 명칭이 다르다. [배럴] 아메리칸 스탠다드 배럴(ASB)의 용량은 약 200L. [혹스헤드] ASB에 판을 추가해 250~300L. [바리크] 와인 숙성통으로 프렌치 오크의 경우 225~228L. [쿼터 캐스크] ASB의 4분의 1 크기인 50L이고 셰리 버트 기준으로는 125L. [버트] 셰리 숙성 오크통으로 약 500L. [포트 와인 파이프] 550~650L의 포트 와인 전용 숙성통으로 유러피안 오크를 쓴다.

컷(cut)/커팅(cutting): 보통 증류주는 2차 증류기인 스피릿 스틸에서 나온 70도 이상 스피릿의 초류와 후류는 버리고 본류인 미들컷을 사용한다. 브랜드마다 자신들만의 커팅 포인트가 있다.

케이스(case): 위스키 묶음을 세는 단위로 1케이스는 9L이다.

콘 위스키(corn whiskey): 옥수수를 주 재료로 사용하여 빚는 위스키. 미국의 규정에 따르면 옥수수가 80% 이상이어야 한다. 안을 태우지 않은 오크통을 사용한다.

클래식 몰트(Classic Malts): 디아지오가 소유한 각 지역의 대표 몰트 위스키 6종을 뽑아 선보이는 시리즈로 탈리스커, 오반, 라가불린, 글렌 킨치, 달위니, 크래건모어로 구성된다.

토스팅(toasting): 오크통 내부를 그을리는 방법으로, 차링 단계 이전에 약하게 태우는 과정이다.

포틴(poteen): 아일랜드의 전통 증류주로 40~90도에 이르는 위스키 이전 시대의 밀조주.

플로라앤드파우나(Flora & Fauna): 디아지오가 출시하는 한정판 몰트 시리즈. 라틴어로 동식물이라는 뜻이다. 증류소가 있는 지역의 자연환경과 동물들을 라벨에 표시한다.

플로어 몰팅(floor malting): 평평한 바닥에서 물에 불린 보리를 펼쳐 싹을 틔우는 과정으로 맥아를 만들어 내는 전통적인 노동집약적 방식. 이때 활성화된 효소가 전분을 당분으로 변환시킨다. 이 작업에서 발아된 뿌리가 엉키지 않게 손, 갈퀴, 삽 등으로 보리를 뒤집는 작업이 필요해 노동자들의 팔이 원숭이처럼 늘어지는, 일명 '몽키 숄더'가 유래했다. 현대적인 방식은 드럼 몰팅으로 드럼통에 보리를 넣고 물을 부어 몰트를 만든다.

피니시(finish): 캐스크 피니시, 우드 피니시의 뜻으로 이미 숙성된 위스키를 오크통을 옮겨 추가 숙성하는 완성 방식을 뜻한다. 테이스팅 용어일 때는 마시고 난 뒤의 여운과 지속 시간을 뜻한다.

피트(peat): 나무, 풀 등이 퇴적되어 석탄이 되기 전 단계의 물질로, 이탄이라고도 한다. 보리 발아를 멈추는 건조 과정에서 연료로 석탄 대신 피트를 태우면 맥아가 특유의 스모키한 소독약 향을 머금게 된다.

헤더(heather)/히스(heath): 겨울에 유럽 들판을 보랏빛으로 물들이는 꽃이 헤더이며, 이 헤더의 군락을 히스라 부른다. 헤더의 꿀은 향기가 진하고 농밀하다. 스코틀랜드 피트의 주성분이기도 하다.

| 유형별 |

괄호 안 숫자는 '위스키 여행' 페이지입니다.

| 국가별 |

괄호 안 숫자는 '위스키 여행' 페이지입니다.

감사의 말

편집장 찰스 머클레인(Charles MacLean)은 1981년부터 위스키에 관한 수많은 글을 써 왔으며, 위스키를 주제로 15권의 책을 썼다. 「타임스」는 그를 '스코틀랜드의 대표적인 위스키 전문가'라고 소개한다. 머클레인은 2009년에 위스키 업계 최고의 권위를 자랑하는 '마스터 오브 퀘이크(Master of Quaich)'로 선정되었고, 2012년에는 국제 와인스피릿대회에서 '아웃스탠딩 어치브먼트' 상을 받았다. 웹사이트 www.whiskymax.co.uk에서 그의 소식을 접할 수 있다.

원고 협력: Dave Broom(일본), Tom Bruce-Gardyne(스코틀랜드 몰트 위스키), Ian Buxton(스코틀랜드 블렌디드 위스키), Charles MacLean(캐나다, 오스트레일리아, 아시아), Peter Mulryan(아일랜드), Hans Offringa(유럽), Gavin D. Smith(미국).

이 책을 만드는 과정에서 함께해 주신 협력자와 단체에 감사를 전한다. 색인을 만드는 데 도움을 준 Susan Bosanco, 편집에 도움을 준 Robert Sharman, 아벨라워 증류소의 Ann Miller, 발베니와 글렌피딕 증류소의 Rob, Robbie, Brian, 보모어 증류소의 Dave, Heather, 브룩라디 증류소의 Mark, Duncan, 쿨 일라 증류소의 Ewan Mackintosh, 고든앤드맥페일의 Ian, Claire, 라가불린 증류소의 Ruth, Ian(Pinky), 아벨라워의 매시툰을 담당하는 스태프, 밀로이스 오브 소호의 Philip Shorten, 위스키숍 더프타운, Sukhinder Sing, 런던 위스키 익스체인지(www.thewhiskyexchang.com)의 스태프, Marisa Renzullo, 위스키 커플의 Casper Morris, Becky Offringa.

이미지 크레딧: 출판사는 다음의 제작자들에게 감사드리며, 이 책과 이와 관련된 작업에 사진을 사용할 수 있도록 너그러이 허락해 주신 분들에게 감사를 표하고 싶다.

Aberfeldy Distillery; Aberlour Distillery; Alberta Distillery: Alberta, Tangle Ridge, Windsor Canadian; Allied Distillers; Anchor Distilling Company: Old Potrero; Ardbeg Distillery; Bacardi & Company: Aultmore, Craigellachie, Dewar's, Royal Brackla, William Lawson's; Bakery Hill Distillery; Balcones Distilling; The Balvenie Distillery Company; Beam Global España: DYC; Beam Global Distribution (UK): The Ardmore, Laphroaig, Teacher's; Beam Global Spirits & Wine, Inc. (USA): Baker's® Kentucky Straight Bourbon Whiskey (53.5% Alc./Vol. ©CST), James B. Beam Distilling Co., Clermont, KY; Basil Hayden's® Kentucky Straight Bourbon Whiskey (40% Alc./Vol. ©CST), Kentucky Springs Distilling Co., Clermont, KY; Clermont Distillery; Jim Beam® Kentucky Straight Bourbon Whiskey (40% Alc Vol. ©2009), James B. Beam Distilling Co., Clermont, KY; Kessler® American Blended Whiskey Lightweight Traveler® (40% Alc./Vol. 72.5% Grain Neutral Spirits, ©2009), Julius Kessler Company, Deerfield, IL; Knob Creek® Kentucky Straight Bourbon Whiskey (50% Alc./Vol. ©2009), Knob Creek Distillery, Clermont, KY; Maker's Mark® Bourbon Whisky (45% Alc./Vol. ©CST), Maker's Mark Distillery, Inc., Loretto, KY; Old Crow® Kentucky Straight Bourbon Whiskey (40% Alc./Vol. ©2009), W.A. Gaines, Div. of The Old Crow Distillery Company, Frankfort, KY; Old Grand-Dad® Kentucky Straight Bourbon Whiskey (43%, 50% and 57% Alc./Vol. ©2009), The Old Grand-Dad Distillery Company, Frankfort, KY; Old Taylor® Kentucky Straight Bourbon Whiskey (40% Alc./Vol. ©CST), The Old Taylor Distillery Company, Frankfort, KY; Beam Suntory: Booker's, Canadian Club, Jim Beam Devil's Cut; Benriach Distillery: Benriach, Glenglassaugh; Benrinnes Distillery; Benromach Distillery; Berry Brothers & Rudd: Cutty Sark; Betta Milk Cooperative: Hellyers Road; Bowmore Distillery; Box Distillery AB; Braunstein; Brown-Forman Corporation: Canadian Mist, Early Times, Glendronach, Old Forester, Woodford Reserve, Jack Daniel's; Bruichladdich Distillery; Bunnahabhain Distillery; Burn Stewart Distillers: Black Bottle, Deanston, Scottish Leader; The Old Bushmills Distillery Co: Bushmills, The Irishman, Knappogue Castle; Campari Drinks Group: Glen Grant, Old Smuggler, Wild Turkey 81 Proof; Cardhu Distillery; Castle Brands Inc.: Jefferson's; Chichibu Distillery:

The Peated 2015; Chivas Brothers: 100 Pipers, Ballantine's, Chivas Regal, Clan Campbell, Long John, Passport, Queen Anne, Royal Salute, Something Special, Stewarts Cream of the Barley, Strathisla, Tormore; Clear Creek Distillery: McCarthy's; Clontarf Distillery; Clynelish Distillery; Compass Box Delicious Whisky; Constellation Spirits Inc.: Black Velvet®; Cooley Distillery: Connemara, Cooley, Inishowen, Kilbeggan, Locke's, Tyrconnell, Wild Geese; Corby Distilleries: Wiser's; Cragganmore Distillery; Des Menhirs: Eddu; Diageo plc: Bell's, Black & White, Buchanan's, Bulleit Bourbon, Bushmills, Caol Ila, Cardhu, Crown Royal, Dalwhinnie, Dimple, Glen Elgin, Glen Ord, Haig, J&B, Johnnie Walker, Lagavulin, Linkwood, Mortlach, Oban, Old Parr, Royal Lochnagar, Teaninich, VAT 69, White Horse, Windsor; Diageo Canada: Seagram's; Domaine Charbay: Charbay; Domaine Mavela: P&M; Echlinville Distillery: Dunville's; Edrington: The Famous Grouse; The English Whisky Co.; The Fleischmann Distillers: Blaue Maus; Four Roses Distillery; The Gaelic Whisky Co.: Poit Dhubh; Garrison Brothers Distillery: Texas Straight Bourbon; George A. Dickel & Co.: George Dickel; Girvan Distillery; Glencadam Distillery; Glendalough Distillery; Glendullan Distillery; Glenfarclas Distillery; Glenfiddich Distillery; Glengoyne Distillery; Glengyle Distillery: Kilkerran; Glenkinchie Distillery; Glenlivet Distillery; The Glenmorangie Company: Glenmorangie, James Martin's; Glenora Distillery: Glen Breton; Glenrothes Distillery; Glenturret Distillery; Graanstokerij Filliers: Goldlys; Great Southern Distilling Company: Limeburners; Heaven Hill Distilleries, Inc.: Bernheim, Elijah Craig, Evan Williams, Heaven Hill, Georgia Moon, Mellow Corn, Old Fitzgerald, Pikesville; Highland Park Distillery; Highwood Distillers; Holle; Ian MacLeod: Langs, Tamdhu; International Beverage Holdings: anCnoc 2000, Balblair; Inver House Distillers: Hankey Bannister, Inver House, MacArthur's, Pinwinnie Royale, Speyburn; Isle of Arran: The Arran Malt, Robert Burns; John Distilleries Pvt. Ltd: Paul John; Jura Distillery; Käsers Schloss: Whisky Castle; Kentucky Bourbon Distillers, Ltd.: Johnny Drum; Kilchoman Distillery; Kirin Holdings Company: Kirin Gotemba, Kirin Karuizawa; Kittling Ridge Distillery: Forty Creek; Knockdhu Distillery: Knockeen Hills; La Maison du Whisky: Nikka; Lark Distillery: Lark Overeem Port Cask Matured; Last Drop Distillers; Loch Lomond Distillery Group: Glen Scotia; Luxco Spirited Brands: Rebel Yell; Macallan; MacDuff International: Grand Macnish, Islay Mist, Lauder's; Mackmyra; McMenamin's Group: Edgefield; Distillery: Dungourney, Green Spot, The Irishman, Midleton, Paddy, Powers, Redbreast, Tullamore D.E.W.; Morrison Bowmore Distillers: Auchentoshan, Bowmore, Glen Garioch, McClelland's, Yamazaki; Murree Distillery; The Nant Estate; New York Distilling Company: Ragtime Rye; The New Zealand Malt Whisky Company: Milford; The Nikka Whisky Distilling Co.; Chichibu, Number One Drinks Company: Chichibu, Hanyu, Ichiro's Malt; Old Pulteney Distillery; The Owl Distillery: The Belgian Owl; Pernod Ricard: Glen Keith, Miltonduff, Scapa; Pernod Ricard USA: American Spirit, Russell's Reserve, Wild Turkey; Piedmont Distillers: Catdaddy; Preiss Imports; Radico Khaitan: 8PM; Reisetbauer; Richard Joynson: Loch Fyne; Rock Town Distillery: Rock Town Arkansas Bourbon; Rogue Spirits; Rosebank Distillery; Sazerac Company, Inc.: Ancient Age, Blanton's, Buffalo Trace, Eagle Rare, Elmer T. Lee, George T. Stagg, Kentucky Gentleman®, Old Charter, Sazerac Rye, Thomas H. Handy, W.L. Weller, Very Old Barton®, Ridgemont®; Scapa Distillery; Smögen Whisky AB; Spencerfield Spirits: Pig's Nose; Speyside Distillery: Spey; Springbank Distillers: Hazelburn, Longrow, Springbank; St. George Spirits; Stock Spirits: Hammerhead; Stranahan's Colorado Whiskey; Suntory Group: Suntory Hakushu, Suntory Hibiki; Tasmania Distillery: Sullivans Cove; Teeling Distillery; Teerenpeli; Templeton Rye; Talisker Distillery; Tobermory Distillery: Ledaig, Tobermory; Tomatin Distillery: The Antiquary, Tomatin; Tomintoul Distillery; Triple Eight Distillery: The Notch; Tullibardine Distillery; Tuthilltown Distillery: Hudson; United Spirits: Signature; Us Heit Distillery: Frysk Hynder; Waldviertler Whiskydestillerie; Walsh Whiskey: Writers Tears; Wambrechies Distillery; Welsh Whisky Company: Penderyn; Wemyss Malts: Invergordon; West Cork Distillers: The Pogues; Whyte & Mackay: The Claymore, Cluny, The Dalmore, Fettercairn, Tamnavulin, Whyte & Mackay; William Grant & Sons: The Balvenie 30-year-old, Clan MacGregor, Glenfiddich, Grant's, Monkey Shoulder; Woodford Reserve Distillery: Woodford Reserve Master's Collection 1838 White Corn; Zuidam Distillery: Millstone.

추가 스튜디오 및 현장 사진: by Peter Anderson (Adnams, Armorik, Auchentoshan American Oak, Cameron Brig, Canadian Club Reserve 9-year-old, Girvan, Glen Garioch, Glenburgie, Grant's Signature, Guillon, High West, I.W. Harper, Ichiro's Malt & Grain, The

Irishman Founder's Reserve, The Macallan Gold, Michter's, Rittenhouse Rye, Sam Houston, Suntory Hakushu Distiller's Reserve, Suntory Yamazaki Distiller's Reserve, Tincup), Sachin Singh (Officer's Choice), The Whisky Couple (Wild Turkey sign 230, Maker's Mark), and The Whisky Exchange (Hirsch Reserve). All other images by Thameside Media/Michael Ellis © DK Images.

표지 이미지(위에서 아래, 왼쪽에서 오른쪽으로): Ki One Tiger, Kavalan Solist Vinho Barrique, The Famous Grouse Mellow Gold, Redbreast 12-year-old, Nikka Yoichi 10-year-old, Dimple 12-year-old, Wild Turkey 81 Proof, Glenfiddich 12-year-old, Old Potrero, George Dickel No.12, The Glenlivet XXV, Jameson Special Reserve 12-year-old, Jura 10-year-old, Kimchangsoo Whisky Gimpo. (뒤표지 가운데) The Glenrothes 1994.

이 책의 초판을 만든 DK 직원들에게 감사드린다.
DK INDIA Editorial Manager Glenda Fernandes Senior Art Editor (Lead) Navidita Thapa DTP Manager Sunil Sharma Designer Heema Sabharwal DTP Designers Manish Chandra Upreti, Mohammed Usman, Neeraj Bhatia DK UK Editor Shashwati Tia Sarkar Designer Katherine Raj Managing Editor Dawn Henderson Managing Art Editor Marianne Markham Senior Jacket Creative Nicola Powling Production Editor Ben Marcus Production Controller Dominika Szczepanska Creative Technical Support Sonia Charbonnier

한국어판 추가 이미지: 382-3쪽 kellyvandellen(iStock); 389쪽 Smitt(iStock)

옮긴이 신준수
출판 번역가, 기획자. 옮긴 책으로 『칵테일 도감』『세계 명주 기행』『실내 식물 도감』 등이 있다.

한국어판 감수 이용철
서울 동교동에서 믹솔로지 바 '히피히피셰이크'를 운영하는 오너 바텐더. 『칵테일 도감』을 감수했다.

위스키 도감 : 위대한 위스키 506

초판 1쇄 발행 2024년 12월 10일
지은이 잘스 머클레인
옮긴이 신준수
한국어판 감수 이용철
한국어판 디자인 신병근, 선주리
펴낸곳 한뼘책방
펴낸이 이효진
등록 제25100-2016-000066호
주소 서울시 은평구 은평로21길 14-20
전화 02-6013-0525
팩스 0303-3445-0525
이메일 littlebkshop@gmail.com
SNS @littlebkshop
ISBN 979-11-90635-18-9 02590